钙钛矿太阳电池

刘生忠　杨　周　张静茹　张　璐等　编著

科学出版社

北　京

内 容 简 介

"钙钛矿"最初以钛酸钙（$CaTiO_3$）矿石的发现和研究得名。近两百年来，组成为ABX_3的一大类钙钛矿结构类型的材料不断在多个领域大放异彩，涉及压电、铁电、传感器、催化、发光、光电探测、高能射线探测成像、太阳电池等诸多领域，成为工程、材料、化学、物理等领域的明星。

钙钛矿在太阳电池领域的应用报道始于2009年，当时光电转换效率仅为3.8%。短短十几年间，效率已经提升到25.8%，超过了所有的薄膜电池，成为产学研用商各界普遍关注的热点材料。

本书系统介绍了各类钙钛矿材料和高效太阳电池设计基础知识，进一步涵盖了钙钛矿太阳电池结构、钙钛矿薄膜制备技术、各类功能层材料、大面积制备方法、钙钛矿基叠层电池、柔性钙钛矿电池、面向物联网和室内光伏应用的钙钛矿电池、新型绿色无铅钙钛矿材料及其应用，以及尖端表征技术和研究方法。

本书可以作为高等院校和科研机构材料、半导体、化学、物理和工程等专业的本科生和研究生教材，也可作为高校教师和科研工作者的参考用书。

图书在版编目（CIP）数据

钙钛矿太阳电池 / 刘生忠等编著 . —北京：科学出版社，2023.6
ISBN 978-7-03-075715-9

Ⅰ. ①钙… Ⅱ. ①刘… Ⅲ. ①钙钛矿型结构–太阳能电池
Ⅳ. ①TM914.4

中国国家版本馆 CIP 数据核字（2023）第 103435 号

责任编辑：霍志国 / 责任校对：杜子昂
责任印制：吴兆东 / 封面设计：东方人华

科 学 出 版 社 出版
北京东黄城根北街 16 号
邮政编码：100717
http://www.sciencep.com

北京中石油彩色印刷有限责任公司 印刷
科学出版社发行 各地新华书店经销

*

2023 年 6 月第 一 版 开本：720×1000 1/16
2023 年 6 月第一次印刷 印张：15 3/4
字数：318 000

定价：118.00 元
（如有印装质量问题，我社负责调换）

前 言

1839 年，德国晶体和矿物学家古斯塔夫·罗斯（Gustav Rose）在俄罗斯乌拉尔山脉发现了钛酸钙（$CaTiO_3$）矿石。为了纪念俄罗斯矿物学家 L. A. Perovski（曾任俄罗斯内务部长），将其命名为钙钛矿（Perovskite）。一百多年来，人们发现很多材料都有类似钙钛矿的 ABX_3 分子式和晶体结构；不仅如此，很多材料表现出极其优异的性能和应用，因此，人们将这类晶体结构统称为钙钛矿结构。

2009 年，日本科学家 Miyasaka 教授在美国化学会志（*JACS*）上报道了用有机-无机杂化的 $MAPbI_3$ 钙钛矿作活性材料组装的染料敏化太阳电池，效率达到 3.81%。由于该电池基于液态电解质制备，该电解质又能溶解 $MAPbI_3$ 钙钛矿，因此电池稳定性极差。2012 年，韩国 Park 教授采用固态 spiro-OMeTAD 替换电解质溶液，将 $MAPbI_3$ 钙钛矿敏化电池效率提升到 9.7%。次年，英国 Snaith 研究组使用钙钛矿薄膜，发展了平面型钙钛矿薄膜电池，让有机-无机杂化钙钛矿太阳电池荣登《科学》杂志"十大科学突破"榜单，在全球范围内点燃了钙钛矿电池的研究热情。

凑巧，我 2011 年底从美国公司辞职，加入了陕西师范大学和中国科学院大连化学物理研究所。在美国 BP Solar/Solarex 和 United Solar 公司工作期间，我主要从事多结硅薄膜电池和碲化镉薄膜电池的研究工作，为了避免和前公司的知识产权纠纷，我选择开始集中力量研究全新的钙钛矿薄膜电池，建立了规模较大的钙钛矿电池研究团队，学生人数最高达 150 人。

几年来，一直有出版社联系我们编辑出版钙钛矿太阳电池方面的参考书，也不断有人邀请我组织钙钛矿太阳电池方面的培训班。本书就是在我们举办的一次为期两周的密集培训班教材基础上修订完成的。其中，第 1 章主要由张静茹和高黎黎副教授执笔，第 2 章和第 3 章由杨周副教授撰写。第 4～11 章分别由张静博士、向万春教授、赵奎教授、冯江山副研究员、徐卓副研究员、方志敏博士、任小东博士、张璐副研究员负责编写。

在本书出版之际，我要感谢我的家人和遍布世界各地的所有老师和朋友，从中小学的启蒙老师、本科老师、硕士生导师、博士生导师和博士后合作导师，还有多年一起共事的朋友们和同事们。没有您们的支持和榜样，我现在拥有的一切都是不可能的。是您们帮我确定前进的方向；是您们支持我奋发向上；是您们推动我勇往直前。榜样的力量真是无穷的!

限于作者能力和知识面,加之书稿准备仓促,不妥和疏漏之处在所难免,敬请批评指正。

刘生忠

2023 年 3 月

目　录

第1章 光伏之星——钙钛矿材料

1.1 钙钛矿光伏的发展

太阳电池，是一种利用太阳光直接发电的光电半导体薄片，它只要被满足一定照度条件的光照度，瞬间就可输出电压及在有回路的情况下产生电流。在物理学上称为太阳能光伏（photovoltaic，PV），简称光伏。太阳电池经过几十年的发展，电池种类可以总结为两类，硅太阳电池和薄膜太阳电池，各类电池效率发展如图1-1所示。硅太阳电池是市场上主导的电池类型，主要分为单晶硅、多晶硅、非晶硅。硅电池生产工艺复杂，需要高温、高真空等苛杂的生产条件。薄膜太阳电池种类比较多：化合物半导体太阳电池，如砷化镓、碲化镉、铜铟硒硫等，这类电池不但生产工艺严苛，且含有污染环境重金属元素，不利于绿色环保能源的理念；有机薄膜太阳电池、染料敏化太阳电池是较为新型的太阳电池，它们的制备工艺简单、成本低廉，但是这类电池能量转换效率低、寿命短，不适合产业化应用；钙钛矿太阳电池是近些年发展起来的新型太阳电池，电池转换效率高，生产工艺简单，成为最具有产业化潜力的光伏电池。

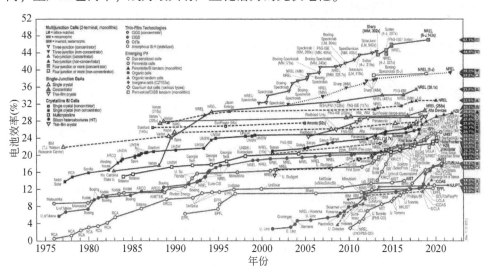

图1-1 太阳电池效率发展图

钙钛矿太阳电池（Perovskite solar cells，PSCs）作为一种新型的光伏电池，在光电转化方面取得了惊人的进步。1956 年人们第一次在钙钛矿材料 $BaTiO_3$ 中发现了光电流。1978 年甲胺离子被首次引入晶体结构中，形成了三维结构的有机–无机钙钛矿材料。最初的 PSCs 是在染料敏化太阳电池的研究基础上发展而来的，2009 年，Miyasaka 及其团队首次制备的 PSCs 效率为 3.8%[1]，但由于其采用液态电解液导致钙钛矿的溶解，因此效率较低。科学的器件结构是制备高性能 PSCs 的前提，同时也在很大程度上决定了器件的材料体系及制备工艺。2011 年，Park 等在液态染料敏化电池的基础上通过优化钙钛矿溶液的浓度、TiO_2 厚度及染料敏化电解液成分，将能量转换效率提高到 6.5%，但钙钛矿在液态电解液中极其不稳定，容易分解[2]。为解决此问题，Park 课题组在 2012 年，将液态电解液替换为固态空穴传输材料 spiro-OMeTAD，得到了第一个真正意义上的全固态 PSCs，并获得了 9.7% 的较稳定的效率[3]。同年，Snaith 与 Miyasaka，将 TiO_2 介孔支架替换成绝缘的 Al_2O_3 多孔支架获得了 10.9% 的能量转换效率[4]，并由此说明钙钛矿材料本身就具有电荷传输能力，从此去掉介孔层制备平面异质结钙钛矿电池得到了发展，Snaith 等通过气相沉积法制备平面异质钙钛矿电池，取得 15.4% 的效率[5]。自此，一系列刷新纪录的效率诞生，15.9%[6]、16.7%[7]、19.3%[8]，到 2017 年，Seok 组经美国国家可再生能源实验室认证的能量转换效率为 22.1%[9]，至 2018 年中国游经碧课题组的认证效率达到 23.3%[10]。通过钙钛矿薄膜制备、界面调控、电池工作机理、结构优化等工作的研究，钙钛矿电池取得快速发展[11-33]。如图 1-1 所示，PSCs 认证光电转换效率（PCE）已经达到 25.8%，而且有望持续提高[34]。

尽管如此，钙钛矿电池仍然没有实现大规模量产，这是因为钙钛矿电池面临的两大问题，稳定性差和大面积制备困难[35-38]。稳定性方面，钙钛矿电池在潮湿环境下很容易分解，进而影响到其使用寿命[39,40]。目前钙钛矿电池的寿命多在 1000h 左右，而晶硅太阳电池的工作寿命为 20～25 年。太阳电池板工作环境较为恶劣，钙钛矿电池不稳定的缺点，对其发展存在极大的影响。大面积制备方面，在光伏持续降本增效的情况下，大尺寸组件已成为趋势。但钙钛矿电池的高效，只能体现在小尺寸上，一旦面积变大，其效率就会快速下降。之所以会出现此种现象，主要是因为在钙钛矿晶体生长过程中，会出现密度不一，不够整齐，相互间存在孔隙的情况，导致其转换效率降低[41-46]。

1.2　钙钛矿材料的特性

钙钛矿材料是一类有着与钛酸钙（$CaTiO_3$）相同晶体结构的材料，是 GustavRose 在 1839 年发现，后来以俄罗斯矿物学家 L. A. Perovski 命名。传统的钙钛矿材料通常为一种结构为 ABO_3 的复合金属氧化物，其中 A 为碱土元素，B 为过渡金属元素，常见的复合金属氧化物有 $SrTiO_3$、$Ba_4(NaSb_3)O_{12}$、$Sr_4Fe_2Ti_2O_{11}$ 和 $Ga_3Mn_2O_7$ 等，这些功能材料具有优异的庞磁电阻、铁电压电、高温超导特性，广泛应用于航天、机械、化工、电子和材料等领域。杂化卤化物钙钛矿具有优异的物理性能，如低结晶能垒、小激子结合能、载流子扩散长度长、吸收系数大、对缺陷的耐受性好，使它们成为太阳电池应用的理想材料。有机–无机杂化钙钛矿材料的物理特性如表 1-1 所示。

表1-1　有机–无机杂化钙钛矿材料的物理特性[38]

物理特性	范围
结晶能垒	$56.6 \sim 97.3\text{kJ/mol}$
陷阱态密度	$\sim 10^{10}\text{cm}^{-3}$（单晶）
	$10^{10} \sim 10^{17}\text{cm}^{-3}$（多晶）
载流子扩散长度吸收系数	$>1\mu\text{m}$（多晶薄膜）
吸收系数	在 600nm 处为 $7\times10^4\text{cm}^{-1}$（$CH_3NH_3PbI_3$）
激子结合能	$9 \sim 80\text{meV}$

1.2.1　钙钛矿材料——吸光能力强

钙钛矿材料属于直接带隙光吸收材料，具有较宽的光吸收范围，如图 1-2（a）所示。以碘化铅甲胺（$CH_3NH_3PbI_3$，$MAPbI_3$）为例，它的带隙约为 1.5eV，消光系数高，几百纳米厚薄膜就可以充分吸收 800nm 以下的太阳光。吸收系数，$MAPbI_3$ 在 550nm 处为 $1.5\times10^4\text{cm}^{-1}$，大约与 600nm 处 $5.7\times10^4\text{cm}^{-1}$ 的值一致，比硅的吸收系数大一个数量级。大的吸收系数不仅有助于捕获光效高，还能提高太阳电池开路电压（V_{oc}）。如图 1-2（b）所示，$MAPbI_3$ 的低温正交相电子能带图，Pb 6s 与 I 5p 轨道杂化形成 $CH_3NH_3PbI_3$ 的价带顶，Pb 6p 与 I 5p 轨道杂化形成 $MAPbI_3$ 的导带底。这表明 $MAPbI_3$ 为直接带隙的半导体材料，从而使钙钛矿材料具备非常优异的光电性能。上述特性使得钙钛矿型结构 $MAPbI_3$ 不仅可以实现对可见光和部分近红外光的吸收，而且所产生的光生载流子不易复合，能量损失小，这是钙钛矿型太阳电池能够实现高效率的根本原因。

1.2.2　钙钛矿材料——传输性能好

电子和空穴具有长扩散长度，这有助于减少电荷复合和增强电荷收集。$MAPbI_3$ 电子和空穴的最小值扩散长度约为 $100 \sim 130\text{nm}$，对于具有大晶粒尺寸的

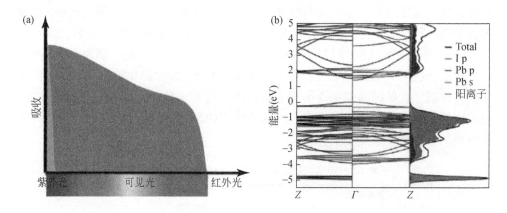

图 1-2　　（a）钙钛矿材料光吸收图谱，（b）MAPbI$_3$ 的能带结构[47]

MAPbI$_3$，电子和空穴扩散长度可以达到 1mm 以上，而相应的吸收深度仅为 100 ~ 200nm 左右[48,49]。黄劲松组报道的溶液生长法制备的 MAPbI$_3$ 单晶中电子和空穴扩散长度都超过了 175mm[50]。

1.2.3　钙钛矿材料——带隙可调节

如图 1-3 所示，钙钛矿 ABX$_3$ 为多离子多位置的混合增加了带隙的可调节性，通过调节带隙宽度，增加了应用种类，如调为宽带隙、窄带隙电池，用于制备叠层电池等。

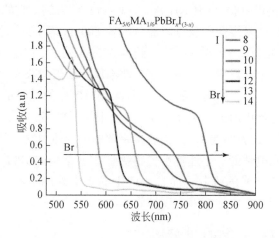

图 1-3　带隙调节

1.2.4 钙钛矿材料——缺陷态密度低

根据空间电荷限制电流（SCLC）测量和密度泛函理论（DFT），多晶钙钛矿薄膜的缺陷态密度在 $10^{15} \sim 10^{17} cm^{-3}$，如图 1-4 所示。室温下生长的单晶具有极低的缺陷态密度，约 $10^{10} cm^{-3}$，如图 1-5 所示，与本征晶体硅的缺陷态密度相当，且远低于一些光伏半导体 [包括多晶 Si（$10^{13} \sim 10^{14} cm^{-3}$）、CdTe/CdS（$10^{11} \sim 10^{13} cm^{-3}$）和 CIGS（$10^{13} cm^{-3}$）]。

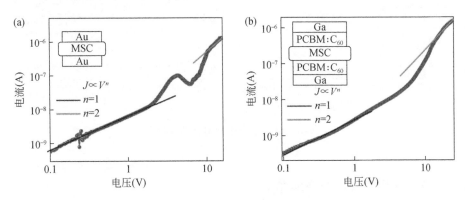

图 1-4 薄膜缺陷态密度

（a）空穴型器件，（b）电子型器件[50]

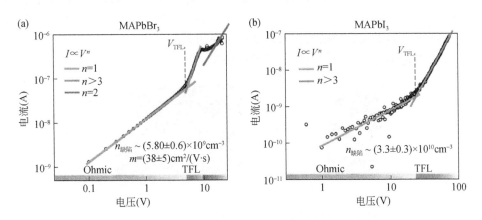

图 1-5 单晶缺陷态密度

（a）MAPbBr₃ 晶体，（b）MAPbI₃ 晶体[52]

1.2.5 钙钛矿材料——激子结合能低

激子结合能是将激子分解成自由电荷所需的能量，低激子结合能有利于降低能量损失。根据不同的测量方法，激子结合钙钛矿材料的能量在 9 ~ 80meV，如图 1-6 所示，范围内如此小的激子结合能将有助于减少钙钛矿太阳电池 V_{oc} 的损失。

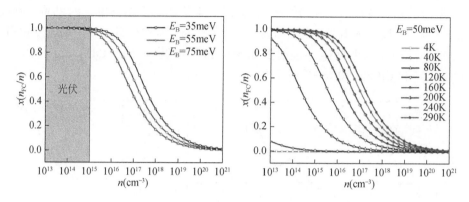

图 1-6　激子结合能随温度的变化[52]

1.2.6　钙钛矿材料——可溶解性

原位 X 射线散射研究表明，钙钛矿成核和结晶活化能约为 56.6 ~ 97.3kJ/mol，远低于非晶硅（280 ~ 470kJ/mol）。因此，钙钛矿薄膜可以通过一系列低温制备制造方法（例如溶液工艺），显示出巨大的工业生产潜力。钙钛矿电池结构如图 1-7 所示，为平面异质结型，对钙钛矿薄膜的要求是要均匀致密缺陷少，因此制备良好的薄膜形貌是获得高效电池的第一步。

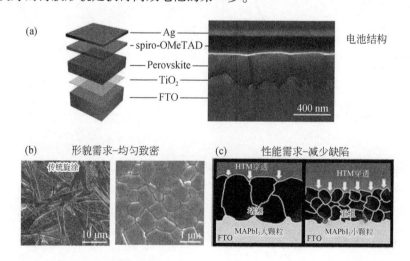

图 1-7　（a）钙钛矿电池结构[62]，（b）钙钛矿薄膜形貌，（c）钙钛矿缺陷

钙钛矿薄膜太阳电池制备方法主要为一步旋涂法、两步旋涂法、分步液浸法、气相沉积法等[53-58]。MAPbI$_3$因其制备简单、成分简单而成为最常用和研究最多的大规模钙钛矿薄膜材料。我们以 MAPbI$_3$ 为例介绍不同的制备方法。传统制备器件的一步旋涂法是指将一定比例的钙钛矿原料如 PbI$_2$ 和 MAI 以摩尔比例与相应的溶剂混合制备成前驱体溶液，通过一步旋涂法并辅以反溶剂结晶，退火后形成钙钛矿薄膜，如图 1-8（a）所示。因其薄膜较为均匀，重复性较高，可以获得高效率的器件，因此在实验室中得到广泛的应用。但一步旋涂法工艺中薄膜的形成依靠高速旋转产生的离心力，在成膜过程中精细地控制成核和晶体生长来生产均匀和致密的钙钛矿膜是非常具有挑战性的，这在可扩展的沉积工艺中难以复制。因此，为旋涂开发的工艺条件不能简单地应用于其他可扩展的沉积方法。两步旋涂法是指先在 TiO$_2$ 传输层上旋涂一层浓度较高的 PbI$_2$，然后在其上方继续旋涂 MAI。通过后退火过程实现两层薄膜之间的互相扩散和反应，最终完全反应形成钙钛矿薄膜，如图 1-8（b）所示。这是 Michael Grätzel 及其同事在 2013 年首次开发的顺序沉积工艺[59]。这种方法适合平面钙钛矿薄膜的制备。薄膜均一度好、重复性好、可控性高。但是这种方法需要对薄膜的成分进行精确地调控，工艺比较复杂。分步液浸法是指在基底上旋涂 PbI$_2$，然后将其浸没于 MAI 溶液中，经过短时间内的反应便可使 PbI$_2$ 反应形成钙钛矿。这种方法时效性高，反应迅速，但其不适合平面钙钛矿薄膜的制备，且容易反应不完全。气相沉积法是指将 PbI$_2$ 与 MAI 在真空条件下蒸镀至基底上，最终形成钙钛矿薄膜[5]。但是，这

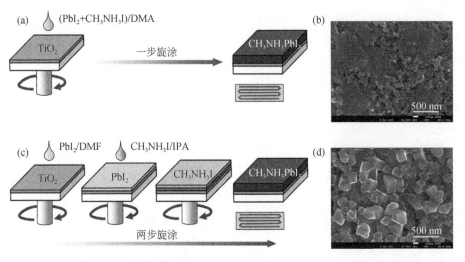

图 1-8 （a）一步旋涂法制备钙钛矿薄膜示意图，（b）一步旋涂法制备钙钛矿薄膜的形貌，（c）两步旋涂法制备钙钛矿薄膜，（d）两步旋涂法制备钙钛矿薄膜的形貌[67]

种方法需要对薄膜的成分进行精确地调控，较难掌握。同时气相沉积法由于需要在真空下进行，不利于大面积的制备及成本控制。这些制备方法都存在一些缺点，工艺相对复杂，成本较高，对原料的利用率较低，不利于大面积的制备及成本控制。

溶液法生长钙钛矿薄膜的关键是控制液膜实现过饱和，溶液过饱和的程度和速度是溶质结晶形核的关键因素。根据经典 Lamer 曲线，如图 1-9 所示，$0 \sim C_0$ 为液膜不饱和阶段，没有晶体形核，$C_0 \sim C_{min}$ 阶段，液膜过饱和程度逐渐增加，仍然没有晶体形核，$C_{min} \sim C_{max}$ 开始均相形核并生长，$C_{min} - C_0$ 阶段停止形核。据此，杨冠军课题组提出了抽气法制备钙钛矿薄膜的方法，如图 1-10（a）所示，将液膜置于低于当前温度下的饱和蒸气压下抽气，可短时间内获得均匀致密的薄膜形貌[60]。2014 年，Seok 课题组[61]和 Yibing Cheng 课题组[62]几乎同时提出一步旋涂法制备薄膜过程中用反溶剂方式清洗薄膜得到致密的钙钛矿薄膜形貌，即在旋涂的过程中，滴加氯苯、甲苯等极性溶剂，其原理是将前驱体中的溶剂快速萃取在反溶剂中并在旋涂及后续热处理过程中蒸发掉，该方法得到的薄膜致密、表面光亮，呈亮褐色，反溶剂法制备钙钛矿薄膜过程如图 1-10（b）所示。之后研究发现，采用乙酸乙酯、乙二醚等均可以作为反溶剂制备均匀致密的钙钛矿薄膜。在随后研究中，各种钙钛矿薄膜的制备方法繁荣发展，如图 1-11 所示，像气固反应法[63]、热铸法[64]、气吹法[65]、甲胺处理法[66]等，均可实现致密的薄膜形貌的制备。

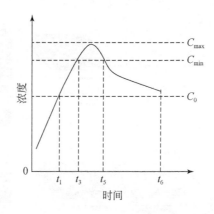

图 1-9　经典拉莫（Lamer）曲线

（a）　滴　　　　　旋涂　　　　　抽气

$2\theta(°)$

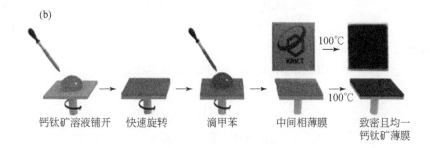

图 1-10　(a) 抽气法制备钙钛矿薄膜[60]，(b) 反溶剂法制备钙钛矿薄膜[68]

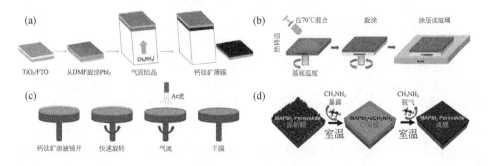

图 1-11　钙钛矿薄膜各种制备方法

(a) 气固反应法[63]，(b) 热铸法[64]，(c) 气吹法[65]，(d) 甲胺处理法[66]

1.2.7　钙钛矿材料稳定性

虽然光电转换效率接近单晶硅[69-73]，但钙钛矿电池的环境稳定性是能否商业化的重要参数。研究发现，钙钛矿材料对 H_2O、O_2、光照、紫外线以及热处理等都有敏感性，尤其在高湿度的水汽下会很快分解[74-76]，而工业化的太阳电池在室外稳定运行至少 25 年。钙钛矿材料的不稳定性可以分为三种，第一是材料本征不稳定性，也就是相不稳定；第二是环境导致不稳定，如 H_2O、O_2、光照、紫外线以及热处理等因素；第三是缺陷导致不稳定性，如离子迁移等。钙钛矿的不稳定性不是单一因素导致的，通常是综合作用导致钙钛矿材料的分解。以 $MAPbI_3$ 为例，其分解机理如下：

$$CH_3NH_3PbI_3 \longrightarrow PbI_2(s) + CH_3NH_3I(aq.) \tag{1-1}$$

$$CH_3NH_3I(aq.) \longrightarrow CH_3NH_2(aq.) + HI(aq.) \tag{1-2}$$

$$4HI(aq.) + O_2 \longrightarrow 2I_2(s) + 2H_2O(l) \tag{1-3}$$

$$2HI(aq.) \longrightarrow H_2(g) + I_2(s) \tag{1-4}$$

热降解机理如下：

$$PbI_2 + CH_3NH_3I \longrightarrow CH_3NH_3PbI_3 \tag{1-5}$$

$$CH_3NH_3PbI_3(s) \longrightarrow PbI_2(s) + CH_3NH_2 + HI \tag{1-6}$$

光照降解机理如下:

$$CH_3NH_3PbI_3(s) \longrightarrow PbI_2 + CH_3NH_2 + HI \tag{1-7}$$

$$2I^- \longrightarrow I_2 + 2e^- \tag{1-8}$$

$$CH_3NH_3^+ \longrightarrow CH_3NH_2 + H^+ \tag{1-9}$$

$$I^- + I_2 + 3H^+ + 2e^- \longrightarrow 3HI \tag{1-10}$$

封装器件的光照降解机理如下:

$$CH_3NH_3PbI_3 \longrightarrow CH_3NH_3PbI_3^* \tag{1-11}$$

$$O_2 \longrightarrow O_2^{*-} \tag{1-12}$$

$$CH_3NH_3PbI_3 + O_2^{*-} \longrightarrow CH_3NH_2 + PbI_2 + 1/2I_2 + H_2O \tag{1-13}$$

在这些降解因素中,水汽对钙钛矿结构的影响最为致命,很容易导致分解。目前工业化的钙钛矿模组已经出现,所以只要封装工艺得当,该问题应该会得到解决。重金属 Pb 的环境污染也是制约钙钛矿产业化的重要因素。重金属在自然环境中无法降解,因此会导致严重的水土污染。虽然 Sn^{2+} 和 Bi^{3+} 有望取代 Pb,Sn－Pb 钙钛矿薄膜的光电转换效率也突破 20%,但是 Sn^{2+} 极易氧化会导致器件性能在短时间内大幅降低,而且 Sn 基钙钛矿电池制备及检测要求也比较苛刻,因此相关报道较少。所以,短期内 Pb 仍然无法被代替。一方面通过在钙钛矿电池顶部或背部使用可以吸收 Pb 的材料防止 Pb 的泄露[77-78];另一方面,通过延长电池的运行时间以及对废旧电池的有效回收,尽可能地降低 Pb 的污染。

1.3　钙钛矿材料的结构

1.3.1　晶体结构基本知识

晶体结构的基本特征是原子(或分子、离子)在三维空间呈周期性重复排列,即存在长程有序。因此,它与非晶体物质在性能上区别主要有两点:①晶体熔化时具有固定的熔点,而非晶体无固定熔点,存在一个软化温度范围;②晶体具有各向异性,而非晶体却为各向同性。晶体中的质点(原子、分子、离子或原子团等)在三维空间有无限多种排列形式。为了描述晶体中晶胞的形状和大小,常采用平行六面体的三条棱边 a、b、c 及棱间夹角 α、β、γ 6 个点阵参数来表达,根据 6 个点阵参数间的相互关系,可将全部空间点阵归属于 7 大晶系:Cubic(立方)、Tetragonal(四方)、Orthorhombic(正交)、Rhombohedral(菱方)、Hexagonal(六方)、Monoclinic(单斜)、Triclinic(三斜)。按照"每个阵点的周围环境相同"的要求，布拉维（Bravais）用数学方法推导出能够反映空间点阵全部特征的单位平面六面体只有 14 种，这 14 种空间点阵也称布拉维点阵。晶体中所有点对称元素的集合称为点群。点群在宏观上表现为晶体外形的对称。晶体可能存在的对称类型可通过宏观对称元素在一点上组合运用而得出。利用组合定理可导出晶体外形中只能有 32 种对称点群（表 1-2）。

表 1-2　晶体中的 32 种对称点群

晶系	棱边长度及夹角关系	布拉维点阵
三斜	$a \neq b \neq c$，$\alpha \neq \gamma \neq \beta \neq 90°$	简单三斜
单斜	$a \neq b \neq c$，$\alpha = \gamma = 90° \neq \beta$	简单单斜 底心单斜
正交	$a \neq b \neq c$，$\alpha = \beta = \gamma = 90°$	简单正交 底心正交 体心正交 面心正交
六方	$a_1 = a_2 = a_3 \neq c$，$\alpha = \beta = 90°$，$\gamma = 120°$	简单六方
菱方	$a = b = c$，$\alpha = \beta = \gamma \neq 90°$	简单菱方
四方	$a = b \neq c$，$\alpha = \beta = \gamma = 90°$	简单四方 体心四方
立方	$a = b = c$，$\alpha = \beta = \gamma = 90°$	简单立方 体心立方 面心立方

1.3.2　钙钛矿材料的结构

钙钛矿既不含钙，也不含钛，是一种三维（3D）化合物，与同名的矿物 $CaTiO_3$ 具有相似的结构特征，其发现可以追溯到韦伯 1978 年的工作[79]，然而卤化物钙钛矿的历史可以追溯到很久以前，Wells（1893）和 Møller（1957—1959）研究 $CsPbX_3$ 和 Augerand Karantassison $CsSnX_3$（1925）及 $CsGeX_3$（1935）[80,81]。钙钛矿是一类具有 ABX_3 结构的晶体材料的总称，其中 A 是较大的阳离子，B 是较小的阳离子，X 是阴离子，每个 A 离子被 B 和 X 离子一起构成的八面体所包围。钙钛矿是以俄罗斯矿物学家 Perovski 的名字命名的，是一种具有与矿物钙钛氧化物（最早发现的钙钛矿晶体 $CaTiO_3$）相同的晶体结构的材料。钙钛矿最初单指钛酸钙（$CaTiO_3$）这种矿物，后来把结构为 ABX_3 以及与之类似的晶体统称为钙钛矿物质。如图 1-12 所示理想的钙钛矿晶体结构可以视为 [BX_6] 八面体在三维空间 X 位互相连接形成的网格状框架，A 离子位于八面体结构排列形成的孔洞中，为简单立方结构。在如图 1-12 所示的八面体结构中，目前最常用的 A 离子一般为甲胺阳离子（MA$^+$，CH$_3$NH$_3^+$）、甲脒阳离子 [FA$^+$，CH(NH$_2$)$_2^+$]、铯离子（Cs$^+$）等，B 位主要为金属离子，如铅离子（Pb^{2+}）和锡离子（Sn^{2+}）等；X 位主要为卤素离子 I$^-$、Br$^-$、Cl$^-$ 和类卤素离子 SCN$^-$ 等[47,82]。B 位阳离子与六个 X 位阴离子配位形成 BX$_6$ 八面体，B 位阳离子位于八面体中心位置，BX$_6$ 八面体之间共顶点周期性排列形成三维空间网络，A 位离子嵌入四个八面体形成的间隙处，形成 ABX$_3$ 钙钛矿结构。

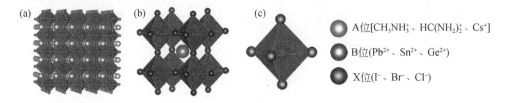

图 1-12　三维钙钛矿晶体结构

在外界条件发生改变，如温度和压力，以及掺杂时，理想的钙钛矿晶体结构会发生畸变从而导致钙钛矿发生相变，由简单立方转变为四方晶系、斜方晶系等结构。为了定量描述钙钛矿是否接近理想钙钛矿结构，钙钛矿晶体结构的稳定性通过容忍因子 t 和八面体因子 μ 来判断，$t=(R_A+R_X)/\sqrt{2}(R_B+R_X)$，$0.81<t<1.11$，$\mu=R_B/R_X$，$0.50<\mu<0.60$，其中 R_A、R_B 和 R_X 分别是 A、B 和 X 离子的有效半径。以 CH$_3$NH$_3$PbI$_3$ 为例，$R_{CH_3NH_3^+}=0.18$nm，$R_{Pb^{2+}}=0.119$nm，$R_{I^-}=0.220$nm，$t=0.834$，$\mu=0.541$，满足 $0.81<t<1.11$，$0.50<\mu<0.60$，室温下形成稳定的立方相。当 t 接近 1 的时候，化合物比较接近理想的钙钛矿晶体结构；当 t 偏离 1 较多时，通常会偏离理想的钙钛矿晶体结构[83-86]。因此，可选择的阳离子有 Cs$^+$、MA$^+$、FA$^+$，像 K$^+$、Rb$^+$ 半径过小，二甲胺（DMA$^+$）、乙胺（EA$^+$）、胍离子（GA$^+$）、乙酰基胺（AA$^+$）由于半径过大，因此一般不能形成钙钛矿结构[87]。当更大尺寸的阳离子加入时，3D 结构中的八面体共角就会被撑开并形成层状的 2D 钙钛矿结构。A 位阳离子会对晶体结构、带隙、电荷传输、晶型稳定等产生很大的影响。

1. A 位阳离子——晶体对称性和晶相

A 位阳离子的大小和几何形状会影响 B 和 X 离子之间的键长和角度，从而改变周围 BX$_6^{4+}$ 八面体的排列，进而改变钙钛矿的晶体对称性和相结构。A 位阳离子的分子轨道在导带和价带内构成深能态，因此不直接影响带边载流子特性。因此，阳离子工程被认为是微调钙钛矿的晶体结构（正交、四方和立方）和物理化学性质而不显著改变其光电性质的有效方法。有机 A 阳离子通过弱二次氢键与周围的 BX_6^{4-} 八面体相互作用，键能低于 0.1eV 的双键，如图 1-13 所示。有机 A 阳离子的活化重新定向及其与有机框架中的周围环境的耦合导致温度依赖的有序无序——斜方晶相、四方晶相和立方相之间的类型相变。

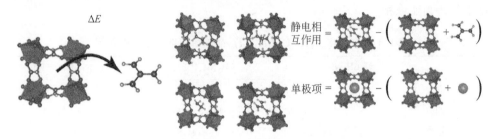

图 1-13　钙钛矿型晶胞结构的形式[88]

$MAPbI_3$ 在 162.2K 以下是正交相，在 162.2～327.4K 之间是四方相，大于 327.4K 是立方相，如图 1-14 所示。$MAPbBr_3$ 在 MA^+ 阳离子有序的低温（<180K）下以正交晶相结晶。随着温度升高超过 180K，MA^+ 阳离子变得无序，具有各向异性的热运动，其与周围的 $PbBr_6^{4-}$ 八面体耦合，诱导晶相转变为四方对称。

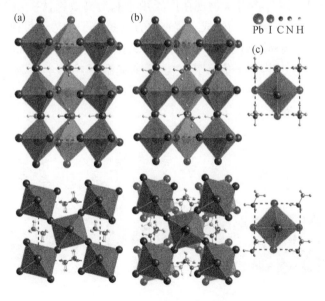

图 1-14　$MAPbI_3$ 随温度的相变[86]

MAPbX$_3$（X=I、Br、Cl）晶体结构与温度的关系如表 1-3 所示。FAPbI$_3$，具有比 MA$^+$更大的离子半径的 FA$^+$阳离子在低于 ~390K 的温度下不能稳定在立方对称中，因此它形成六方非钙钛矿多晶型物。在超过 ~390K 的温度下，FA$^+$阳离子的活化热运动为立方钙钛矿多晶型物提供了熵稳定化，随后在低于相转化温度的温度下保持为亚稳相。

表 1-3　MAPbX$_3$（X=I、Br、Cl）晶体结构与温度的关系[38]

	CH$_3$NH$_3$PbCl$_3$（K）	CH$_3$NH$_3$PbBr$_3$（K）	CH$_3$NH$_3$PbI$_3$（K）
立方	>178.9	>236.9	>327.4
四方	172.9~178.9	144.5~236.9	162.2~327.4
正交	<172.9	<144.5	<162.2

2. A 位阳离子——组分/带隙可调性

阳离子组分工程提供了一种能够访问更宽的带隙范围的解决方案，这使得结晶宽带隙组合物的形成成为可能，如图 1-15 所示，多种钙钛矿材料能级变换。以 FA$_{0.83}$Cs$_{0.17}$Pb(Br$_{0.4}$I$_{0.6}$)$_3$ 为例，其光学带隙约为 1.74eV，迁移率为 21cm^2/V。这种多阳离子混合卤化物组合物现在广泛用于制造高效钙钛矿-硅或钙钛矿-钙钛矿叠层电池。A 位阳离子的组成工程在这方面提供了优势，可以在不改变卤化物组成的条件下，调控阳离子用于直接调节钙钛矿的带隙。CsPbI$_3$ 具有约 1.7eV 的合适带隙，但由于其低 t 值，其立方相在室温下热力学不稳定。引入超大（$t>1$）氨基正离子会形成二维或者准二维的宽带隙钙钛矿，它通过改变 3D 层的数量来实现带隙工程。

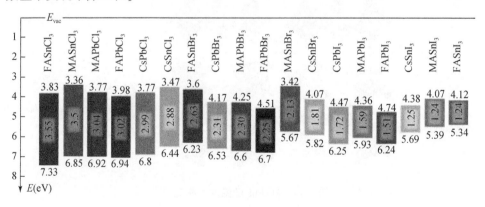

图 1-15　多种钙钛矿材料的能级阵列图[89]

3. A 位阳离子——电荷载流子动力学

钙钛矿的带边是由无机部分 BX_6^{4-} 贡献的，载流子传输也是其通过无机部分传输的，但偶极 A 阳离子和耦合的 BX_6^{4-} 八面体的热激活重定向运动可能与电荷载流子相互作用以影响其动力学。钙钛矿（铁电）大极化子的形成，即被长程晶格变形修饰的电荷载流子，可能是钙钛矿长载流子寿命的可能来源。钙钛矿中的热载流子寿命约为 10^2 ps，与传统极性半导体的约 10^2 fs 寿命相比非常长。

4. A 位阳离子——对钙钛矿晶型的稳定性

获得记录性效率的电池通常都是由 FA 主导的体系完成的，如图 1-16 所示。我们已知 FAPbI₃ 相不稳定，通过多重阳离子掺杂提高 FAPbI₃ 的相稳定，可以保持立方 FAPbI₃ 固有带隙且相位稳定。与典型的 MAPbI₃ 相比，以 FAPbI₃ 为主的组合物通常具有更长的载流子寿命、优异的热稳定性和光稳定性，以及更接近光伏应用理想的带隙。因此，FA 主导体系的钙钛矿往往可以获得最佳的效率。

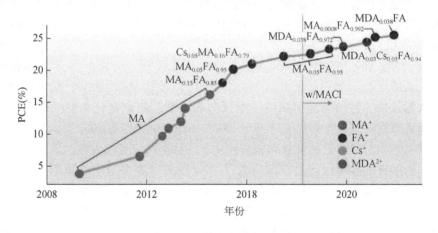

图 1-16　每年钙钛矿效率增长图[90]

5. A 位阳离子——通过空间和静电相互作用阻碍离子迁移

在混合阳离子成分时，由不同尺寸的 A 阳离子引起的局部晶格错配会扭曲离子迁移路径。这种立体阻碍效应可以增加离子迁移活化能，从而抑制迁移，提高钙钛矿电池的热稳定性和光稳定性。相反，过度的晶格应变可能会不利地降低离子迁移活化能，因为离子再分布构成了缓解残余应变的驱动力。

大阳离子通常分布在晶界和表面，可能会形成低维相钙钛矿，具体取决于特定的阳离子种类。庞大的阳离子可以作为物理屏障，通过阻断增加穿过晶界的低能离子迁移通道，从而抑制离子迁移。此外，分布在晶界处的大阳离子通常会调控结晶，弥合晶界，降低钙钛矿薄膜整体缺陷密度，从而降低了可移动缺陷的整体密度。此外，还可以在 A 阳离子链中引入特定功能的官能团，以增强 A 阳离子链之间的键合相互作用以提高结构刚度，更好地钝化缺陷，抑制离子迁移。

6. A 位阳离子——表界面修饰

钙钛矿薄膜在沉积过程中以及热退火过程中会在表面形成大量的缺陷，如表面悬挂键、空位、间隙原子等。丰富的表面缺陷状态引发非辐射重组损失，降解钙钛矿体系[91]。通过使用 A 阳离子进行表面改性的后处理已成为必不可少的步骤。

不同于添加剂掺杂到前驱体溶液中，表面处理不干扰初始钙钛矿结晶过程，通常是在薄膜制备完毕后，再在表面涂覆一层表面修饰阳离子，通常需要一个额外的二次退火步骤。二次退火这一步骤有助于表面缺陷的修饰，或者促进阳离子与 BX_6 发生化学反应形成表面薄的低维相。A 阳离子的表面官能化通常既可以实现陷阱钝化，又可以保护钙钛矿不被环境入侵的效果，通常疏水基团包括叔或季烃基（例如，四乙基铵）[92-94] 和（或）吸电子氟部分，例如 4−氟苯乙基铵或五氟苯乙基铵[95,96]，吸电子的 F 与 Pb 的结合可以钝化 Pb^0 的缺陷，又可以起到表面疏水的效果。各种官能团阳离子可以与表面缺陷协调钝化它们的电荷捕获能力，通常带有—NH_3^+ 的氨基正离子与负相互作用，钝化带电缺陷[97]。

除了它们对疏水性的贡献和缺陷钝化，钙钛矿薄膜表面改性之后还可以改善与传输层的界面接触以促进空穴提取[92]。钙钛矿薄膜表面形成载流子萃取与接触的电荷选择层界面，通常是疏水性有机材料。表面 A 阳离子修饰可用于辅助电荷传输层的组装并通过剪裁改善界面接触电荷传输之间的相互作用层物种和特定部分阳离子。这可以通过使用正己基三甲基铵（HTA+）促进聚（3-己基噻吩）（P3HT）的自组装[98]。疏水性交错己基（—C_6H_{13}）主链 HTA+ 和 P3HT 均促进增长具有原纤维结构的 P3HT。原纤维结构以增强电荷提取 P3HT 作为无掺杂剂的空穴传输材料。

此外，A 阳离子也可用于调控钙钛矿薄膜表面能级。这可以用来诱导优先特定晶面调控生长。在二次晶粒生长期间，BA+、辛基铵和油胺逐渐减少（100）表面能促进再结晶高度纹理（100）颗粒晶粒尺寸大大增大，如图1-17 所示[99]。二次表面晶粒生长也已报告了与 Br− 配对的 A 阳离子作为抗衡阴离子，包括 GABr[100]、FABr[101] 和 MABr[102]。这种晶粒再结晶可以有效地减少表面针孔和（或）PbI_2 形成[100]。更一般地说，比无处不在的 I−（或 Br−），配对 A 具有替代抗衡阴离子的阳离子存在进一步修改 OLHP 面的机会，除了避免可能的碘间质缺陷形成的副作用。例如，硫酸盐（SO_4^{2-}）和磷酸盐（PO_4^{3-}）抗衡阴离子形成薄（<5nm）$PbSO_4$ 或 $Pb_3(PO_4)_2$ 层钙钛矿薄膜表面，有效抑制由于强化学物质的离子迁移与表面结合[103]。另外，三氟乙酸（CF_3COO^-）作为抗衡阴离子，据报道，与表面上的卤化物空位结合。传统上认为 A 阳离子不直接参与构建钙钛矿带边电子结构体，但这一概念受到了环芘基铵阳离子的挑战，边界阳离子的轨道分离降低通过 p 共轭中的电子离域[104]，如图 1-18 所示。这使芘-甲基铵的轨道和芘-乙基铵与 I 5p 重叠和 Pb 6s 带边轨道电子态到价带最大值，这增加了表面空穴迁移率。表面功能化通常会调节钙钛矿能级，使其对齐，可以有益地促进载体提取接触电荷选择层。

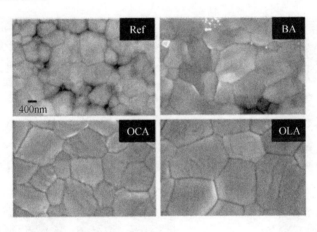

图 1-17　钙钛矿薄膜二次晶粒生长经 BA、辛基铵和油胺修饰后的表面晶粒形貌[99]

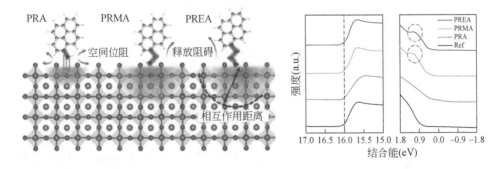

图 1-18　不同的芘基铵在钙钛矿表面的相互作用示意图及其产生的能级变化[104]

其中 PRA，pyrene-ammonium；PRMA，pyrene-methylammonium；

PREA，pyrene-ethylammonium

　　链庞大的 A 阳离子组通常是电绝缘，例如，随着烷基铵的链长增加，较高的阳离子偶极矩增强其与缺陷的相互作用，以进一步减少非辐射复合损失。但相反，较长的绝缘链增加串联电阻，这不利于电荷提取[105,106]。随着 A 阳离子表面密度增加，钙钛矿电池开路电压通常单调增加，但填充因子在最佳浓度处达到峰值，随后下降，在绝缘表层变得太厚。因此，需要仔细设计至关重要 A 阳离子链组并阐明其密度，钙钛矿薄膜表面上的分布和方向最大限度地发挥其有益效果，同时确保载体提取不会受到影响。

1.3.3　二维钙钛矿结构

　　二维钙钛矿结构的演变如图 1-19 所示。

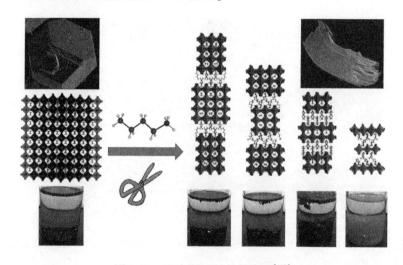

图 1-19　2D 钙钛矿结构的演变[107]

　　将三维钙钛矿结构按照一定的晶面插入尺寸较大的阳离子，三维钙钛矿结构框架会被撑开，形成层状的二维钙钛矿结构，如图 1-20 所示，其中无机层的层数即为二维钙钛矿的 n 值。由于有机层的加入，二维钙钛矿能级呈现量子井态，如图 1-20（a）所示，且 n 值多样性的变化让二维钙钛矿能带结构呈现多样化，如图 1-21（b）所示。对常规光伏二维钙钛矿，通常是沿（100）取向被裁剪开，可根据结构类型分为 Ruddlesden-Popper（RP）结构、Dion-Jacobson（DJ）结构和一种新型层间空间类型中的交替阳离子（ACI）结构，其通式可分别写为 $A'_2A_{n-1}B_nX_{3n+1}$、$A'A_{n-1}B_nX_{3n+1}$ 和 $A'A_nB_nX_{3n+1}$（A' = 层间"间隔"阳离子）。从通式中可以看出，对于 ACI 结构，作为 A 位"钙钛矿"阳离子（MA+、FA+ 或 Cs+），不仅存在于钙钛矿无机层内，也填充在中间层 A' 阳离子层。胍（GA+）是

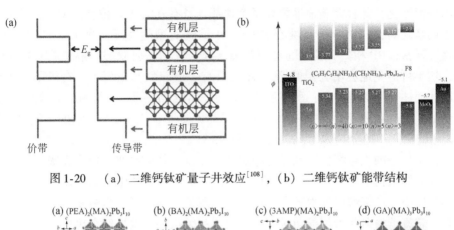

图 1-20　（a）二维钙钛矿量子井效应[108]，（b）二维钙钛矿能带结构

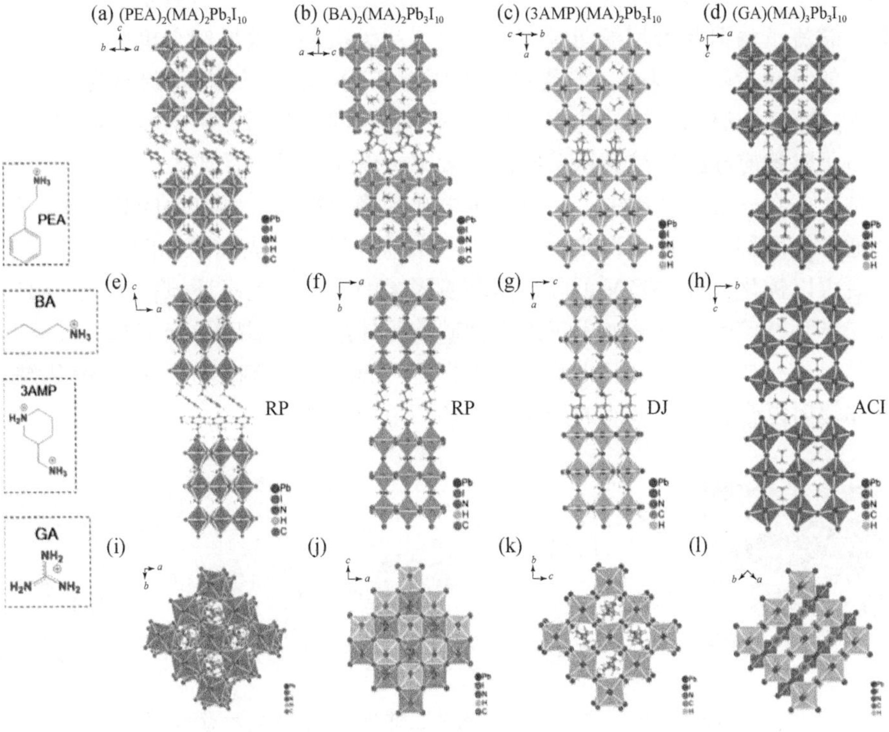

图 1-21　以 PEA/BA、3AMP、GA 为例的 RP、DJ、ACI 型二维结构的 $n=3$ 示意图[109]

唯一报道的可以形成 ACI 型的 A′阳离子结构。以 PEA、BA 作为 RP 型代表，以 3AMP 为 DJ 型代表，以 GA 为 ACI 型代表，所有已知结构类型的 $n=3$ 的晶体结构如图 1-21 所示，比较 RP、DJ 和 ACI 同源系列三个晶体学方向的结构差异和相似之处。对于 RP 型（BA）$_2$（MA）$_2$Pb$_3$I$_{10}$ 层被一个八面体偏移单位，显示（1/2，1/2）平面内位移。在另一极端，DJ 阶段中的层（3AMP）（MA）$_2$Pb$_3$I$_{10}$，没有表

现出任何变化，并且完美地堆叠在每个顶部，具有（0，0）位移。ACI 类型结构介于两者之间，并结合了层堆叠 RP 和 DJ 结构类型的特征，显示了（1/2，0）位移。通常，RP 相具有较大的层间距离，因为它们需要双层间隔单胺有机阳离子，这不可避免地会增大层间距。DJ 相只有一层双氨基正离子，有机阳离子更贴近八面体创造的间隙内，所以层间距较小。ACI 相，是 GA 与 MA 交替排列的，由于 GA 与 MA 的离子尺寸较小，因此层间距更小，图 1-21 显示的 RP、DJ 和 ACI 相的层间距离分别为 ~7Å、~4Å 和 ~3Å。

由于良好的光电特性以及环境稳定性，二维钙钛矿也通常作为光吸收层来制备平面异质结构电池，如图 1-22 所示。2D 钙钛矿薄膜的生长是决定电池性能的关键与核心，二维薄膜的生长方向严重影响载流子的输运。当薄膜平行于基底生长时，载流子输运要跨越横向排布的有机层或无机层，很显然有机层会严重阻碍载流子的纵向传输，因此，需要将二维钙钛矿薄膜的生长方向调整为垂直于基底，建立载流子纵向传输的通道，从而获得高效的二维钙钛矿电池。但二维钙钛矿的量子阱效应导致二维钙钛矿电池的效率远低于三维钙钛矿电池，二维钙钛矿通常被合并在三维钙钛矿中，综合二维电池的稳定性及三维电池的高效率。制备形式通常有两种，一种是将二维钙钛矿层覆盖在钙钛矿表面，如图 1-23（a）所示，既可以钝化表面缺陷又可以阻挡环境因素的入侵，提高环境稳定性。第二种是将二维钙钛矿的阳离子加入三维钙钛矿前驱体溶液，阳离子分布在三维薄膜晶粒的晶界处，如图 1-23（b）所示，可以弥合晶界，抑制离子迁移，钝化缺陷，减少非辐射复合，提高电池的开路电压和环境稳定性。

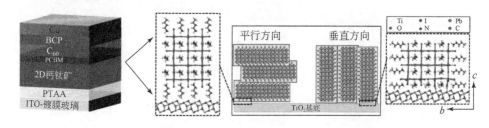

图 1-22　二维钙钛矿电池结构及二维薄膜生长方向示意图[110]

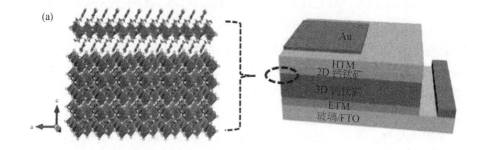

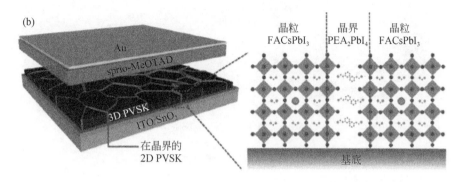

图 1-23　（a）二维在三维钙钛矿表面覆层结构[111]，（b）二维在三维晶界处结构[112]

1.3.4　B 位阳离子与 X 位阴离子

B 位（Pb^{2+}、Sn^{2+}、Ge^{2+}）锡基钙钛矿：带隙小、无毒、易氧化、成膜困难，铅锡混合钙钛矿，窄带隙，用于叠层电池等[113]。X 位阴离子的多样性选择主要是调控带隙，增加 X 位卤素原子的大小可以增加钙钛矿材料的晶格常数，这主要得益于较大的原子半径可以有效降低与 Pb 原子之间的作用力，从而提高长波区域的光吸收。

1.4　钙钛矿材料的缺陷

1.4.1　钙钛矿缺陷的产生及后果

钙钛矿是低形成能和低迁移活化能的离子型化合物，每个占位都允许混合离子共同占用，扩展了化学成分的可调性，同时带来了材料的复杂性和结构的敏感性。由于薄膜在沉积过程中离子沉积速度不同等因素，通常在表面、体相、底面产生各种类型的缺陷，如空位、间隙原子、晶格不连续、终端悬挂键等，这些缺陷直接决定了整个材料的特性和器件的性能。钙钛矿的电荷双离子成分在电场下可移动，并在光照或升高温度下加速。从其原始晶格位置移位的离子变成晶体缺陷（或肖特基、弗伦克尔缺陷对）。离子（或缺陷）迁移会导致回滞、相分离和化学腐蚀，从而导致器件性能在运行期间退化。电池工作机理如图 1-24 所示，①光照作用下激子的产生；②电子空穴的分离；③电荷的定向传输；④电子和空穴的收集；⑤缺陷位置处载流子，电子和空穴发生复合，减少电流的输出。

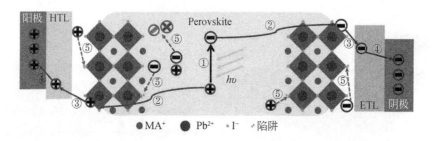

● MA⁺　● Pb²⁺　· I⁻　· 陷阱

图 1-24　电池工作机理图[114]

1.4.2　钙钛矿缺陷的类型

根据其在带隙内的能量位置缺陷分为浅能级缺陷和深能级缺陷,其中浅能级缺陷是离域的,被其捕获的载流子可以继续迁移,它对器件内的非辐射复合几乎没有影响。

间隙和反位缺陷通常会形成远离价带和导带边缘的深能级缺陷,由于其局域化,会形成非辐射复合通道,捕获载流子,成为缺陷复合中心,导致准费米能级降低,使电池电压损失较大,从而降低整体光伏效率。三种类型的本征点缺陷,即间隙缺陷、反位缺陷和空位缺陷,如图 1-25 所示。对于不同的钙钛矿材料,与本体 $MAPbI_3$ 中的 MA^+ 相关缺陷相比,$FAPbI_3$ 中与 FA^+ 相关的缺陷更容易形成,这是由于 FA^+ 阳离子和 $[PbI_6]^{2-}$ 八面体之间的范德瓦耳斯相互作用较弱。这种较弱的结合是 FA^+ 比 MA^+ 更大的尺寸和更小的分子偶极矩导致的。

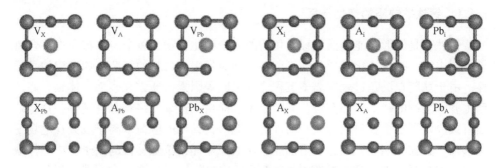

图 1-25　钙钛矿缺陷的类型[115]

在形成能低得多的情况下,发现反位 Pb-I 缺陷比在块体中更容易在表面上形成。钙钛矿薄膜表面的亚稳态特性使其容易受到外来环境的侵害,导致各种类型的外在表面无序,这导致钙钛矿表面结构的复杂性。

1.4.3　钙钛矿缺陷钝化

过去几年，人们已经开展了大量的研究工作来改善钙钛矿薄膜的质量，从而抑制体相非辐射复合，如组分工程、前驱体溶剂工程、添加剂工程等[29,114,116-127]。鉴于钙钛矿太阳电池中使用的有机–无机杂化钙钛矿所具有的软离子性质，在高温退火和快速结晶过程中在钙钛矿薄膜的体相及表界面不可避免地会产生大量的深能级或者浅能级缺陷。大多数体相缺陷都是一维点缺陷，常常是浅能级缺陷。而大多数界面缺陷常常是深能级缺陷，严重破坏器件性能。据报道，多晶钙钛矿薄膜界面缺陷的数量比薄膜内部的缺陷数量高 1 ~ 2 个数量级[128,129]。因此，界面非辐射复合在非辐射复合中占主要地位。被界面深能级缺陷俘获的电荷及从薄膜体相迁移到表面的带电离子会累积在界面，导致能带弯曲、能带再排列、界面非辐射复合，最终破坏器件性能。此外，界面缺陷将会导致界面应力，从而导致界面非辐射复合损失，最终导致器件性能损失。因此，合理的界面工程对最小化界面非辐射复合损失至关重要。

在钙钛矿太阳电池领域，各种各样的分子被用来钝化界面缺陷，如路易斯酸/碱分子[122]、有机或者无机盐分子[124,130,131]、二维钙钛矿[132] 等。其中，路易斯碱分子在钝化界面缺陷方面已经被证明非常有效。路易斯碱分子常常通过分子中给电子原子和未配位的铅缺陷之间的配位作用来钝化缺陷。然而，大多数报道的分子常常只含有一种活性位（N、O 或者 S）。即使少数报道的分子（如聚合物分子）拥有超过一个活性位，但是由于大的空间位阻效应其分子中的所有活性位很难同时参与缺陷钝化。为了将路易斯碱分子的缺陷钝化效果最大化，迫切需要通过合理分子设计与调控开发多活性位钝化分子来将界面非辐射复合损失最小化。

1.5　钙钛矿太阳电池

1.5.1　钙钛矿电池器件结构

PSCs 的发展历程借鉴了许多其他电池的技术，因此，其存在多种器件结构。典型的钙钛矿电池主要由透明导电玻璃、电子传输层（ETL）、钙钛矿活性层、空穴传输层（HTL）和金属电极五个部分组成。PSCs 主要分为介孔结构和平面异质结结构，如图 1-26 所示[133]。介孔型 PSC 是在液态染料敏化电池的基础上发展起来的，在早期研究中出现较多。与平面型 PSCs 不同，该种结构的电子传输层由致密电子传输层和介孔电子传输层两部分构成。在此结构中，介孔层起到至关重要的作用，不仅可作为吸光层材料生长骨架，促进形成连续平整且致密的高质量钙钛矿薄膜，抑制了薄膜针孔缺陷形成，增强材料对光的吸收，而且有效阻隔空穴传输层与电子传输层的直接接触，有利于电子传输，减弱离子迁移，消除迟滞效应。值得注意的是，制备介孔层时，高温（400～500℃）处理过程必不可少，会增加器件制备的难度与成本。同时由于紫外光照射下易造成器件结构不稳定等问题，限制了该类结构在柔性叠层器件上的应用。

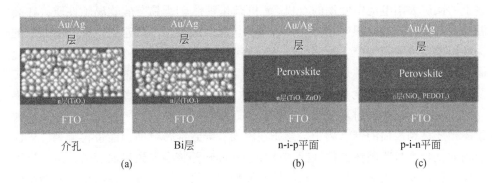

图 1-26　电池结构示意图

（a）正向介孔结构 PSCs，（b）正向平面 PSCs，（c）反向平面 PSCs[133]

平面型钙钛矿电池是直接将钙钛矿层沉积到致密 ETL 上得到的。在这种结构中，钙钛矿活性层兼具吸收太阳光形成光生电荷、电荷分离和电荷传输的作用。根据电子和空穴传输层沉积顺序的差异，平面型 PSCs 又可以分为正向平面结构和反向平面结构两种。正向平面结构电池的制备顺序和介孔结构电池类似，制备时需要依次在透明导电玻璃上沉积电子传输层、钙钛矿活性层、空穴传输层和金属电极。目前，在 PSCs 中，应用最广泛的正向电池结构为：FTO 导电玻璃/c-TiO$_2$/钙钛矿/spiro-OMeTAD/Au。金属电极（Au 或 Ag 等）的作用是传输电子或空穴、连通外电路，通常是通过热蒸发方式制备的[134-139]。反向结构电池的传输层沉积顺序与正向结构相反，首先需要在透明导电玻璃上沉积空穴传输层，然后依次沉积钙钛矿活性层、电子传输层和金属电极。最典型的反式电池结构为：ITO 导电玻璃/PEDOT：PSS/钙钛矿/PCBM/BCP/Ag。相比于正向结构，反向结构有效抑制了器件迟滞效应，并且界面稳定性良好，可低温制备，与柔性衬底有良好的兼容性，所以更具有制备半透明电池和多结电池的潜力。

电子传输层一般为 n 型半导体材料，主要有 TiO$_2$、SnO$_2$ 和 NiO$_x$ 等。空穴传输层一般为 p 型半导体材料，主要有 spiro-OMeTAD、P3HT、PTAA 和 PEDOT：PSS 等。平面异质结 PSCs 由于钙钛矿基底层的不同，分为 n-i-p 结构和 p-i-n 结构。n-i-p 结构以电子传输层作为钙钛矿基底，p-i-n 结构以空穴传输层作为钙钛矿基底。p-i-n 结构的电池相较于 n-i-p 结构的电池具有低温制备和回滞效应小的优点。

1.5.2　器件结构组成材料

电极材料作为 PSC 输出端，包括透明导电电极、金属电极、碳电极等。目前普遍使用的透明电极主要是在玻璃或者柔性聚合物基底上沉积的透明氧化物，如掺氟的氧化锡（FTO）、氧化铟锡（ITO）、掺铝氧化锌（AZO）等。其中 FTO 薄膜的功函（~4.4eV）与常用电子传输层费米能级更加匹配（~4eV），耐高温（<500℃）、耐化学腐蚀，广泛适用于 PSC 正式结构中。相比于 FTO，ITO 的光透过率更高，表面粗糙度更小，导电性更强。因此，ITO 可替代 FTO，在更多种器件结构中拥有普适性。金属电极是指在器件组装的最后通过蒸镀的方法制备的金属薄膜，包括 Au、Ag、Al、Cu 等。金属电极的选取不但考虑金属本身电阻，还要考虑金属的功函。相比于电阻，功函对电池性能的影响更大。因此，在正向结构中，一般选取功函较大的 Au 作为阳极，反向结构中，一般选取功函较小的 Ag 和 Al。金属电极中金属键极易被钙钛矿中的碘化物腐蚀是电池稳定性恶化的主要原因。碳电极拥有和 Au 电极接近的功函和导电率，因此被广泛接受为稳定、具有成本效益的光伏材料。

电子传输层是钙钛矿器件结构中一个 n 型电荷提取层，起到提高钙钛矿光生电子提取速率、阻挡空穴向负极方向移动的作用。根据钙钛矿器件结构不同，可分为致密平面结构和介孔结构。理想 ETL 应具备费米能级低于钙钛矿，电子迁移率高，热以及光化学稳定性高等特性。致密平面型 ETL 在正向结构中多为半导体氧化物，如 TiO_2、SnO_2、ZnO_2 等，反向结构中多采用富勒烯的衍生物，例如 C_{60}、富勒烯衍生物（PCBM）及 3,4,9,10-四甲酰二亚胺（PDI）等。一般介孔型 ETL 为介孔 TiO_2，可通过丝网印刷法、旋涂法、溶胶-凝胶法得到。介孔型电子传输层可扩大钙钛矿接触面积，有利于电荷提取。为进一步改善 PSC 光电性能，复合型 ETL 也逐渐被应用到器件之中，如无机材料复合 ETL SnO_2/TiO_2、ZnO_2/SnO_2，以及有机-无机材料复合 ETL。

空穴传输层位于钙钛矿吸光层和阳极之间，起到增强空穴传导以及隔断钙钛矿电极直接接触，避免引起载流子猝灭的作用。优异的空穴材料应具备以下几点特征：合适的导带能级，优化器件结构能级匹配；高空穴传导率，以保证载流子有效传输；良好的光、热、湿度稳定性，以提升器件稳定性；制备工艺简单、成本低、环境友好。常用的空穴传输材料分为无机物和有机物两大类，如图 1-27 所示。有机空穴传输材料主要有 spiro-OMeTAD、PTAA、P3HT 和 PEDOT：PSS 等。spiro-OMeTAD 是目前在 PSC 中应用最广泛的空穴传输材料，可兼容多种溶液制备法，如旋涂、刮涂、狭缝涂布法等。由于 spiro-OMeTAD 的导电性较低，所以通常会在前驱液中加入 Li-TFSI、TBP 和 FK209 等添加剂来提升迁移率，但同时也会降低器件的稳定性[40]。PEDOT：PSS 多用于反向 PSC 中，也可以通过旋涂、刮涂等溶液法制备。得益于良好的导电性和稳定性，以及易于制备等优点，PEDOT∶PSS 被广泛地应用于能量转换和存储领域，是实际应用中最成功的导电化合物。无机空穴传输材料主要有氧化镍（NiO）、硫氰酸亚铜（CuSCN）和碘化亚铜（CuI）等，其中 NiO 是目前钙钛矿领域应用最广泛的无机空穴传输材料。与 PEDOT∶PSS 相比，NiO 与相邻功能层的能级匹配更好，空穴提取效率更高，可有效地替代 PEDOT∶PSS 应用到 P3HT 和 PCBM 体系中。

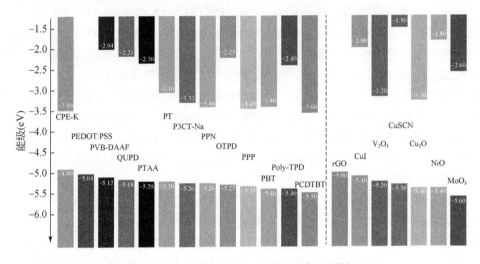

图 1-27　常用的空穴传输层材料及其对应能级

1.5.3　钙钛矿电池工作原理

太阳光照射到钙钛矿薄膜时，钙钛矿薄膜会产生电子和空穴，电子和空穴在内建电场的作用下向相反方向漂移，电子向负极方向发生移动，空穴向正极方向发生移动。电子传输层对于电子有较高的传输速率，起到传输电子的作用。空穴传输层对于空穴有较高的传输速率，起到传输空穴的作用。最终，电子和空穴分别流向两极，在外接电路中形成回路，产生光电流[133]。太阳电池的运行过程包括：①光照作用下激子的产生；②电子空穴的分离；③电荷的定向传输；④电子和空穴的收集。钙钛矿材料的光生电荷主要以 Wannier 激子形式存在。较低的激子结合能使激子在较低的温度下容易分离成空穴和电子，能量为 $E_n = -13.6\mu/(\varepsilon^2 n^2)$，$n$ 为量子数，ε 为介电常数，μ 是电子和空穴的折合有效质量[140]。激子在晶体内部和晶界进行扩散[141]。如上所述钙钛矿电池结构有正向和反向之分，正向结构一般是 FTO/HTL/PSCs/ETL/Au［图 1-28（a）］，反向结构为 FTO/ETL/PSCs/HTL/Au［图 1-28（b）］。ETL/PSCs/HTL 可以形成典型的 n-i-p 结构，产生的内建电场会促进载流子的分离与提取。光照后,钙钛矿层吸收光子直接产生自由电子和空穴,随后在内建电场的作用下向两端移动,之后分别传输到 ETL 和 HTL。所以内建电场的强度和薄膜的结晶质量等都会影响电荷的传输效率。对于 PSCs,能级的匹配程度取决于载流子传输势垒。一般情况下,钙钛矿的导带与价带分别和 ETL 的 LUMO 与 HTL 的 HUMO 能级匹配,如图 1-28(c)所示。此外,钙钛矿的缺陷存在于浅能级且具有低的形成能,这样可以降低电荷的复合速率,提高光电性能,这也是缺陷很容易被钝化的原因[142]。

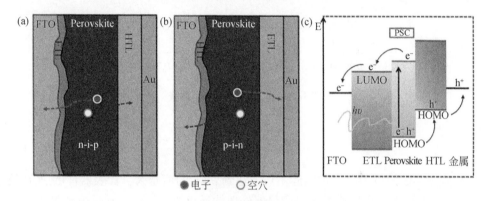

图 1-28 钙钛矿电池结构及其能级分布

1.5.4 钙钛矿电池性能指标

我们通常用开路电压(open-circuit voltage,V_{OC})、短路电流密度(short-circuit current density,J_{SC})、填充因子(fill factor,FF)和光电转换效率(photoelectric conversion efficiency,PCE)这四个参数来评价 PSC 的性能。

典型的 PSC 电流密度–电压(J–V)特性曲线如图 1-29 所示。

V_{OC} 为太阳电池两端电极没有接负载时的电压。当 $V_{OC}=0$ 时,由光电流提供的电流密度为短路电流密度 J_{SC}。V_{OC} 与电池面积大小无关,与材料本身性质相关;J_{SC} 与光照强度有直接关系。图中 V_{MP} 和 J_{MP} 分别对应太阳电池输出功率最大值处的电压和电流密度。曲线中的 V_{OC} 和 J_{SC} 的斜率值分别对应太阳电池的串联电阻 R_S 和并联电阻 R_{SH}。理想的器件在不同工作点的功率($V \times J$)构成一个矩形,η_{max} 为太阳电池工作时的最大输出功率,可表示为:

$$\eta_{max} = V_{MP} \times J_{MP} = FF \times V_{OC} \times J_{SC} \tag{1-14}$$

FF 为填充因子,它代表实际 J–V 曲线与理想 J–V 曲线之间的差异,FF 定义为 $V_{MP} \times J_{MP}$ 与 $V_{OC} \times J_{SC}$ 的比值,可用下式计算得到:

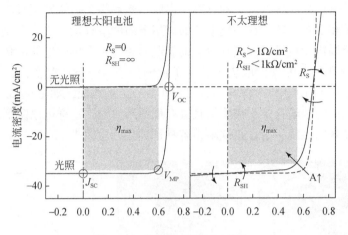

图 1-29　典型的 PSC J–V 曲线

$$\text{FF} = \frac{V_{\text{MP}} \times J_{\text{MP}}}{V_{\text{OC}} \times J_{\text{SC}}} \tag{1-15}$$

　　理想情况下 FF 为 1,但实际不可能达到。FF 的值越大,代表器件的 PCE 越高。太阳电池的光电转换效率是衡量器件性能最重要的指标,它是电池最大输出功率 η_{max} 与入射光功率 η_{in} 的比值,由下式表示:

$$\text{PCE} = \frac{\eta_{\text{max}}}{\eta_{\text{in}}} = \frac{\text{FF} \times V_{\text{OC}} \times J_{\text{SC}}}{\eta_{\text{in}}} \tag{1-16}$$

　　该式表达了 PSC 的四个重要参数 V_{OC}、J_{SC}、FF 和 PCE 之间的关系。一般我们采用 AM1.5 的太阳光作为入射光,它的功率是 $100\text{mW}/\text{cm}^2$。

1.5.5　钙钛矿电池发展展望

　　钙钛矿材料优异的光电性能、极其简单的制备工艺使其成为光伏材料界的"宠儿",从学术研究到产业化团队,钙钛矿吸引了若干科研团队以及企业投身其中。目前,钙钛矿的研究正在从实验室走向产业化阶段,除了杭州纤纳光电、协鑫纳米、牛津光伏之外,还有无锡极电光能、杭州众能光电、致晶科技、上海黎元新能源、华能旗下清洁能源技术研究院,以及国家能源集团等均对钙钛矿展开了深入研究。与晶硅太阳电池需要高纯硅相比,钙钛矿电池只需材料的纯度达到 90%,而且采用的低温工艺可以降低能耗,单位面积钙钛矿组件消耗的钙钛矿材料也远低于晶硅组件。因此钙钛矿电池及组件具有极大的成本降低潜力。公开信息显示,当钙钛矿组件产能达到 1GW 以上时,其成本有望降低到 0.6 元/W。此外,由于钙钛矿易于修饰改性,其可柔性化、半透明化、轻量化、色彩化也具有广阔的应用潜力空间。2021 年 4 月 2 日,无锡极电光能科技有限公司经全球权威测试机构 JET（日本电气安全环境研究所）严格检测，在 63.98cm² 的钙钛矿光伏组件上实现 20.5% 的光电转换效率。2022 年 4 月，经中国计量科学研究院检测认证极电光能研发团队在 300cm² 的大尺寸钙钛矿光伏组件（SubModule）上，创造了 18.2% 转换效率新的世界纪录，这也是继公司在 63.98cm² 组件上取得 20.5% 认证效率之后的又一重大突破。

参 考 文 献

[1] Kojima A, Teshima K, Shirai Y, et al. Organometal halide perovskites as visible-light sensitizers for photovoltaic cells. Journal of the American Chemical Society, 2009, 131 (17): 6050-6051.

[2] Im J H, Lee C R, Lee J W, et al. 6.5% efficient perovskite quantum-dot-sensitized solar cell. Nanoscale, 2011, 3 (10): 4088-4093.

[3] Kim H S, Lee C R, Im J H, et al. Lead iodide perovskite sensitized all-solid-state submicron thin film mesoscopic solar cell with efficiency exceeding 9%. Scientific Reports, 2012, 2: 591.

[4] Lee M M, Teuscher J, Miyasaka T, et al. Efficient hybrid solar cells based on meso-superstructured organometal halide Perovskites. Science, 2012, 338 (6107): 643-647.

[5] Liu M, Johnston M B, Snaith H J. Efficient planar heterojunction perovskite solar cells by vapour deposition. Nature, 2013, 501 (7467): 395-398.

[6] Marronnier A, Roma G, Boyer Richard S, et al. Anharmonicity and disorder in the black phases of cesium lead iodide used for stable inorganic perovskite solar cells. Acs Nano, 2018, 12 (4): 3477-3486.

[7] Jeon N J, Lee H G, Kim Y C, et al. o-methoxy substituents in spiro-OMeTAD for efficient inorganic-organic hybrid perovskite solar cells. Journal of the American Chemical Society, 2014, 136 (22): 7837-7840.

[8] Zhou H, Chen Q, Li G, et al. Photovoltaics. interface engineering of highly efficient perovskite solar cells. Science, 2014, 345 (6196): 542-546.

[9] Yang W S, Park B W, Jung E H, et al. Iodide management in formamidinium-lead-halide-based perovskite layers for efficient solar cells. Science, 2017, 356 (6345): 1376-1379.

[10] Jiang Q, Zhao Y, Zhang X, et al. Surface passivation of perovskite film for efficient solar cells. Nature Photonics, 2019, 13 (7): 460-466.

[11] Kim J, Yun J S, Cho Y, et al. Overcoming the challenges of large-area high-efficiency perovskite solar cells. ACS Energy Letters, 2017, 2 (9): 1978-1984.

[12] Kim J, Yun J S, Wen X, et al. Nucleation and growth control of $HC(NH_2)_2PbI_3$ for planar perovskite solar cell. The Journal of Physical Chemistry C, 2016, 120 (20): 11262-11267.

[13] Kim J E, Kim S S, Zuo C, et al. Humidity-tolerant roll-to-roll fabrication of perovskite solar cells via polymer-additive-assisted hot slot die deposition. Advanced Functional Materials, 2019: 1809194.

[14] Kim J Y, Kim S H, Lee H H, et al. New architecture for high-efficiency polymer photovoltaic cells using solution-based titanium oxide as an optical spacer. Advanced Materials, 2006,

18 (5): 572-576.

[15] Kim M, Choi I W, Choi S J, et al. Enhanced electrical properties of Li-salts doped mesoporous TiO$_2$ in perovskite solar cells. Joule, 2021, 5 (3): 659-672.

[16] Kim M, Kim G H, Oh K S, et al. High-temperature-short-time annealing process for high-performance large-area perovskite solar cells. ACS Nano, 2017, 11 (6): 6057-6064.

[17] Kim M c, Ahn N, Lim E, et al. Degradation of CH$_3$NH$_3$PbI$_3$ perovskite materials by localized charges and its polarity dependency. Journal of Materials Chemistry A, 2019, 7 (19): 12075-12085.

[18] Kim S, Dao V A, Shin C, et al. Influence of n-doped μc-Si: H back surface field layer with micro growth in crystalline-amorphous silicon heterojunction solar cells. Journal of Nanoscience and Nanotechnology, 2014, 14 (12): 9258-9262.

[19] Li B, Li M, Fei C, et al. Colloidal engineering for monolayer CH$_3$NH$_3$PbI$_3$ films toward high performance perovskite solar cells. Journal of Materials Chemistry A, 2017, 5 (46): 24168-24177.

[20] Li C, Cong S, Tian Z N, et al. Flexible perovskite solar cell-driven photo-rechargeable lithium-ion capacitor for self-powered wearable strain sensors. Nano Energy, 2019, 60: 247-256.

[21] Li C, Song Z, Chen C, et al. Low-bandgap mixed tin-lead iodide perovskites with reduced methylammonium for simultaneous enhancement of solar cell efficiency and stability. Nature Energy, 2020, 5 (10): 768-776.

[22] Li D, Yip S, Li F, et al. Flexible near-infrared InGaSb nanowire array detectors with ultrafast photoconductive response below 20 μs. Advanced Optical Materials, 2020, 8 (22): 2001201.

[23] Li F, Deng X, Qi F, et al. Regulating surface termination for efficient inverted perovskite solar cells with Greater than 23% efficiency. Journal of the American Chemical Society, 020, 142 (47): 20134-20142.

[24] Liang C, Gu H, Xia Y, et al. Two-dimensional ruddlesden-popper layered perovskite solar cells based on phase-pure thin films. Nature Energy, 2020, 6 (1): 38-45.

[25] Liu K, Liang Q, Qin M, et al. Zwitterionic-surfactant-assisted room-temperature coating of efficient Perovskite solar cells. Joule, 2020, 4 (11): 2404-2425.

[26] Liu L, Huang S, Lu Y, et al. Grain-boundary "Patches" by *in situ* conversion to enhance perovskite solar cells stability. Advanced Materials, 2018: e1800544.

[27] Liu L, Mei A, Liu T, et al. Fully printable mesoscopic perovskite solar cells with organic silane self-assembled monolayer. Journal of the American Chemical Society, 2015, 137 (5): 1790-1793.

[28] Liu S, Guan Y, Sheng Y, et al. A review on additives for halide perovskite solar cells. Advanced Energy Materials, 2020, 10 (13): 1902492.

[29] Liu X, Yu Z, Wang T, et al. Full defects passivation enables 21% efficiency perovskite solar cells operating in air. Advanced Energy Materials, 2020, 10 (38): 2001958.

[30] Liu Y, Cai L, Xu Y, et al. *In-situ* passivation perovskite targeting efficient light-emitting

diodes via spontaneously formed silica network. Nano Energy, 2020, 78: 105134.

[31] Liu Y, Zhang Y, Zhu X, et al. Triple-cation and mixed-halide perovskite single crystal for high-performance X-ray imaging. Advanced Materials, 2021, 33 (8): 2006010.

[32] Marchal N, Mosconi E, Garcia-Espejo G, et al. Cation engineering for resonant energy level alignment in two-dimensional lead halide Perovskites. J Phys Chem Lett, 2021, 12 (10): 2528-2535.

[33] Marchenko E I, Korolev V V, Mitrofano A, et al. Layer shift factor in layered hybrid perovskites: univocal quantitative descriptor of composition-structure-property relationships. Chemistry of Materials, 2021, 33 (4): 1213-1217.

[34] National Renewable Energy Laboratory. Best Research-Cell Efficiency Chart. https://www.nrel.gov/pv/cellefficiency.html.

[35] Yang F, Jang D, Dong L, et al. Upscaling solution-processed perovskite photovoltaics. Advanced Energy Materials, 2021, 11 (42): 2101973.

[36] Salim K M M, Masi S, Gualdron Reyes A F, et al. Boosting long-term stability of pure formamidinium perovskite solar cells by ambient air additive assisted fabrication. ACS Energy Lett, 2021, 6 (10): 3511-3521.

[37] Xiao Y, Zuo C, Zhong J X, et al. Large-area blade-coated solar cells: advances and perspectives. Advanced Energy Materials, 2021, 11 (21): 2100378.

[38] Huang F, Li M, Siffalovic P, et al. From scalable solution fabrication of perovskite films towards commercialization of solar cells. Energy & Environmental Science, 2019, 12 (2): 518-549.

[39] Li Y, Chen Z, Yu B, et al. Efficient, stable formamidinium-cesium perovskite solar cells and minimodules enabled by crystallization regulation. Joule, 2022, 6 (3): 676-689.

[40] Teng P, Reichert S, Xu W, et al. Degradation and self-repairing in perovskite light-emitting diodes. Matter, 2021, 4 (11): 3710-3724.

[41] Cacovich S, Cina L, Matteocci F, et al. Gold and iodine diffusion in large area perovskite solar cells under illumination. Nanoscale, 2017, 9 (14): 4700-4706.

[42] Cai L, Liang L, Wu J, et al. Large area perovskite solar cell module. Journal of Semiconductors, 2017, 38 (1): 014006.

[43] Castriotta L A, Zendehdel M, Yaghoobi Nia N, et al. Reducinglosses in Perovskite large area solar technology: laser design optimization for highly efficient modules and minipanels. Advanced Energy Materials, 2022: 2103420.

[44] Razza S, Di Giacomo F, Matteocci F, et al. Perovskite solar cells and large area modules (100 cm²) based on an air flow-assisted PbI₂ blade coating deposition process. Journal of Power Sources 2015, 277: 286-291.

[45] Wu G, Zhang Y, Kaneko R, et al. Hole-transport materials containing triphenylamine donors with a spiro [fluorene-9, 9'-xanthene] core for efficient and stable large area perovskite solar cells. Solar RRL, 2017, 1 (9): 1700096.

[46] Zheng J, Lau C F J, Mehrvarz H, et al. Large area efficient interface layer free monolithic perovskite/homo-junction-silicon tandem solar cell with over 20% efficiency. Energy & Environmental Science, 2018, 11 (9): 2432-2443.

[47] Green M A, Ho-Baillie A, Snaith H J. The emergence of perovskite solar cells. Nature Photonics, 2014, 8 (7): 506-514.

[48] Stranks S D, Eperon G E, Grancini G, et al. Electron-hole diffusion lengths exceeding 1 micrometer in an organometal trihalide perovskite absorber. Science, 2013, 342 (6156): 341-344.

[49] Xiao Z, Dong Q, Bi C, et al. Solvent annealing of perovskite-induced crystal growth for photovoltaic-device efficiency enhancement. Advanced Materials, 2014, 26 (37): 6503-6509.

[50] Dong Q, Fang Y, Shao Y, et al. Electron-hole diffusion lengths > 175 μm in solution-grown $CH_3NH_3PbI_3$ single crystals. Science, 2015, 347 (6225): 967-970.

[51] Shi D, Adinolfi V, Comin R, et al. Low trap-state density and long carrier diffusion in organolead trihalide perovskite single crystals. Science, 2015, 347 (6221): 519-522.

[52] D'innocenzo V, Grancini G, Alcocer M J, et al. Excitons versus free charges in organo-lead tri-halide perovskites. Nature Communications, 2014, 5: 3586.

[53] Gao L L, Liang L S, Song X X, et al. Preparation of flexible perovskite solar cells by a gas pump drying method on a plastic substrate. Journal of Materials Chemistry A, 2016, 4 (10): 3704-3710.

[54] Gonzalez-Rodriguez R, Arad-Vosk N, Rozenfeld N, et al. Control of $CH_3NH_3PbI_3$ perovskite nanostructure formation through the use of silicon nanotube templates. Small, 2016, 12 (33): 4477-4480.

[55] Wang B, Wong K Y, Yang S, et al. Crystallinity and defect state engineering in organo-lead halide perovskite for high-efficiency solar cells. Journal of Materials Chemistry A, 2016, 4 (10): 3806-3812.

[56] Xia B, Wu Z, Dong H, et al. Formation of ultrasmooth perovskite films toward highly efficient inverted planar heterojunction solar cells by micro-flowing anti-solvent deposition in air. Journal of Materials Chemistry A, 2016, 4 (17): 6295-6303.

[57] Chen H, Ye F, Tang W, et al. A solvent-and vacuum-free route to large-area perovskite films for efficient solar modules. Nature, 2017, 550 (7674): 92.

[58] Saliba M, Matsui T, Domanski K, et al. Incorporation of rubidium cations into perovskite solar cells improves photovoltaic performance. Science, 2016, 354 (6309): 206-209.

[59] Burschka J, Pellet N, Moon S J, et al. Sequential deposition as a route to high-performance perovskite-sensitized solar cells. Nature, 2013, 499 (7458): 316-319.

[60] Ding B, Gao L, Liang L, et al. Facile and scalable fabrication of highly efficient lead iodide perovskite thin-film solar cells in air using gas pump method. ACS Appl Mater Interfaces, 2016, 8 (31): 20067-20073.

[61] Jeon N J, Noh J H, Kim Y C, et al. Solvent engineering for high-performance inorganic-

organic hybrid perovskite solar cells. Nature Materials, 2014, 13 (9): 897-903.

[62] Xiao M, Huang F, Huang W, et al. A fast deposition- crystallization procedure for highly efficient lead iodide perovskite thin- film solar cells. Angew. Chem. Int. Ed. Engl. , 2014, 53 (37): 9898-9903.

[63] Hao F, Stoumpos C C, Liu Z, et al. Controllable perovskite crystallization at a gas- solid interface for hole conductor-free solar cells with steady power conversion efficiency over 10%. Journal of the American Chemical Society, 2014, 136 (46): 16411-16419.

[64] Nie W, Tsai H, Asadpour R, et al. High- efficiency solution-processed perovskite solar cells with millimeter- scale grains. Science, 2015, 347 (6221): 522-525.

[65] Huang F, Dkhissi Y, Huang W, et al. Gas-assisted preparation of lead iodide perovskite films consisting of a monolayer of single crystalline grains for high efficiency planar solar cells. Nano Energy, 2014, 10: 10-18.

[66] Zhou Z, Wang Z, Zhou Y, et al. Methylamine- gas- induced defect- healing behavior of $CH_3NH_3PbI_3$ thin films for Perovskite solar cells. Angewandte Chemie- International Edition, 2015, 54 (33): 9705-9709.

[67] Im J H, Kim H S, Park N G. Morphology-photovoltaic property correlation in perovskite solar cells: one- step versus two- step deposition of $CH_3NH_3PbI_3$. Apl Materials, 2014, DOI: 10. 1063/1. 4891275.

[68] Jeon N J, Noh J H, Kim Y C, et al. Solvent engineering for high- performance inorganic- organic hybrid perovskite solar cells. Nature materials, 2014, 13 (9): 897.

[69] Wang R, Mujahid M, Duan Y, et al. A review of perovskites solar cell stability. Advanced Functional Materials, 2019: 1808843.

[70] Niu G, Guo X, Wang L. Review of recent progress in chemical stability of perovskite solar cells. Journal of Materials Chemistry A, 2015, 3 (17): 8970-8980.

[71] Zhao X, Park N G. Stability iIssues on perovskite solar cells. Photonics 2015, 2 (4): 1139-1151.

[72] Leijtens T, Eperon G E, Noel N K, et al. Stability of metal halide perovskite solar cells. Advanced Energy Materials, 2015, 5 (20): 1500963.

[73] Park N G, Grätzel M, Miyasaka T, et al. Towards stable and commercially available perovskite solar cells. Nature Energy, 2016, 1 (11): 16152.

[74] Park B W, Seok S I. Intrinsic instability of inorganic- organic hybrid halide perovskite materials. Advanced Materials, 2019: e1805337.

[75] He J, Ng C F, Wong K Y, et al. Photostability and moisture stability of $CH_3NH_3PbI_3$-based solar cells by ethyl cellulose. ChemPlusChem, 2016, 81 (12): 1292-1298.

[76] Aristidou N, Eames C, Sanchez- Molina I, et al. Fast oxygen diffusion and iodide defects mediate oxygen- induced degradation of perovskite solar cells. Nature Communication, 2017, 8: 15218.

[77] Liang Y, Song P, Tian H, et al. Lead leakage preventable fullerene- porphyrin dyad for efficient

and stable Perovskite solar cells. Advanced Functional Materials, 2021, 32 (14): 2110139.

[78] Li Z, Wu X, Wu S, et al. An effective and economical encapsulation method for trapping lead leakage in rigid and flexible perovskite photovoltaics. Nano Energy, 2022, 93: 106853.

[79] D W. $CH_3NH_3SnBr_xI_{3-x}$ ($x=0-3$), ein Sn(Ⅱ)-System mit kubischer perowskitstruktur/$CH_3NH_3SnBr_xI_{3-x}$ ($x=0-3$), a Sn(Ⅱ)-System with cubic perovskite structure. Zeitschrift fur Naturforschung B, 1978, 33 (8): 862.

[80] The structure of perovskite-like caesium plumbo trihalides. pdf.

[81] Uber die Casium-und Kalium-Blei halogenide. pdf.

[82] Filip M R, Eperon G E, Snaith H J, et al. Steric engineering of metal-halide perovskites with tunable optical band gaps. Nature Communication, 2014, 5: 5757.

[83] Baikie T, Fang Y, Kadro J M, et al. Synthesis and crystal chemistry of the hybrid perovskite (CH_3NH_3) PbI_3 for solid-state sensitised solar cell applications. Journal of Materials Chemistry A, 2013, 1 (18): 5628.

[84] Lee J H, Bristowe N C, Bristowe P D, et al. Role of hydrogen-bonding and its interplay with octahedral tilting in $CH_3NH_3PbI_3$. Chem Commun (Camb), 2015, 51 (29): 6434-6437.

[85] Kim H S, Im S H, Park N G. Organolead halide Perovskite: new horizons in solar cell research. The Journal of Physical Chemistry C, 2014, 118 (11): 5615-5625.

[86] Brivio F, Frost J M, Skelton J M, et al. Lattice dynamics and vibrational spectra of the orthorhombic, tetragonal, and cubic phases of methylammonium lead iodide. Physical Review B, 2015, 92 (14): 144308.

[87] Liang J, Liu Z, Qiu L, et al. Enhancing optical, electronic, crystalline, and morphological properties of cesium lead halide by Mn substitution for high-stability all-inorganic perovskite solar cells with carbon electrodes. Advanced Energy Materials, 2018, 8 (20): 1800504.

[88] Svane K L, Forse A C, Grey C P, et al. How strong is the hydrogen bond in hybrid perovskites? Journal of Physical Chemistry Letters, 2017, 8 (24): 6154-6159.

[89] Tao S, Schmidt I, Brocks G, et al. Absolute energy level positions in tin- and lead-based halide perovskites. Nature Communications, 2019, 10 (1): 2560.

[90] Lee J W, Tan S, Seok S I, et al. Rethinking the a cation in halide perovskites. Science, 2022, 375 (6583): 1186.

[91] Ni Z, Bao C, Liu Y, et al. Resolving spatial and energetic distributions of trap states in metal halide perovskite solar cells. Science, 2020, 367 (6484): 1352-1358.

[92] Zhu H, Liu Y, Eickemeyer F T, et al. Tailored amphiphilic molecular mitigators for stable perovskite sSolar cells with 23.5% efficiency. Advanced Materials, 2020, 32 (12): 1907757.

[93] Zheng X, Chen B, Dai J, et al. Defect passivation in hybrid perovskite solar cells using quaternary ammonium halide anions and cations. Nature Energy, 2017, 2 (7): 17012.

[94] Yang S, Wang Y, Liu P, et al. Functionalization of perovskite thin films with moisture-tolerant molecules. Nature Energy, 2016, 1: 15016.

[95] Lee J W, Tan S, Han T H, et al. Solid-phase hetero epitaxial growth of alpha-phase

formamidinium perovskite. Nature Communications, 2020, 11 (1): 5514.

[96] Liu Y, Akin S, Pan L, et al. Ultrahydrophobic 3D/2D fluoroarene bilayer- based water-resistant perovskite solar cells with efficiencies exceeding 22% . Science Advances, 2019, 5 (6): 2543.

[97] Tan S, Huang T, Yavuz I, et al. Surface reconstruction of halide perovskites during post-treatment. Journal of the American Chemical Society, 2021, 143 (18): 6781-6786.

[98] Jung E H, Jeon N J, Park E Y, et al. Efficient, stable and scalable perovskite solar cells using poly (3-hexylthiophene) . Nature, 2019, 567 (7749): 511-515.

[99] Xue J, Wang R, Wang K L, et al. Crystalline liquid-like behavior: surface-induced secondary grain growth of photovoltaic Perovskite thin film. Journal of the American Chemical Society, 2019, 141 (35): 13948-13953.

[100] Luo D, Yang W, Wang Z, et al. Enhanced photovoltage for inverted planar heterojunction perovskite solar cells. Science, 2018, 360 (6396): 1442-1446.

[101] Cho K T, Paek S, Grancini G, et al. Highly efficient perovskite solar cells with a compositionally engineered perovskite/hole transporting material interface. Energy & Environmental Science, 2017, 10 (2): 621-627.

[102] Yang M, Zhang T, Schulz P, et al. Facile fabrication of large- grain $CH_3NH_3PbI_{3-x}Br_x$ films for high-efficiency solar cells via CH_3NH_3Br-selective Ostwald ripening. Nature Communications, 2016, 7 (1): 12305.

[103] Yang S, Chen S, Mosconi E, et al. Stabilizing halide perovskite surfaces for solar cell operation with wide-bandgap lead oxysalts. Science, 2019, 365 (6452): 473-478.

[104] Xue J, Wang R, Chen X, et al. Reconfiguring the band- edge states of photovoltaic perovskites by conjugated organic cations. Science, 2021, 371 (6529): 636-640.

[105] Yoo J J, Wieghold S, Sponseller M C, et al. An interface stabilized perovskite solar cell with high stabilized efficiency and low voltage loss. Energy & Environmental Science, 2019, 12 (7): 2192-2199.

[106] Kim H, Lee S U, Lee D Y, et al. Optimal interfacial engineering with different length of alkylammonium halide for efficient and stable perovskite solar cells. Advanced Energy Materials, 2019, 9 (47): 1902740.

[107] Stoumpos C C, Cao D H, Clark D J, et al. Ruddlesden-popper hybrid lead iodide perovskite 2D homologous semiconductors. Chemistry of Materials, 2016, 28 (8): 2852-2867.

[108] Zheng Y, Niu T, Ran X, et al. Unique characteristics of 2D ruddlesden- popper (2D RP) perovskite for future photovoltaic application. Journal of Materials Chemistry A, 2019, 7 (23): 13860-13872.

[109] Mao L, Stoumpos C C, Kanatzidis M G. Two- dimensional hybrid halide Perovskites: principles and promises. Journal of the American Chemical Society, 2019, 141 (3): 1171-1190.

[110] Zhang X, Munir R, Xu Z, et al. Phase transition control for high performance ruddlesden-

popper perovskite solar cells. Advanced Materials, 2018, 30 (21): 1707166.

[111] Chen P, Bai Y, Wang S, et al. *In situ* growth of 2D perovskite capping layer for stable and efficient perovskite solar cells. Advanced Functional Materials, 2018, 28 (17): 1706923.

[112] Lee J W, Dai Z, Han T H, et al. 2D perovskite stabilized phase- pure formamidinium perovskite solar cells. Nature Communication, 2018, 9 (1): 3021.

[113] Marshall K P, Walker M, Walton R I, et al. Enhanced stability and efficiency in hole-transport-layer-free CsSnI$_3$ perovskite photovoltaics. Nature Energy, 2016, 1 (12): 16178.

[114] Gao F, Zhao Y, Zhang X, et al. Recent progresses on defect passivation toward efficient perovskite solar cells. Advanced Energy Materials, 2019, 10 (13): 1902650.

[115] Xue J, Wang R, Yang Y. The surface of halide perovskites from nano to bulk. Nature Reviews Materials, 2020, 5 (11): 809-827.

[116] Kanwat A, Yantara N, Ng Y F, et al. Stabilizing the electroluminescence of halide Perovskites with potassium passivation. ACS Energy Letters, 2020, 5 (6): 1804-1813.

[117] Rajagopal A, Liang P W, Chueh C C, et al. Defect passivation via a graded Fullerene hetero-junction in low-bandgap Pb-Sn binary perovskite photovoltaics. ACS Energy Letters, 2017, 2 (11): 2531-2539.

[118] Cho Y, Soufiani A M, Yun J S, et al. Mixed 3D-2D passivation treatment for mixed- cation lead mixed- halide Perovskite solar cells for higher efficiency and better stability. Advanced Energy Materials, 2018, 8 (20): 1703392.

[119] Zhang H, Wu Y, Shen C, et al. Efficient and stable chemical passivation on perovskite surface via bidentate anchoring. Advanced Energy Materials, 2019, 9 (13): 1803573.

[120] Chen W, Wang Y, Pang G, et al. Conjugated polymer- assisted grain boundary passivation for efficient inverted planar perovskite solar cells. Advanced Functional Materials, 2019: 1808855.

[121] Gong X, Guan L, Pan H, et al. Highly efficient perovskite solar cells via nickel passivation. Advanced Functional Materials, 2018, 28 (50): 1804286.

[122] Niu T, Lu J, Munir R, et al. Stable high- performance perovskite solar cells via grain boundary passivation. Advanced Materials, 2018, 30 (16): 1706576.

[123] Dong Q, Ho C H Y, Yu H, et al. Defect passivation by fullerene derivative in Perovskite solar cells with aluminum- doped zinc oxide as electron transporting layer. Chemistry of Materials, 2019, 31 (17): 6833-6840.

[124] Jiang Q, Zhao Y, Zhang X, et al. Surface passivation of perovskite film for efficient solar cells. Nature Photonics, 2019, 13 (7): 460-466.

[125] Tan H, Jain A, Voznyy O, et al, Efficient and stable solution- processed planar perovskite solar cells via contact passivation. Science, 2017, 355 (6326): 722-726.

[126] Gao L, Huang S, Chen L, et al. Excellent stability of perovskite solar cells by passivation engineering. Solar RRL, 2018, 2 (8): 1800088.

[127] Zhuang J, Mao P, Luan Y, et al. Interfacial passivation for perovskite solar cells: the effects of the functional group in phenethylammonium iodide. ACS Energy Letters, 2019, 4 (12):

2913-2921.

[128] Min H, Lee D, Kim J, et al. Perovskite solar cells with atomically coherent interlayers on SnO_2 electrodes. Nature, 2021, 598 (7881): 444-450.

[129] Yang X, Luo D, Xiang Y, et al. Buried interfaces in halide perovskite photovoltaics. Advanced Materials, 2021: e2006435.

[130] Jiang Q, Chu Z, Wang P, et al. Planar-structure Perovskite solar cells with efficiency beyond 21. Advanced Materials, 2017, 29 (46): 1703852.

[131] Jiang Q, Ni Z, Xu G, et al. Interfacial molecular doping of metal halide perovskites for highly efficient solar cells. Advanced Materials, 2020: e2001581.

[132] Jang Y W, Lee S, Yeom K M, et al. Intact 2D/3D halide junction perovskite solar cells via solid-phase in-plane growth. Nature Energy, 2021, 6 (1): 63-71.

[133] Marchioro A, Teuscher J, Friedrich D, et al. Unravelling the mechanism of photoinduced charge transfer processes in lead iodide perovskite solar cells. Nature photonics, 2014, 8 (3): 250.

[134] Cai S, Dai J, Shao Z, et al. Atomically resolved electrically active intragrain interfaces in perovskite semiconductors. Journal of the American Chemical Society, 2022, 144 (4): 1910-1920.

[135] Cai W, Chen Z, Li Z, et al. Polymer-assisted *in situ* growth of all-inorganic perovskite nanocrystal film for efficient and stable pure-red light-emitting devices. ACS Appl Mater Interfaces, 2018, 10 (49): 42564-42572.

[136] Cai Y, Cui J, Chen M, et al. Multifunctional enhancement for highly stable and efficient Perovskite solar cells. Advanced Functional Materials, 2020: 2005776.

[137] Cao B B, Yang L K, Jiang S S, et al. Flexible quintuple cation perovskite solar cells with high efficiency. Journal of Materials Chemistry A, 2019, 7 (9): 4960-4970.

[138] Cao C, Zhang C, Yang J, et al. Iodine and chlorine element evolution in $CH_3NH_3PbI_{3-x}Cl_x$ thin films for highly efficient planar heterojunction perovskite solar cells. Chemistry of Materials, 2016, 28 (8): 2742-2749.

[139] Zhang F, Zhou Z, Zou C, et al. A self-formed stable PbI_2/NiO_x interface with increased Ni^{3+} centers for perovskite photovoltaics. Chemistry-A European Journal, 2022, 28 (24): 202200202.

[140] Tanaka K, Takahashi T, Ban T, et al. Comparative study on the excitons in lead-halide-based perovskite-type crystals $CH_3NH_3PbBr_3 \, CH_3NH_3PbI_3$. Solid State Commun, 2003, 127 (9-10): 619-623.

[141] Malinkiewicz O, Yella A, Lee Y H, et al. Perovskite solar cells employing organic charge-transport layers. Nature Photonics, 2014, 8 (2): 128-132.

[142] Yin W J, Shi T, Yan Y. Unusual defect physics in $CH_3NH_3PbI_3$ perovskite solar cell absorber. Applied Physics Letters, 2014, 104 (6): 063903.

第 2 章　半导体物理基础

半导体光电子器件、逻辑器件、功率器件是现代信息产业的基石，这些器件依赖于半导体材料特殊的、可调控的性质。对半导体材料性质的研究及半导体功能器件的开发和应用将加速信息社会的发展。深入理解半导体材料的光电性质包括光吸收、载流子浓度、载流子输运，以及半导体器件特性，如界面接触特性、器件内载流子的输运对设计和开发新型半导体材料和器件具有重要的指导意义。本章将主要阐述半导体材料的基本特性，为分析半导体材料的性质和器件设计打下基础。

如图 2-1 所示，按照电阻率的大小进行分类可将材料分为导体、半导体和绝缘体，其中半导体的电阻率在 $10^8 \sim 10^{-3} \Omega \cdot cm$ 之间，电阻率大于 $10^8 \Omega \cdot cm$ 的材料一般为绝缘体，电阻率小于 $10^{-3} \Omega \cdot cm$ 的材料一般为导体。采用电阻率的分类标准可以很好地对材料进行归类，但无法反映材料的组成、结构及其与本征导电特性之间的关联，也无法解释相似材料之间巨大性能差异的根源，也无法揭示半导体材料特殊的光电性质及其调控的机理，因此无法有效地指导材料的开发和器件的设计及优化。

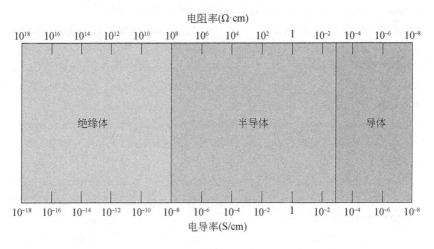

图 2-1　绝缘体、半导体和导体的电阻率范围

20 世纪 30 年代，在固态电子论的基础之上，结合量子力学和统计物理学发展出了固体能带理论，揭示了在周期性结构的晶体材料中电子独特的运动形式和

特点，以及电子在外场作用下的输运特性和空穴的概念，为理解和发展新型半导体材料提供了理论基础。能带论是目前研究固体中的电子状态，说明固体性质（包括半导体、绝缘体等）最重要的理论基础。

2.1　固体能带论基础

固体能带论研究对象是周期性晶体内部电子的特性即电子的能量和波矢的关系（$E \sim k$）。电子属于微观粒子的范畴，其运动规律应当采用量子力学的方法进行处理和分析。固体材料中的原子密度在 $10^{23}\,\mathrm{cm}^{-3}$ 量级，在形成化合物及晶体的过程当中起主要作用的是原子的最外层电子，因此讨论固体中电子的运动时可只考虑最外层价电子的贡献，而忽略内层电子的作用。因此，可以将原子抽象为价电子和内层电子及原子核的集合离子实。在求解固体材料中电子的运动状态时，需要写出电子的哈密顿量，进而构建薛定谔方程进行求解。若将原子抽象成离子实和价电子的组合，并假设每个原子的价电子数为 Z，则固体材料体系的哈密顿则由五部分组成，分别为：①NZ 个价电子的动能 $\hat{T}_{\mathrm{e}}$；②电子之间的库仑相互作用能 $V_{\mathrm{ee}}(\vec{r}_i,\ \vec{r}_j)$；③$N$ 个离子实的动能 $\hat{T}_{\mathrm{n}}$；④离子实之间的库仑相互作用能 $V_{\mathrm{nm}}(\vec{R}_n,\ \vec{R}_m)$；⑤电子与离子实之间的相互作用能，式中 $V_{\mathrm{en}}(\vec{r}_i,\ \vec{R}_n)$，$\vec{r}_i$ 和 $\vec{R}_n$ 分别代表电子和离子实的位置坐标。因此，固体材料的哈密顿量可以写为式（2-1）：

$$\hat{H} = -\sum_{i=1}^{NZ} \frac{\hbar^2}{2m} \nabla_i^2 + \frac{1}{2} \sum_{i,j}{}' \frac{1}{4\pi\varepsilon_0} \frac{e^2}{|\vec{r}_i - \vec{r}_j|} - \sum_{n=1}^{N} \frac{\hbar^2}{2M} \nabla_n^2$$

$$+ \frac{1}{2} \sum_{m,n}{}' \frac{1}{4\pi\varepsilon_0} \frac{(Ze)^2}{|\vec{R}_n - \vec{R}_m|} - \sum_{i=1}^{NZ} \sum_{n=1}^{N} \frac{1}{4\pi\varepsilon_0} \frac{Ze^2}{|\vec{r}_i - \vec{R}_n|}$$

$$= \hat{T}_{\mathrm{e}} + V_{\mathrm{ee}}(\vec{r}_i,\vec{r}_j) + \hat{T}_{\mathrm{n}} + V_{\mathrm{nm}}(\vec{R}_n,\vec{R}_m) + V_{\mathrm{en}}(\vec{r}_i,\vec{R}_n) \tag{2-1}$$

由于电子的质量只有原子核质量的 1/1836，相对于电子来讲，可近似认为原子核处于静止的状态。式（2-1）中原子实的动能项 $\hat{T}_{\mathrm{n}}$ 和原子核之间的势能 $V_{\mathrm{nm}}(\vec{R}_n,\vec{R}_m)$ 可以看作常数，可以简化哈密顿量和薛定谔方程求解的难度，该近似也称之为绝热近似。经过绝热近似的处理，可以仅考虑电子运动对能带结构的贡献，此时哈密顿量化简为式（2-2）：

$$\hat{H} = \hat{T}_{\mathrm{e}} + V_{\mathrm{ee}}(\vec{r}_i,\vec{r}_j) + V_{\mathrm{en}}(\vec{r}_i,\vec{R}_n) \tag{2-2}$$

采用绝热近似处理后，将多粒子体系简化为多电子体系，现在仅需要考虑多电子体系中电子的运动状态和特点。由于电子之间的库仑作用为一长程力，因此所有电子的运动都关联在一起，这样的多电子系统仍然非常复杂。如果将其余电子对一个电子的相互作用等价为一个不随时间变化的平均场，即

$$V_{ee}(\vec{r}_i, \vec{r}_j) = -\frac{1}{2} \sum_{i,j}^{NZ} {}' \frac{1}{4\pi\varepsilon_0} \frac{e^2}{|\vec{r}_i - \vec{r}_j|} = \sum_{i=1}^{NZ} V_e(\vec{r}_i) \tag{2-3}$$

此时哈密顿量可进一步简化为：

$$\hat{H} = -\sum_{i=1}^{NZ} \left[\frac{\hbar^2}{2m} \nabla_i^2 + V_e(\vec{r}_i) - \sum_{n=1}^{N} \frac{1}{4\pi\varepsilon_0} \frac{Ze^2}{|\vec{r}_i - \vec{R}_m|} \right] \tag{2-4}$$

从式（2-4）可知，体系的哈密顿量可以看成所有单个电子哈密顿量的线性叠加，因此可以采用分离变量的方法，得到所有电子都满足同样的薛定谔方程，从而使一个多电子体系简化为一个单电子问题，此即平均场近似，也称为单电子近似。

$$\hat{H} = -\sum_{i=1}^{NZ} \left[\frac{\hbar^2}{2m} \nabla_i^2 + V_e(\vec{r}_i) - \sum_{n=1}^{N} \frac{1}{4\pi\varepsilon_0} \frac{Ze^2}{|\vec{r}_i - \vec{R}_n|} \right]$$

$$= -\sum_{i=1}^{NZ} \left[\frac{\hbar^2}{2m} \nabla_i^2 + V_i(\vec{r}) \right]$$

$$\hat{H}_i = \frac{\hbar^2}{2m} \nabla_i^2 + V_i(\vec{r})$$

其中：

$$V_i(\vec{r}) = V_e(\vec{r}_i) - \sum_{n=1}^{N} \frac{1}{4\pi\varepsilon_0} \frac{Ze^2}{|\vec{r}_i - \vec{R}_n|} \tag{2-5}$$

原子在晶体中的排列具有周期性，因此可以假设电子在周期性的势场中运动，且该势场的周期性与晶体的周期性一致，该近似也称之为周期场近似，进一步将问题简化为单电子在周期性势场中的运动，即：

$$\hat{H} = \frac{\hbar^2}{2m} \nabla^2 + V(\vec{r})$$

$$V(\vec{r} + \vec{R}_n) = V(\vec{r}) \tag{2-6}$$

从式（2-6）可以看出，经过绝热近似、平均场近似和周期场近似，可以将多粒子体系的复杂运动问题转换为单电子在周期性势场中的运动问题，因此能带论也称之为单电子理论。单电子薛定谔方程是整个能带论研究的出发点，单电子近似的固体能带理论给出了在周期性势场中电子的运动状态及其在外场中的运动规律，从本质上揭示了材料导电性的差异来源于材料的能带结构。

虽然晶体中电子的运动可以简化成求解周期场作用下的单电子薛定谔方程，但具体求解仍是困难的，而且不同晶体中的周期势场的形式和强弱也是不同的，需要针对具体问题才能进行求解。布洛赫（Bloch）首先讨论了在晶体周期场中运动的单电子波函数应具有的形式，给出了周期场中单电子状态的一般特征，这对于理解晶体中的电子的性质，求解具体问题有着指导意义。在周期性势场中运动的电子，其波函数应当具有的形式为：

$$\psi_{\vec{k}}(\vec{r}) = e^{i\vec{k}\cdot\vec{r}} u_{\vec{k}}(\vec{r}) \tag{2-7}$$

$$u_{\vec{k}}(\vec{r}) = u_{\vec{k}}(\vec{r} + \vec{R}_n) \tag{2-8}$$

其中，$\vec{R}_n$ 为格矢量。布洛赫发现，不管周期势场的具体函数形式如何，在周期势场中运动的单电子的波函数不再是平面波，而是调幅平面波，其振幅也不再是常数，而是按晶体的周期而周期性变化。布洛赫定理说明了一个在周期场中运动的电子波函数为：一个自由电子波函数与一个具有晶体结构周期性的函数的乘积，这种波函数称之为布洛赫波函数，它描述的电子称之为布洛赫电子，该定理称之为布洛赫定理。这在物理上反映了晶体中的电子既有共有化的倾向，又有受到周期地排列离子的束缚的特点。布洛赫定理也可表述为式（2-9）：

$$\psi_{\vec{k}}(\vec{r} + \vec{R}_n) = e^{i(\vec{k}\cdot\vec{R}_n)} \psi_{\vec{k}}(\vec{r}) \tag{2-9}$$

它表明在不同原胞的对应点上，波函数只相差一个相位因子 $e^{i(\vec{k}\cdot\vec{R}_n)}$，它不影响波函数的大小，所以电子出现在不同原胞的对应点上概率是相同的，这是晶体周期性的反映。

在周期性势场中运动的电子，波矢量 $\vec{k}$ 的取值和含义与自由粒子波矢的取值和含义有很大的不同，对于布洛赫电子，波矢量 $\vec{k}$ 是对应于平移算符本征值的量子数，其物理意义表示不同原胞之间电子波函数的位相变化。如果两个波矢量 $\vec{k}$ 和 $\vec{k}'$ 相差一个倒格矢 $\vec{G}_n$，这两个波矢所对应的平移算符本征值相同。即两个波矢量 $\vec{k}$ 和 $\vec{k}' = \vec{k} + \vec{G}_n$ 所描述的电子在晶体中的运动状态相同。因此，为了使 $\vec{k}$ 和平移算符的本征值——对应，$\vec{k}$ 必须限制在一定范围内，即没有两个波矢 $\vec{k}$ 相差一个倒格矢 $\vec{G}_n$。通常将 $\vec{k}$ 取在由各个倒格矢的垂直平分面所围成的包含原点在内的最小封闭体积，即简约布里渊区或第一布里渊区中。

对于波矢取值的几点说明：①布洛赫波函数中的实矢量 $\vec{k}$ 起着标志电子状态量子数的作用，称作波矢，波函数和能量本征值都和 $\vec{k}$ 值有关，不同的 $\vec{k}$ 值表示电子不同的状态。②对于自由电子情形，波矢 $\vec{k}$ 有明确的物理意义，$\hbar\vec{k}$ 是自由电子的动量本征值。但布洛赫波函数不是动量本征函数，而只是晶体周期势场中电子能量的本征函数，因此，$\hbar\vec{k}$ 不是 Bloch 电子的真实动量，但它具有动量量纲。在考虑电子在外场中的运动以及电子同声子、光子的相互作用时，会发现 $\hbar\vec{k}$ 起着动量的作用，因此 $\hbar\vec{k}$ 被称作布洛赫电子的"准动量"或"晶体动量"。③晶格周期性和周期性边界条件确定了 $\vec{k}$ 只能在第一布里渊区内取 N（晶体原胞数目）个值。

除此之外，布洛赫电子的能量值具有如下的特性：

1. 平移对称性

$$E_n(\vec{k}) = E_n(\vec{k} + \vec{G}_h) \tag{2-10}$$

布洛赫定理指出简约波矢 $\vec{k}$ 表示原胞之间电子波函数位相的变化，如果 $\vec{k}$ 改变一个倒格矢量，它们所标志的原胞之间波函数位相的变化是相同的，也就是说 $\vec{k}$ 和 $\vec{k}+\vec{G}_n$ 是等价的，从这点出发也可认为 $E_n(\vec{k})$ 是 $\vec{k}$ 空间的周期函数，其周期等于倒格矢。

2. 点群对称性

$$E_n(\vec{k}) = E_n(\alpha \vec{k}) \tag{2-11}$$

在 $\vec{k}$ 空间中 $E_n(\vec{k})$ 具有与晶体点群完全相同的对称性。这样就可以在晶体能带计算和表述中把第一布里渊区分成若干个等价的小区域，只取其中一个就足够了。区域大小为第一布里渊区的 $1/f$，f 为晶体点群对称操作元素数。如三维立方晶体 $f=48$。

3. 反演对称性

$$E_n(\vec{k}) = E_n(-\vec{k}) \tag{2-12}$$

这个结论不依赖于晶体的点群对称性，不管晶体中是否有对称中心，在 $\vec{k}$ 空间中 $E_n(\vec{k})$ 总是有反演对称的。

据 Bloch 定理的推论，采用空格子模型可以定性说明能带和能隙产生的原因。空格子模型以自由电子模型为出发点，即以势场严格为零的薛定谔方程的解，但必须同时满足晶体平移对称性的要求。自由电子的 $E-k$ 关系具有抛物线的形式（图2-2），考虑到布洛赫电子能量具有周期性的特点，可将自由电子的 $E-k$ 关系平移一倒格矢，形成如图 2-2（b）的图示。晶格周期性和周期性边界条件确定了 k 在第一布里渊区内取值便可表示所有电子的运动状态，从而获得图 2-2 中左右侧第一布里渊区内电子的 $E-k$ 关系，其中 $E-k$ 曲线有交点的地方为简并态。考虑到晶格周期性势场的影响，体系存在退简并的趋势，在这些能量交点处出现能量突变，从而形成能隙。在其他部分，$E-k$ 形状受到的影响很小，基本保

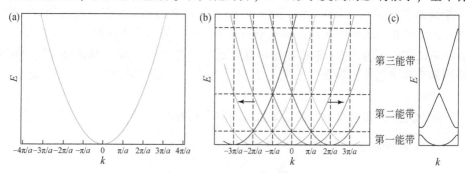

图 2-2　近自由近似模型下能带和能隙形成的示意图

持了空格子模型的抛物线形式。所以说近自由电子近似下晶体电子的能级区分成为电子可以占据的能带以及禁带。根据材料中电子的能量填充状态，将能量最低未填充的能带称之为导带，能量最高的填充能带称之为价带。导带底 E_{CM} 和价带顶 E_{VM} 之间的能量差称之为带隙。

2.2　载流子的准经典运动

2.2.1　布洛赫电子的有效质量和运动速度

在求解电子在晶体周期势场中运动的本征态和本征能量之后，开始研究晶体中电子运动的具体问题。由于周期性势场的作用，晶体中的电子的本征能量和本征函数都已不同于自由电子，因而在外场中的行为也完全不同于自由电子。电子由于受到原子实和其他电子之间的相互作用力，晶体中的电子受到外部电场、磁场作用时的受力与自由电子的受力之间存在差异。晶格中电子的加速度可表示为式 (2-13)：

$$\frac{\mathrm{d}v}{\mathrm{d}t} = \frac{1}{m_e}(F + F_1) \tag{2-13}$$

其中，F 为外力，F_1 为晶体内部作用对电子的作用力。通常晶体内部的作用力 F_1 未知，可引入有效质量 m^* 代替电子的惯性质量 m_e，将外场对电子运动的作用力和加速度的关系写为：

$$\frac{\mathrm{d}v}{\mathrm{d}t} = \frac{1}{m^*}F \tag{2-14}$$

且

$$m^* = m_0 \frac{F}{F + F_1} \tag{2-15}$$

采用有效质量后，就可以仍采用经典的牛顿定律来描述晶体电子在外场中的行为。有效质量 m^* 可以比 m_e 大，也可以比 m_e 小，取决于晶格力作用的大小和方向。

自由电子的速度与波矢的方向相同，而晶体中电子的运动速度和能量梯度成正比，方向与等能面法向方向相同，即

$$v_n = \frac{1}{\hbar} \nabla_k E_n(k) \tag{2-16}$$

对于一维电子体系，将速度表达式代入有效质量可得：

$$m^* = \frac{\hbar^2}{\dfrac{\mathrm{d}^2 E}{\mathrm{d}k^2}} \tag{2-17}$$

即有效质量反比于能带的曲率。能带曲率越大，有效质量越小；反之，有效质量越大。由于周期场中电子的能量 $E(k)$ 与 k 的函数关系不是抛物线关系，因此，电子的有效质量不是常数，m^* 与波矢 k 有关。通常来讲在导带底部，$E(k)$ 取最小值，$\mathrm{d}^2E/\mathrm{d}k^2 > 0$，这时 $m^* > 0$；在价带顶时，$E(k)$ 取最小值，$\mathrm{d}^2E/\mathrm{d}k^2 < 0$，这时 $m^* < 0$。对于三维材料也有类似的表达形式，此时有效质量为二阶张量。

有电场存在时，由于不同材料中电子在能带中的填充情况不同，对电场的响应也不同，导电能力也各不相同。可以分为三种情况讨论。

由于 $E(k)$ 是关于 k 的偶函数，因此：

$$E_n(k_x) = E_n(-k_x) \tag{2-18}$$

对于一维的情况，速度可表示为：

$$v_n(k_x) = \frac{1}{\hbar} \nabla_k E_n(k_x) = \frac{1}{\hbar} \frac{\mathrm{d}E_n(k_x)}{\mathrm{d}k_x} \tag{2-19}$$

因此处在 k_x 和 $-k_x$ 状态电子的速度分别可以表示为：

$$v_n(k_x) = \frac{1}{\hbar} \frac{\mathrm{d}E_n(k_x)}{\mathrm{d}k_x} \tag{2-20}$$

$$v_n(-k_x) = \frac{1}{\hbar} \frac{\mathrm{d}E_n(-k_x)}{\mathrm{d}(-k_x)} = -v_n(k_x) \tag{2-21}$$

该结果表明处在 k_x 和 $-k_x$ 状态的电子速度大小相等、方向相反。能带中每个电子对电流的贡献 $-ev(k)$，因此带中所有电子的贡献为：

$$\vec{J} = \frac{1}{V}(-e) \int_{occ} v(\vec{k}) \mathrm{d}\vec{k} \tag{2-22}$$

积分包括能带中所有被占据态。我们将采用这些知识分别分析能带的填充与导电性之间的关系。

2.2.2 能带填充与材料导电特性

1. 满带填充

满带即所有的能态都被电子填充。当没有外加电场时，在一定温度下，电子占据 k 态和 $-k$ 态的概率只与该状态的能量有关。由于 $E_n(k_x) = E_n(-k_x)$，所以，电子占据 k 态和 $-k$ 态的概率相同。考虑到这两个电子电流的大小相等、方向相反，这两个的电子对电流的贡献相互抵消。由于能带相对于 k 是对称的，所以，电流密度对整个能带积分后也没有宏观电流，即 $J = 0$，如图 2-3 （a）所示。

当存在外加电场时，所有电子将从 k 态变化到 $k + \Delta k$，即 E-k 关系整体发生平移。考虑到能带的平移对称性，这种迁移并不改变电子在满带中的对称分布，所以不产生宏观电流，$J = 0$，如图 2-3 （b）所示。因此，电子填充满能带中所有

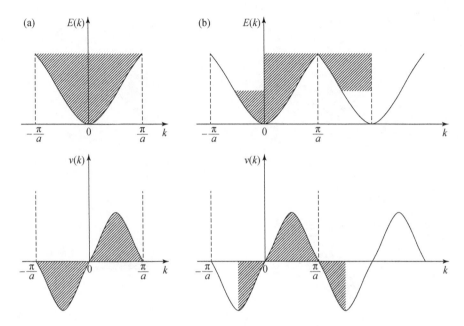

图 2-3　能带填充满的材料导电情况分析示意图

（a）无外加电场时；（b）有外加电场时

能态的材料，不导电，即满带不导电。

2. 半满带

半满带即能带中有一半的能态被电子填充的情况。无外加电场时，由于电子在能带中的对称填充，如图 2-4（a）所示，非满带也不存在宏观电流。

当有外加电场时，由于导带中还有部分没有电子填充的空态，因而导带中的电子在外场的作用下会产生能级跃迁，从而使导带中的对称分布被破坏，如图 2-4（b）所示，因此产生宏观电流，$J \neq 0$，即半满带导电。

3. 近满带和空穴导电

在有外场时，由于近满带中仍有少量没有被电子占据的空态，所以在外场的作用下，电子也会发生能级跃迁，导致电子的不对称分布，所以，$J \neq 0$。设 $I(k)$ 为这种情况下整个近满带的总电流。设想在空的 k 态中填入一个电子，这个电子对电流的贡献为 $-ev(k)$，但由于填入这个电子后，能带变为满带，因此总电流为 0，即

$$I(k) + [-ev(k)] = 0 \qquad (2\text{-}23)$$
$$I(k) = ev(k) \qquad (2\text{-}24)$$

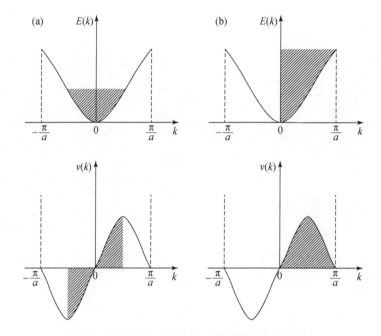

图 2-4 能带半满填充材料的导电情况分析示意图

（a）无外加电场时，（b）有外加电场时

式（2-24）表明，近满带的总电流就如同一个带正电荷 e，其速度为空状态 k 的电子速度一样运动时产生的电流一样。

在有电磁场存在时，设想在 k 态中仍填入一个电子形成满带。而满带电流始终为 0，对任意 t 时刻都成立。因此：

$$\frac{\mathrm{d}}{\mathrm{d}t}I(k) = e\,\frac{\mathrm{d}}{\mathrm{d}t}v(k) \tag{2-25}$$

作用在 k 中电子上的外力为：

$$\vec{F} = -e\{\vec{E} + \vec{v}(k) \times \vec{B}\} \tag{2-26}$$

对于布洛赫电子的准经典运动

$$\frac{\mathrm{d}\vec{v}}{\mathrm{d}t} = \frac{\vec{F}}{m^*} \tag{2-27}$$

因此：

$$\frac{\mathrm{d}}{\mathrm{d}t}I(k) = e\,\frac{\mathrm{d}}{\mathrm{d}t}v(k) = -\frac{e}{m^*}\{\vec{E} + \vec{v}(k) \times \vec{B}\} \tag{2-28}$$

在能带顶附近，电子的有效质量为负值 $m^* < 0$，因此式（2-28）可改写为：

$$\frac{\mathrm{d}}{\mathrm{d}t}I(k) = e\,\frac{\mathrm{d}}{\mathrm{d}t}v(k) = \frac{e}{|m^*|}\{\vec{E} + \vec{v}(k) \times \vec{B}\} \tag{2-29}$$

　　所以，在有电磁场存在时，近满带的电流变化就如同一个带正电荷 e，具有正有效质量 $|m^*|$ 的粒子一样。因此，引入空穴的概念，即当满带顶附近有空状态 k 时，整个能带中的电流以及电流在外电磁场作用下的变化，完全如同一个带正电荷 e、具有正有效质量 $|m^*|$ 和速度 $v(k)$ 的粒子的情况一样，将这种假想的粒子称为空穴。

　　空穴是一个带有正电荷，具有正有效质量的准粒子。它是在整个能带的基础上提出来的，它代表的是近满带中所有电子的集体行为，因此，空穴不能脱离晶体而单独存在，它只是一种准粒子。由于电子的运动和空穴的运动都可以用于描述材料的导电特性，通常把电子和空穴都称为载流子。

4. 导体、绝缘体和半导体的分类

　　结合对能带填充情况与导电特性的关联，从图 2-5 可以看出，金属的能带的电子填充是半满的，因此金属具有优异的导电特性；半导体和绝缘体的导带接近于空的状态，两者的差异在于，半导体的带隙较窄，在光、热的激励下，有少量的电子从价带顶激发到导电底。绝缘体的带隙较大，材料内部的载流子浓度很低。因此图 2-5 从能带填充和电子运动特征的角度对金属、半导体和绝缘体的本质原因进行了分析，根据能带填充情况，可以判断材料的导电特性。

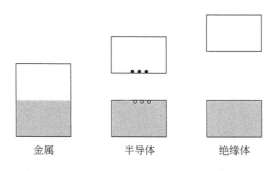

图 2-5　金属、半导体、绝缘体能带结构示意图

　　在金属中，其导带部分填充，导带中有足够多的载流子（电子或空穴），温度升高，载流子的数目基本上不增加。但温度升高，原子的热振动加剧，电子受声子散射的概率增大，电子的平均自由程减小。因此，金属的电导率随温度的升高而下降。

　　由于半导体材料的能隙较窄，因而在一定温度下，有少量电子从价带顶跃迁到导带底，从而在价带中产生少量空穴，而在导带底出现少量电子。因此，在一定温度下，半导体具有一定的导电性，称为本征导电性。电子的跃迁概率　～

$\exp(-E_{\mathrm{g}}/k_{\mathrm{B}}T)$，在一般情况下，由于 $E_{\mathrm{g}} \gg k_{\mathrm{B}}T$，所以，电子的跃迁概率很小，半导体的本征导电率较低。随着温度 T 升高，电子跃迁概率指数上升，半导体的本征电导率也随之迅速增大，这也有别于金属材料随温度升高电导率下降的特点。

2.3　平衡载流子统计分布

2.3.1　载流子浓度计算

载流子的浓度对半导体材料的导电性具有决定性的作用，而每一种半导体材料由于其能带结构的差异、掺杂浓度的差异会对载流子的浓度产生重要的影响。理论上来讲，可以通过计算材料的能态密度，结合载流子的统计分布函数从而获得半导体内部载流子的浓度信息，如图 2-6 所示，材料导带和价带中能态密度的大小，体系费米能级的位置将对半导体内部载流子的浓度产生重要的影响。

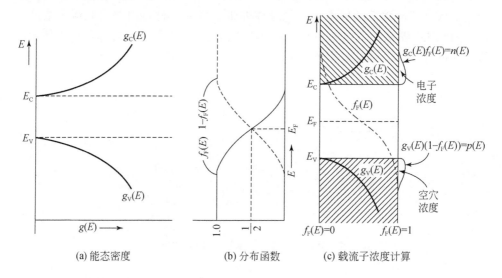

|　(a) 能态密度　|　(b) 分布函数　|　(c) 载流子浓度计算　|

图 2-6　材料能态密度（a）、载流子统计分布函数（b）和载流子浓度计算（c）示意图

1. 能态密度

材料能态密度的大小取决于材料的键合结构、能带结构、材料的维度等特性，其定义为 $E - E + \mathrm{d}E$ 能量范围内的能量状态数的值 $\mathrm{d}N$ 与能量 $\mathrm{d}E$ 的比值：

$$g(E) = \frac{\mathrm{d}N}{\mathrm{d}E} \tag{2-30}$$

对于一般的三维半导体材料而言，假定在能带极值附近（例如在导带底附近）等能面为球面，且具有抛物线形的 $E \sim k$ 关系，半导体材料导带底和价带顶的能态密度可表达为：

$$g_C(E) = \frac{V}{2\pi^2} \frac{2m^{*3/2}}{\hbar^3} (E - E_C)^{1/2} \tag{2-31}$$

$$g_V(E) = \frac{V}{2\pi^2} \frac{2m^{*3/2}}{\hbar^3} (E_V - E_C)^{1/2} \tag{2-32}$$

态密度随能量的变化成 1/2 次方的关系，且态密度与有效质量相关。

2. 分布函数

对于固体材料所研究的电子体系，其随能量的占有概率复合费米子的统计分布函数，即费米–狄拉克分布函数：

$$f_F(E) = \frac{1}{1 + \exp\dfrac{E - E_F}{k_B T}} \tag{2-33}$$

其中，E_F 为体系的费米能级，即为系统的化学势。处于热平衡的电子系统有统一的 E_F。费米–狄拉克分布函数 $f_F(E)$ 是温度的函数，在 E_F 上下几个 kT 的范围内，费米分布函数（电子占有概率）有很大的变化。

已知半导体材料体系的能态密度和费米分布函数时，则可由两者的乘积计算出某一能级 E 上载流子的数目：

$$dn(E) = dN(E) f_F(E) = g(E) f_F(E) dE \tag{2-34}$$

如果计算导带中电子的数目，则可以通过积分的方式求得导带以上所有能级上载流子数目的总和，即：

$$n_0 = \int_{E_C}^{\infty} g(E) f_F(E) dE \tag{2-35}$$

同理，价带中空穴的浓度可以通过计算价带中未被电子所占据能态的数目，即：

$$p_0 = \int_{-\infty}^{E_V} g(E) [1 - f_F(E)] dE \tag{2-36}$$

对于非简并半导体，将式（2-35）和式（2-36）积分可得：

$$n_0 = \frac{2(2\pi m_n^* k_B T)^{\frac{3}{2}}}{h^3} \exp\left[\frac{-(E_C - E_F)}{k_B T}\right] \tag{2-37}$$

$$N_C = \frac{2(2\pi m_n^* k_B T)^{3/2}}{h^3} \tag{2-38}$$

$$p_0 = \frac{2(2\pi m_p^* k_B T)^{\frac{3}{2}}}{h^3} \exp\left[\frac{-(E_F - E_V)}{k_B T}\right] \tag{2-39}$$

$$N_V = \frac{2 \left(2\pi m_p^* k_B T\right)^{3/2}}{h^3} \tag{2-40}$$

其中, m_n^* 和 m_p^* 分别为导带底电子的有效质量和价带顶空穴的有效质量, N_C 和 N_V 为导带和价带的有效状态密度。并且在一定的温度下, $n_0 \, p_0$ 的乘积式一定的, 与材料的带隙有关, 即:

$$n_0 p_0 = N_C N_V \exp\left(-\frac{E_g}{kT}\right) = n_i^2 \tag{2-41}$$

其中, n_i 被定义为本征载流子浓度。

2.3.2　本征半导体

所谓本征半导体就是没有杂质和缺陷的半导体。在绝对零度时, 价带中的全部能态都被电子占据, 而导带中的量子态都是空的。当半导体的温度 $T > 0K$ 时, 就会有电子从价带激发到导带上去, 同时价带中产生了空穴, 这就是本征激发。由于电子和空穴成对产生, 导带中的电子浓度 n 应等于价带中的空穴浓度 p, 即

$$n_0 = p_0 \tag{2-42}$$

将上面两式代入可得:

$$\frac{2 \left(2\pi m_n^* k_B T\right)^{\frac{3}{2}}}{h^3} \exp\left[\frac{-\left(E_C - E_F\right)}{k_B T}\right] = \frac{2 \left(2\pi m_p^* k_B T\right)^{\frac{3}{2}}}{h^3} \exp\left[\frac{-\left(E_F - E_V\right)}{k_B T}\right] \tag{2-43}$$

化简可得本征半导体的费米能级 E_{Fi} 为:

$$E_{Fi} = \frac{1}{2}\left(E_C + E_V\right) + \frac{3}{4} k_B T \ln\left(\frac{m_p^*}{m_n^*}\right) \tag{2-44}$$

如果 $m_n^* = m_p^*$, 则费米能级位于能带中间; 如果 $m_n^* > m_p^*$, 则费米能级稍微高于能带中央; 如果 $m_n^* < m_p^*$, 则费米能级稍低于能带中央。总体来讲, 对于本征半导体材料可以近似认为其费米能级位于能带中间。

将式 (2-44) 代入式 (2-37) 和式 (2-39) 可得本征半导体材料载流子的浓度为:

$$n_i = n_0 = p_0 = \sqrt{N_C N_V} \exp\left(-\frac{E_g}{2 k_B T}\right) \tag{2-45}$$

2.3.3　非本征半导体

对于半导体材料, 一般通过掺杂杂质原子的方法来调控半导体内部的载流子浓度, 即通过掺杂来调控半导体的费米能级, 以实现特殊的用途, 如图 2-7 所示, 分别在 Si 材料中掺入第三主族元素 B 可以实现 p 型掺杂; 通过掺入第五主族元素 P, 可以实现 n 型掺杂, 从而调控半导体材料的导电特性, 实现功能化器

件的设计和构造。通常来讲，掺杂半导体材料的载流子浓度与材料自身的本征属性无关，主要取决于掺杂离子的浓度及其电离情况。对于 n 型半导体，一般来讲其电子浓度远远大于空穴浓度；对于 p 型半导体来讲，则其空穴浓度远远大于电子浓度。近似情况下，可以认为 n 型半导体中电子的浓度与施主浓度 N_D 相等，p 型半导体中空穴浓度与受主浓度 N_A 相等，即

$$n_0 = N_D \tag{2-46}$$
$$p_0 = N_A \tag{2-47}$$

对于 n 型半导体中空穴浓度和 p 型半导体中电子浓度的计算，仍可利用 $n_i^2 = n_0 p_0$ 进行计算。

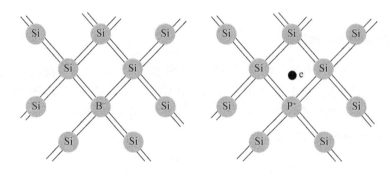

图 2-7　Si 材料 p 型掺杂和 n 型掺杂的示意图

2.4　半导体中载流子的输运

2.4.1　载流子的漂移运动

在外加电场作用下，半导体材料的导电特性除了和载流子的浓度有关外，还取决于载流子的迁移率 μ。载流子的迁移率定义为在外加电场作用下，载流子的运动速度和电场强度的比值，即 v/E。根据量纲分析可知，迁移率 μ 的单位为 $cm^2/(V \cdot s)$。在外电场的作用下，半导体内部的电流密度为：

$$J = nev = ne\mu E \tag{2-48}$$

载流子在外电场的加速运动下，其最终的运动速度和电场的强度、载流子的散射等因素直接相关，采用经典碰撞理论分析可知，载流子的运动速度可表述为：

$$v = \frac{eE}{m^*}\tau^* \tag{2-49}$$

其中，τ^* 为载流子在两次碰撞之间的平均自由时间，取决于材料内部的载流子散射机制，包括声子散射、杂质散射、载流子散射等过程。进一步联立式（2-48）和式（2-49）可知：

$$\mu = \frac{v}{E} = \frac{e}{m^*}\tau^* \tag{2-50}$$

载流子的迁移率与材料内部载流子的有效质量呈反比，和平均自由时间呈正比，一般有效质量较低、结晶质量好（杂质散射少）的材料具有高的载流子迁移。通常可采用 Hall 效应测试获得半导体材料的载流子浓度和迁移率，该方法是表征半导体特性最常用和最有效的方法，可直接获得影响半导体材料输运特性的参数。

2.4.2　载流子的扩散运动

半导体材料内部载流子浓度的差异也将引起载流子的运动，此时载流子的运动称之为扩散运动。按照菲克第一定律，扩散流大小与扩散系数和浓度梯度相关；同时，空穴或电子为带电粒子，其在扩散过程中将形成扩散电流。因此由于扩散引起的电流密度可表述为：

$$J_n = eD_n \frac{dn}{dx} \tag{2-51}$$

$$J_p = - eD_p \frac{dp}{dx} \tag{2-52}$$

其中，D 为载流子的扩散系数，其单位为 $cm^{-2} \cdot s^{-1}$，其标志着载流子在材料内部扩散能力的强弱。通常，载流子扩散系数与载流子迁移率满足爱因斯坦关系，即：

$$D = \frac{kT}{e}\mu \tag{2-53}$$

载流子在半导体材料内部的扩散能力和载流子迁移率有同样的决定因素，即载流子的有效质量和平均自由时间。

2.5　非平衡过剩载流子

2.5.1　非平衡载流子的产生与复合

处于热平衡状态的半导体，在一定温度下载流子浓度是一定的。这种处于热平衡状态下的载流子浓度，称为平衡载流子浓度。用 n_0 和 p_0 分别表示平衡电子浓度和空穴浓度，在非简并情况下，它们的乘积满足下式：

$$n_0 p_0 = N_C N_V \exp\left(-\frac{E_g}{k_B T}\right) = n_i^2 \qquad (2\text{-}54)$$

本征载流子浓度 n_i 只是温度的函数。在非简并情况下，无论掺杂多少，平衡载流子浓度 n_0 和 p_0 必定满足上式，因而该式也是非简并半导体处于热平衡状态的判据。热平衡状态下，也伴随着电子和空穴成对产生与复合，于是

$$G_{n0} = G_{p0} \qquad (2\text{-}55)$$
$$R_{p0} = R_{n0} \qquad (2\text{-}56)$$

平衡状态下，载流子的数目保持不变，因此载流子的产生和复合过程概率相等，即

$$G_{n0} = G_{p0} = R_{p0} = R_{n0} \qquad (2\text{-}57)$$

如果对半导体施加外界作用，破坏了热平衡的条件，这就迫使它处于与热平衡状态相偏离的状态，称为非平衡状态。如图 2-8 所示，光照使半导体内部产生了比平衡状态时多的电子 δn 和空穴 δp，此时半导体处于非平衡状态，其载流子浓度为 $n_0 + \delta n$ 和 $p_0 + \delta p$，比平衡状态多出来的这部分载流子称为非平衡载流子，也称过剩载流子。

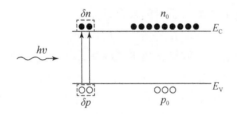

图 2-8　过剩载流子产生示意图

此时过剩电子和过剩空穴的浓度相等，即

$$\delta n = \delta p \qquad (2\text{-}58)$$

通常过剩载流子的产生过程也称为非平衡载流子的注入过程。

在一般情况下，注入非平衡载流子浓度比平衡时的多数载流子浓度小得多。对 n 型材料，$\delta n < n_0$、$p_0 < \delta p$，满足这个条件的注入称为小注入。例如，电阻率为 $1\Omega \cdot cm$ 的 n 型硅，$n_0 \approx 5.5 \times 10^{15} \, cm^{-3}$，$p_0 \approx 3.1 \times 10^4 \, cm^{-3}$，若注入非平衡载流子 $\delta n = \delta p = 10^{10} \, cm^{-3}$，$\delta n \ll n_0$，是小注入；但是 δp 几乎是 p_0 的 10^6 倍，即 $\delta p \gg p_0$。这个例子说明，即使在小注入的情况下，非平衡少数载流子浓度还是可以比平衡少数载流子浓度大得多，它的影响就显得十分重要了，而相对来说非平衡多数载流子的影响可以忽略。所以对于掺杂半导体，实际上往往是非平衡少数载流子起着重要作用，通常讨论的非平衡载流子的性质大都是对于非平衡少数载流子而言的。

注入的非平衡载流子并不能一直存在下去，光照停止后，它们要逐渐消失，也就是原来激发到导带的电子又回到价带，电子和空穴又成对地复合消失了。最后，载流子浓度恢复到平衡时的值，半导体又回复到了平衡态（图2-9）。

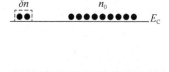

图 2-9 过剩载流子复合示意图

由此得出结论，产生非平衡载流子的激发源，由于半导体的内部作用，使它由非平衡态恢复到平衡态，剩载流子逐渐消失这一过程称为非平衡载流子的复合。此时载流子的复合速率为：

$$R'_n = R'_p \tag{2-59}$$

且该复合速率大于平衡状态时的复合速率，

$$R'_n = R'_p > R_{p0} = R_{n0} \tag{2-60}$$

这是由于电子和空穴的数目比热平衡时增多了，它们在热运动中相遇而复合的机会也将增大。这时的复合速率超过了产生速率而造成一定的净复合，非平衡载流子逐渐消失，最后恢复到平衡值，半导体将回到了热平衡状态。因此，激发停止后，载流子浓度随时间的变化规律可以描述为：

$$\frac{\mathrm{d}n(t)}{\mathrm{d}t} = G_{n0} - R'_n = R_{n0} - R'_n \tag{2-61}$$

其中，G_{n0} 为平衡状态下载流子的产生速率，R'_n 为非平衡状态下载流子的复合速率，且 $R'_n > G_{n0}$。由于载流子的复合速率正比于体系当中电子和空穴的浓度，且复合是一种自发行为，复合概率相对于时间是一个常数，因此平衡状态下的复合速率 $G_{n0} = R_{n0} = a_r n_0 p_0$，非平衡状态下的复合速率为 $R'_n = a_r(n_0 + \delta n)(p_0 + \delta p)$，于是式（2-60）可以改写为：

$$\begin{aligned}
\frac{\mathrm{d}n(t)}{\mathrm{d}t} &= a_r n_0 p_0 - a_r(n_0 + \delta n)(p_0 + \delta p) \\
&= -a_r n_0 \delta p - a_r p_0 \delta n - a_r \delta n \delta p
\end{aligned} \tag{2-62}$$

小注入条件下，过剩载流子的数目 δn 和 δp 远小于多数载流子数目，因此上式中 $\delta n \delta p$ 可以忽略，式（2-62）可化简为：

$$\frac{\mathrm{d}n(t)}{\mathrm{d}t} = -a_r n_0 \delta p - a_r p_0 \delta n \tag{2-63}$$

对于 n 型半导体而言，$n_0 \gg p_0$，上式可化进一步近似为：

$$\frac{\mathrm{d}p(t)}{\mathrm{d}t} = -a_r n_0 \delta p \tag{2-64}$$

其中，$p(t)$ 为某一时刻载流子的浓度，它由两部分组成即平衡载流子浓度 p_0 和非平衡载流 $\delta p(t)$，即：

$$p(t) = p_0 + \delta p(t) \tag{2-65}$$

由于平衡载流子浓度 p_0 与时间无关，因此：

$$\frac{\mathrm{d}p(t)}{\mathrm{d}t} = \frac{\mathrm{d}[p_0 + \delta p(t)]}{\mathrm{d}t} = \frac{\mathrm{d}p_0}{\mathrm{d}t} + \frac{\mathrm{d}\delta p(t)}{\mathrm{d}t} = \frac{\mathrm{d}\delta p(t)}{\mathrm{d}t} \tag{2-66}$$

于是，式（2-63）可进一步化简为：

$$\frac{\mathrm{d}\delta p(t)}{\mathrm{d}t} = -a_r n_0 \delta p \tag{2-67}$$

进一步计算可得：

$$\delta p(t) = \delta p(0) \exp(-a_r n_0 t) = \delta p(0) \exp\left(-\frac{t}{\tau_{p0}}\right) \tag{2-68}$$

$$\tau_{p0} = \frac{1}{a_r n_0} \tag{2-69}$$

其中，τ_{p0} 为过剩少数载流子的寿命，其意义为当过剩载流子的浓度降低到初始浓度的 $1/e$ 时所需要的时间。此时，过剩载流子的复合速率为：

$$R'_{\delta n} = R'_{\delta p} = R'_n - R_{n0}$$
$$= a_r(n_0 + \delta n)(p_0 + \delta p) - a_r n_0 p_0 \approx a_r n_0 \delta p = \frac{\delta p}{\tau_{p0}} \tag{2-70}$$

对于 p 型半导体而言，$p_0 \gg n_0$，上式可化进一步近似为：

$$\frac{\mathrm{d}n(t)}{\mathrm{d}t} = -a_r p_0 \delta n \tag{2-71}$$

于是有

$$\delta n(t) = \delta n(0) \exp(-a_r p_0 t) = \delta p(0) \exp\left(-\frac{t}{\tau_{n0}}\right) \tag{2-72}$$

$$\tau_{n0} = \frac{1}{a_r p_0} \tag{2-73}$$

其中，τ_{n0} 为过剩少数载流子的寿命，其意义为当过剩载流子的浓度降低到初始浓度的 $1/e$ 时所需要的时间。此时，过剩载流子的复合速率为：

$$R'_{\delta n} = R'_{\delta p} = R'_n - R_{n0}$$
$$= a_r(n_0 + \delta n)(p_0 + \delta p) - a_r n_0 p_0 \approx a_r p_0 \delta n = \frac{\delta n}{\tau_{n0}} \tag{2-74}$$

2.5.2　准费米能级

半导体中的电子系统处于热平衡状态时，在整个半导体中有统一的费米能级，电子和空穴浓度都用它来描写。在非简并情况下：

$$n_0 = N_C \exp\left[\frac{-(E_C - E_F)}{k_B T}\right]$$

$$p_0 = N_V \exp\left[\frac{-(E_F - E_V)}{k_B T}\right]$$

正因为有统一的费米能级 E_F，热平衡状态下，半导体中电子和空穴浓度的乘积必定满足式（2-54），因而，统一的费米能级是热平衡状态的标志。

当半导体处于非平衡状态时，就不再存在统一的费米能级，因为费米能级和统计分布函数都是指的热平衡状态。当半导体中存在非平衡载流子时，分别就价带中的空穴和导带中的电子而言，它们各自基本上处于平衡态，而导带和价带之间处于不平衡状态。因而费米能级和统计分布函数对导带和价带仍然是适用的，因此，可以分别引入导带费米能级和价带费米能级，称为"准费米能级"。导带和价带间的不平衡就表现在它们的准费米能级是不重合的。导带的准费米能级也称电子准费米能级，相应地，价带的准费米能级称为空穴准费米能级，分别用 E_{Fn} 和 E_{Fp} 表示。引入准费米能级后，非平衡状态下的载流子浓度也可以用与平衡载流子浓度类似的公式来表达：

$$n = N_C \exp\left[\frac{-(E_C - E_{Fn})}{k_B T}\right] \tag{2-75}$$

$$p = N_V \exp\left[\frac{-(E_{Fp} - E_V)}{k_B T}\right] \tag{2-76}$$

对比式（2-37）和式（2-39），以上两个式子可表述为：

$$n = n_0 \exp\left[\frac{E_{Fn} - E_F}{k_B T}\right] \tag{2-77}$$

$$p = p_0 \exp\left[\frac{E_F - E_{Fp}}{k_B T}\right] \tag{2-78}$$

可明显地看出，无论是电子还是空穴，非平衡载流子越多，准费米能级偏离 E_F 就越远，但是 E_{Fn} 及 E_{Fp} 偏离 E_F 的程度是不同的。对于 n 型半导体，在小注入条件下，即 $\delta n \ll n_0$ 时，显然 $n \approx n_0$，因而 E_{Fn} 比 E_F 更靠近导带，但偏离 E_F 甚小。这时注入的空穴浓度 $\delta p \gg p_0$，即 $p \gg p_0$，所以 E_{Fp} 比 E_F 更靠近价带，且比 E_{Fn} 更显著地离偏了 E_F。一般在非平衡态时，往往总是多数载流子的准费米能级和平衡时的费米能级偏离不多，而少数载流子的准费米能级偏离很大。若将此时的电子浓度 n 和空穴浓度 p 相乘，可得：

$$np = n_0 p_0 \exp\left[\frac{E_{Fn} - E_F}{k_B T}\right] \exp\left[\frac{E_F - E_{Fp}}{k_B T}\right] = n_i^2 \exp\left[\frac{E_{Fn} - E_{Fp}}{k_B T}\right] \tag{2-79}$$

从式（2-79）可以看出，E_{Fn} 和 E_{Fp} 能量差的多少直接反映了 np 与 n_i^2 相差的程度，即反映了半导体偏离热平衡态的程度。它们差值越大，说明不平衡情况越显著；两者差值越小，则说明越接近平衡态；两者相等时，体系有统一的费米能级，半导体处于平衡态。因此引进准费米能级，可以更形象地说明半导体处于非平衡态的情况。

2.6　连续性方程

通常，半导体材料将受到光照、热、电场的激发后，半导体内部会产生非平衡的过剩载流子。在过剩载流子的复合、载流子浓度梯度、外加电场的共同作用下，半导体材料内部载流子的浓度、载流子的输运将会变成一个非常复杂的问题，需要综合考虑以上过程对载流子运动的贡献，采用数值的方法求解载流子的输运问题。

揭示半导体材料内部载流子的输运特性，需要考虑载流子的输运、产生、复合等过程对载流子浓度的影响，以图 2-10 中的小圆部分中半导体材料内部的性质变化为例，

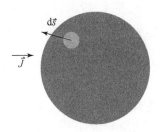

图 2-10　半导体连续性方程示意图

假设：

①小体积元内载流子数量随时间的变化为 $\partial n / \partial t$ ；②小体积元内载流子的产生速率 g ；③小体积元内载流子的复合速率 R ；④载流子流动的贡献 $\oiint - \vec{J} \cdot \mathrm{d}\vec{s} / e$ 。其中，$\vec{J}$ 为局部电流密度。

根据电荷守恒定律可知：在该体积内，载流子浓度的变化速率与载流子的流入–流出速率、载流子的产生速率、载流子的复合速率直接相关，以电子浓度为例，可表述为：

$$\iiint \frac{\partial n}{\partial t} \mathrm{d}V = \iiint g \mathrm{d}V - \iiint R \mathrm{d}V + \frac{\oiint - \vec{J} \cdot \mathrm{d}\vec{s}}{-e} \tag{2-80}$$

利用高斯定理，可将上式进行化简，结果为：

$$\iiint \frac{\partial n}{\partial t}\mathrm{d}V = \iiint G\mathrm{d}V - \iiint R\mathrm{d}V + \frac{1}{e}\iiint \nabla \cdot \vec{J}\mathrm{d}V \tag{2-81}$$

去掉对体积 V 的积分，上式可进一步化简为：

$$\frac{\partial n}{\partial t} = G - R + \frac{1}{e}\nabla \cdot \vec{J} \tag{2-82}$$

同理，空穴的连续性返程可表述为：

$$\frac{\partial p}{\partial t} = G - R + \frac{-1}{e}\nabla \cdot \vec{J} \tag{2-83}$$

载流子的电流密度 $\vec{J}$ 由扩散电流和漂移电流两部分组成，对于一维的情况，电子和空穴来说，其电流密度可表述为：

$$J_e = eD_n \frac{\partial n}{\partial x} + ne\mu_n E \tag{2-84}$$

$$J_p = -eD_p \frac{\partial p}{\partial x} + pe\mu_p E \tag{2-85}$$

且电子浓度和空穴浓度等于平衡载流子的浓度与非平衡载流子浓度之和，即 $n(t) = n_0 + \delta n(t)$、$p(t) = p_0 + \delta p(t)$。因此对载流子的浓度求导只与非平衡载流子浓度有关。于是，式（2-82）和式（2-83）可具体化为：

$$\frac{\partial(\delta p)}{\partial t} = D_p \frac{\partial^2(\delta p)}{\partial x^2} - \mu_p\left(E\frac{\partial(\delta p)}{\partial x} + p\frac{\partial E}{\partial x}\right) + g_p - R \tag{2-86}$$

$$\frac{\partial(\delta n)}{\partial x} = D_n \frac{\partial^2(\delta n)}{\partial x^2} + \mu_n\left(E\frac{\partial(\delta n)}{\partial x} + n\frac{\partial E}{\partial x}\right) + g_n - R \tag{2-87}$$

以上两式称之为载流子连续性方程，可认为是能量守恒在半导体材料中载流子平衡的具体应用。因此，在表征和设计半导体材料及器件时，需要深入研究材料的基本物理参数，如载流子迁移率 μ、载流子寿命 τ、载流子复合速率 R 和外界条件如载流子产生速率 g、材料内部电场等特性 E，进而结合数值计算的方法，揭示半导体光电器件在工作状态下载流子的特性，包括复合损失、收集效率等，为设计高性能光电器件打下坚实的基础。随后内容中，将介绍以上所述的特性参数的测试方法和测试原理[1-3]。

参 考 文 献

[1] 刘恩科. 半导体物理学. 北京：电子工业出版社，2017.
[2] 谢希德，方俊鑫. 固体物理学. 上海：上海科学技术出版社，1991.
[3] 黄昆，谢希德. 半导体物理学. 北京：科学出版社，1958.

第3章　半导体材料的接触及能带结构

将半导体材料设计、组装成功能半导体器件时会涉及半导体材料和半导体材料以及半导体材料和金属材料的接触。接触界面的性质如能带结构、内建电场、缺陷浓度将对半导体功能器件的性能起到决定性的作用，影响半导体器件的光电性能。因此，在设计和制作半导体功能器件时需要考虑各功能层的能带结构及其之间的接触特性，根据功能要求选择最佳的材料组合。

在材料接触过程中，对接触界面处能带变化起到决定作用的是材料的费米能级 E_F，即该材料的化学势 μ。两种材料接触达到平衡状态时，体系应当具有统一的化学势（费米能级），这是主导材料接触时两种材料之间电荷转移的主要因素，即电子从费米能级（化学势）高的材料转移到费米能级（化学势）低的材料。在电子转移的过程中，原本电中性的材料由于失去、获得电子而显示出带正电、负电的特性，从而在接触界面形成电场，造成接触界面的能带弯曲。该电场也称之为内建电场，是影响半导体光电器件的载流子输运特性即电压–电流（I–V）特性、光电转换、电光转换性能的关键因素，也是设计和分析半导体器件性能的基础。

3.1　材料的功函数

在分析半导体器件的界面接触特性时，需要知道半导体材料和金属材料的能带结构信息，即半导体材料导带底、价带顶、费米能级的位置（掺杂浓度相关）；金属材料费米能级的位置。根据费米–狄拉克统计分布可知，在热力学温度为零度（$T=0K$）时，金属中电子的最高填充能级为费米能级 E_F，即电子填满了费米能级 E_F 以下的所有能级，而高于 E_F 的能级是未被电子占据的空态。随着温度的升高，在一定温度 T 时，只有费米 E_F 附近几个 $k_B T$ 范围内的少数电子受到热激发跃迁到 E_F 能级之上，此时金属材料的费米能级将会发生移动，且和温度 T 有关，其变化规律可由式（3-1）描述：

$$E_F = E_F^0 \left[1 - \frac{\pi^2}{12} \left(\frac{k_B T}{E_F} \right)^2 \right] \tag{3-1}$$

由于 $k_B T \ll E_F$，温度升高造成的费米能级的位移很小，通常可以认为金属的费米能级不随温度变化，为一固定值。

若电子逃逸出金属，则需要吸收一定的能量克服晶体周期性势场的束缚，变为自由电子。为讨论方便，通常选取真空能级为能量零点，并且规定金属内部的电子被激发到真空时所需的最小能量为金属的功函数，如图3-1所示，即

$$W_m = \phi_m = 0 - E_{Fm} \tag{3-2}$$

式（3-2）中ϕ_m为金属材料的功函数，E_{Fm}为金属材料的费米能级。由于将真空能级规定为能量零点，材料的费米能级应为小于零的数值。

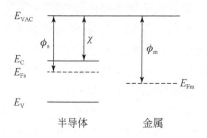

图3-1　金属和半导体材料中的重要能量参数

在讨论半导体材料功函数和费米能级时，采用相同的定义即真空能级与半导体费米能级之差为半导体材料的功函数：

$$W_s = \phi_s = 0 - E_{Fs} \tag{3-3}$$

式（3-3）中ϕ_s称之为半导体材料的功函数，E_{Fs}为半导体材料的费米能级。半导体材料的费米能级E_{Fs}会随掺杂类型和掺杂浓度的大小发生移动，因此半导体材料的功函数也与材料的掺杂类型和掺杂浓度有关。除此之外，在描述半导体材料的能级结构时还定义了电子亲和势χ，其值为真空能级与半导体材料导带底的能量差：

$$\chi = 0 - E_C \tag{3-4}$$

式（3-4）表示半导体中导带底的电子逃逸出半导体时所需的最小能量。

理想条件下，当不同的材料接触形成半导体功能器件时，费米能级的高低决定了材料之间电荷转移的方向及两者接触界面处能带结构的弯曲，也将影响半导体器件的光电性能。表3-1汇总了金属与半导体材料接触时的界面接触类型、不同类型半导体材料之间接触的类型。其中，金属和半导体材料接触时，根据金属和半导体材料功函数的高低，可将金属和半导体接触分为欧姆接触和肖特基接触。相较于肖特基接触，欧姆接触有较低的接触电阻，在构筑高性能载流子传输的半导体器件中需要通过材料设计和匹配获得欧姆接触。半导体与半导体材料接触则根据材料是否为同种材料分为同质结和异质结。其中，同质结中根据材料的掺杂类型可分为 pn 结、n$^+$n 结、p$^+$p 结等多种接触类型；异质结中根据两种材料导带底和价带顶的相对位置分为Ⅰ、Ⅱ和Ⅲ型半导体接触。材料自身导带底、价带顶和费米能级的位置直接决定半导体器件中材料的界面接触类型和功能器件中

载流子的收集和输运，在设计和优化器件性能时需要根据材料的能带结构进行合理的设计和优化。

表 3-1　半导体器件中的接触类型

金属与半导体接触	欧姆接触	n 型半导体与金属接触 $\phi_m < \phi_s$
		p 型半导体与金属接触 $\phi_m > \phi_s$
	肖特基接触	n 型半导体与金属接触 $\phi_m > \phi_s$
		p 型半导体与金属接触 $\phi_m < \phi_s$
半导体与半导体接触	同质结 （同种半导体材料接触，如 Si）	pn 结
		n^+n 结
		p^+p 结
	异质结（不同半导体材料接触， 如 Si 和 ZnO 接触）	材料掺杂类型
		pn 结
		n^+n 结
		p^+p 结
		材料导带底和价带顶的相对位置
		Ⅰ 型
		Ⅱ 型
		Ⅲ 型

3.2　同质 pn 结能带结构及其特性

通常，通过在 n 型（或者 p 型）材料的表面上，通过热扩散、离子注入等方式在其表面进行 p 型（或者 n 型）掺杂，形成 pn 结。

3.2.1　pn 结能带结构

从载流子浓度的角度分析可知，n 型材料中的电子浓度远远大于空穴浓度，p 型材料中的空穴浓度远远大于电子浓度，且 n 型材料中的电子浓度远大于 p 型材料中的电子浓度，p 型材料中的空穴浓度远大于 n 型材料中的空穴浓度，即两种材料之间存在较大的载流子浓度差。因此，两种材料的接触界面处会存在由 n 型材料向 p 型材料的电子扩散电流和 p 型材料向 n 型材料的空穴扩散电流。在载流子的转移过程中，由于失去电子，原本电中性的 n 型材料在与 p 型材料接触的界面处出现正电荷的积累，即带正电的施主离子；p 型材料则由于失去空穴，在界面处出现负电荷的积累，即带负电的受主离子。界面处正负离子积累的区域称之为空间电荷区，如图 3-2 所示。这些离子在 pn 结的接触界面处产生了一个由 n 型材料指向 p 型材料的内建电场。此电场的作用下载流子做漂移运动，且载流子漂移运动的方向与载流子扩散运动的方向相反。随着扩散的进行，内建电场逐渐增大，载流子漂移运动也逐渐增强，直到载流子扩散电流和漂移电流大小相等，达到动态平衡，即从 n 区向 p 区扩散过去的电子数目和电子在内建电场作用下返回 n 区的电子数目相等。此时 pn 结中不再有电流流过，空间电荷区的宽度和内建电势差（V_{bi}）也达到了最大值。

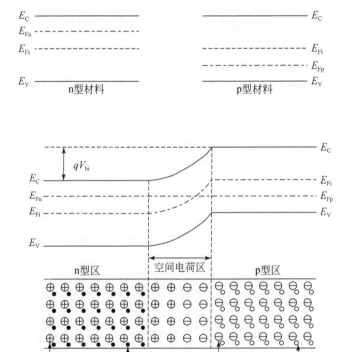

图 3-2   pn 能带结构示意图

从 p 型和 n 型材料费米能级相对位置的角度分析可知，如图 3-2 所示，n 型材料的费米能级靠近导带底，p 型材料的费米能级靠近价带顶，且 n 型材料的费米能级高于 p 型材料的费米能级，此时应当有电子从 n 型材料转移进入 p 型材料。由以上分析可知，转移过程中形成的内建电场使 n 型区一侧的电势能降低 p 型区一侧的电势能升高，相应的 n 区和 p 区的费米能级分别向下和向上移动，直至两侧形成统一的费米能级。

下面从平衡时 pn 结内部载流子的扩散电流与漂移电流相等来分析其内部费米能级的变化。

对于电子电流来讲，总电流包括漂移电流和扩散电流两部分，以从左向右定为正方向，则：

$$J_n(x) = -n(x)q\mu_n E(x) - qD_n\frac{\mathrm{d}n(x)}{\mathrm{d}x} = 0 \tag{3-5}$$

式（3-5）中 n 为电子的浓度，根据爱因斯坦关系 $D_n = kT\mu_n/q$，于是有

$$J_n(x) = -nq\mu_n\left[E(x) + \frac{kT}{q}\frac{\mathrm{d}(\ln n(x))}{\mathrm{d}x}\right] \tag{3-6}$$

式（3-6）中电子浓度可表示为：

$$n(x) = n_i\exp\left[\frac{E_F(x) - E_i(x)}{k_BT}\right] \tag{3-7}$$

将式（3-7）代入（3-6）可得：

$$J_n = -n(x)q\mu_n\left[E(x) + \frac{kT}{q}\left(\frac{\mathrm{d}E_F(x)}{\mathrm{d}x} - \frac{\mathrm{d}E_i(x)}{\mathrm{d}x}\right)\right] \tag{3-8}$$

从图 3-2 可以看出，空间电荷区内电势 $V(x)$ 由 n 区向 p 区不断降低，即电子的电势能 $-qV(x)$ 则由 n 区向 p 区不断升高。其中本征费米能级 $E_i(x)$ 的变化趋势和电势能的变化趋势一致，

$$\frac{\mathrm{d}E_i(x)}{\mathrm{d}x} = -q\frac{\mathrm{d}V(x)}{\mathrm{d}x} = qE(x) \tag{3-9}$$

将式（3-9）代入式（3-8）可得：

$$J_n = -n(x)\mu_n\frac{\mathrm{d}E_F(x)}{\mathrm{d}x} = 0 \tag{3-10}$$

同理可以得出：

$$J_p = -p(x)\mu_p\frac{\mathrm{d}E_F(x)}{\mathrm{d}x} = 0 \tag{3-11}$$

从式（3-10）和式（3-11）可以得出，处于热平衡状态的 pn 结，其费米能级不随空间位置变化，$E_F(x)$ 为一常数，即 pn 结有一个统一的费米能级。

从图 3-2 可以看出，在 pn 结的空间电荷区中能带发生弯曲，这是空间电荷区中电势能变化的结果。因能带弯曲，电子从势能低的 n 区向势能高的 p 区运动时，必须克服 qV_{bi} 能垒才能到达 p 区；空穴也必须克服 qV_{bi} 能垒才能从 p 区到达 n 区，通常把该 qV_{bi} 能垒称为 pn 结的势垒高度。

从图 3-2 可以看出，pn 结的势垒高度 qV_{bi} 和 pn 结两侧本征费米能级的高度差相等，由此可以得到：

$$qV_{bi} = (E_{Fn} - E_{Fi}) + (E_{Fi} - E_{Fp}) = E_{Fn} - E_{Fp} \tag{3-12}$$

从图 3-2 和式（3-12）可以看出，势垒的高度正好弥补了 n 区和 p 区费米能

级之差，使平衡的 pn 结费米能级处处相等。根据 n 区和 p 区平衡载流子的浓度，

$$n_{n0} = n_i \exp\left(\frac{E_{Fn} - E_{Fi}}{k_B T}\right) \tag{3-13}$$

$$p_{p0} = n_i \exp\left(\frac{E_{Fi} - E_{Fp}}{k_B T}\right) \tag{3-14}$$

联立式（3-12）、式（3-13）和式（3-14），并假设常温下所有的施主和受主均已电离，即 $n_{n0} = N_D$、$p_{p0} = N_A$，则

$$V_{bi} = \frac{k_B T}{q}\ln\left(\frac{n_{n0}\,p_{p0}}{n_i^2}\right) = \frac{k_B T}{q}\ln\left(\frac{N_D\,N_A}{n_i^2}\right) \tag{3-15}$$

从式（3-15）可以看出接触电势差 V_{bi} 和 pn 结两侧的掺杂浓度、温度、材料的禁带宽度都有关系。通常可以通过调控 pn 结两侧材料的掺杂浓度来调控 pn 结的接触电势差和内建电场。

3.2.2　pn 结内电场强度

在突变结近似下，即在 pn 结两侧的材料掺杂浓度存在突变，n 型区掺杂浓度为 N_D，p 区掺杂浓度为 N_A。在形成 pn 结时，由于空间电荷区的形成，在 n 型区一侧形成了浓度为 N_D 的带正电的施主例子，在 p 型区一侧形成了浓度为 N_A 的带负电的受主离子（图 3-3）。

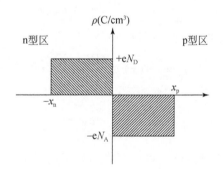

图 3-3　突变结近似下空间电荷区的分布

假设平衡时正负空间电荷区的宽度分别为 x_n 和 x_p，则整个空间电荷区的宽度，

$$W = x_n + x_p \tag{3-16}$$

式（3-16）中 x_n 和 x_p 的数值是相互联系的。考虑到 pn 结形成前后均满足电中性的条件，n 型区一侧正电荷的数量应当与 p 型区一侧负电荷的数量相等，即

$$x_n S N_D = x_p S N_A \tag{3-17}$$

其中，S 为 pn 结的截面积，上式可进一步化简为：

$$x_n N_D = x_p N_A \tag{3-18}$$

上式表明，势垒区正负电荷取的宽度和该区的杂质浓度成反比。杂质浓度高的一侧空间电区的宽度小，杂质浓度低的一侧宽度大。

空间电荷区的泊松方程为：

$$\frac{d^2 V(x)}{dx^2} = -\frac{qN_D}{\varepsilon_r \varepsilon_0} = -\frac{dE(x)}{dx} (-x_n \leqslant x < 0) \tag{3-19}$$

$$\frac{d^2 V(x)}{dx^2} = \frac{qN_A}{\varepsilon_r \varepsilon_0} = -\frac{dE(x)}{dx} (0 \leqslant x \leqslant x_p) \tag{3-20}$$

且满足边界条件，

$$E(-x_n) = 0 \tag{3-21}$$

$$E(x_p) = 0 \tag{3-22}$$

将式（3-19）积分可得：

$$E(x) = \frac{qN_D}{\varepsilon_r \varepsilon_0} x + C_1 \tag{3-23}$$

其中，C_1 为待定常数，将式（3-21）中边界条件代入式（3-23）可得：

$$C_1 = \frac{qN_D}{\varepsilon_r \varepsilon_0} x_n \tag{3-24}$$

再将式（3-24）代入式（3-23）中，可以得到在 n 型区一侧空间电荷区内（$-x_n \leqslant x < 0$）的电场强度，

$$E(x) = \frac{qN_D}{\varepsilon_r \varepsilon_0} (x + x_n) \tag{3-25}$$

同理可得在 p 型区一侧空间电荷区内（$0 \leqslant x \leqslant x_p$）的电场强度为：

$$E(x) = \frac{qN_A}{\varepsilon_r \varepsilon_0} (x_p - x) \tag{3-26}$$

从式（3-24）和式（3-25）可以看出，在空间电荷区内电场强度是空间位置的线性函数，如图 3-4 所示。在空间电荷区的边缘 $-x_n$ 和 x_p 处，电场强度为零。随着位置不断靠近 pn 结界面，空间电荷的电场强度逐渐增大，并在 pn 结界面处达到最大值，

$$E_{max} = \frac{qN_D x_n}{\varepsilon_r \varepsilon_0} = \frac{qN_A x_p}{\varepsilon_r \varepsilon_0} \tag{3-27}$$

其中，$N_D x_n$ 和 $N_A x_p$ 分别为 n 型区一侧和 p 型区一侧空间电荷区中正负离子的总数，且两者相等。

对于 p^+n 结，$N_A \gg N_D$，则有 $x_n \gg x_p$，即 p 型材料中的掺杂浓度很高，空间电荷区的宽度 W 近似与 n 型材料一侧空间电荷区的宽度 x_n 相等。与之相反，对

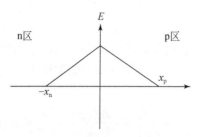

图 3-4　空间电荷区的电场分布

于 n^+p 结，$N_D \gg N_A$，则有 $x_p \gg x_n$，即 n 型材料中的掺杂浓度很高，空间电荷区的宽度 W 金属与 p 型材料一侧空间电荷区的宽度 x_p 相等。

对式（3-25）和式（3-26）进一步积分可以获得空间电荷区内电势的分布随位置的变化关系，其中 n 区和 p 区的电势分布分别为：

$$V(x) = -\frac{qN_D}{2\varepsilon_r\varepsilon_0}x^2 - \frac{qN_D}{\varepsilon_r\varepsilon_0}xx_n + D_1 (-x_n \leqslant x < 0) \qquad (3\text{-}28)$$

$$V(x) = \frac{qN_A}{2\varepsilon_r\varepsilon_0}x^2 - \frac{qN_A}{\varepsilon_r\varepsilon_0}xx_p + D_2 (0 \leqslant x \leqslant x_p) \qquad (3\text{-}29)$$

由于电场的方向由 n 区指向 p 区，即图 3-4 中 x 轴的正方向，则从 $-x_n$ 到 x_p 电势逐渐降低，且两点的电势差为 V_{bi}。以 x_p 处的电势看作 0，则 $-x_n$ 处的电势应为 V_{bi}。将两个边界条件带入式（3-27）和式（3-28）可得：

$$D_1 = V_{bi} - \frac{1}{2}\frac{qN_D\,x_n^2}{\varepsilon_r\varepsilon_0} \qquad (3\text{-}30)$$

$$D_2 = \frac{1}{2}\frac{qN_Ax_p^2}{\varepsilon_r\varepsilon_0} \qquad (3\text{-}31)$$

将式（3-29）和式（3-30）代入式（3-17）和式（3-28）可得：

$$V(x) = V_{bi} - \frac{qN_D}{2\varepsilon_r\varepsilon_0}(x + x_n)^2 \qquad (-x_n \leqslant x < 0) \qquad (3\text{-}32)$$

$$V(x) = \frac{qN_A}{2\varepsilon_r\varepsilon_0}(x - x_p)^2 \qquad (0 \leqslant x \leqslant x_p) \qquad (3\text{-}33)$$

从式（3-31）和式（3-32）可以看出，在平衡 pn 结空间电荷区中，电势分布呈抛物线形，如图 3-5 所示，$-x_n$ 和 x_p 两点处的电势差为 V_{bi}，$-x_n$ 和 x_p 两点处的电势能差为 $-qV_{bi}$。

在 $x=0$ 处，电势 $V(x)$ 连续，根据式（3-27）和式（3-28）可得，$D_1 = D_2$。将式（3-29）和式（3-30）代入可得：

$$V_{bi} = \frac{1}{2}\frac{q(N_D\,x_n^2 + N_Ax_p^2)}{\varepsilon_r\,\varepsilon_0} \qquad (3\text{-}34)$$

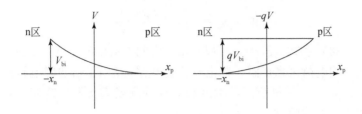

图 3-5　空间电荷区内电势和电势能的分布

（a）空间电荷区内电势分布，（b）空间电荷区内电势能分布

3.2.3　空间电荷区宽度和结电容

由于 $x_n N_D = x_p N_A$ 且空间电荷区宽度 $W = x_n + x_p$，将两式代入式（3-32）中可分别求得空间电荷区的宽度 W 以及 n 型区、p 型区的宽度 x_n 和 x_p 分别为多少，即：

$$W = \sqrt{V_D \frac{2\varepsilon_r \varepsilon_0}{q} \frac{N_D + N_A}{N_A N_D}} \tag{3-35}$$

$$x_n = \sqrt{V_{bi} \frac{2\varepsilon_r \varepsilon_0}{q} \frac{N_A}{N_D} \frac{1}{N_D + N_A}} \tag{3-36}$$

$$x_p = \sqrt{V_{bi} \frac{2\varepsilon_r \varepsilon_0}{q} \frac{N_D}{N_A} \frac{1}{N_D + N_A}} \tag{3-37}$$

因此 pn 结界面处的电场强度可以进一步表述为：

$$E_{max} = \frac{q N_D x_n}{\varepsilon_r \varepsilon_0} = \frac{q N_D}{\varepsilon_r \varepsilon_0} \sqrt{V_{bi} \frac{2\varepsilon_r \varepsilon_0}{q} \frac{N_A}{N_D} \frac{1}{N_D + N_A}} = \frac{2 V_{bi}}{W} \tag{3-38}$$

可以通过图 3-4 和图 3-5 进一步分析式（3-37）的意义。由于 $dV(x) = -E(x)dx$，因此图 3-4 中三角形的面积应当等于 $-x_n$ 和 x_p 两点处的电势差为 V_{bi}，根据三角形面积公式可得：

$$\frac{1}{2} W \times E_{max} = V_{bi} \tag{3-39}$$

其中，空间电荷的宽度 W 相当于三角形的底边，最大电场强度 E_{max} 相当于三角形的高。

对于 $p^+ n$ 结，由于 $N_A \gg N_D$，因此 $x_n \gg x_p$，于是有：

$$W \approx x_n \approx \sqrt{V_{bi} \frac{2\varepsilon_r \varepsilon_0}{q} \frac{1}{N_D}} \tag{3-40}$$

同理对于 $n^+ p$ 结，由于 $N_D \gg N_A$，因此 $x_p \gg x_n$，于是有：

$$W \approx x_{\mathrm{p}} \approx \sqrt{V_{\mathrm{bi}} \frac{2\varepsilon_{\mathrm{r}}\varepsilon_0}{q} \frac{1}{N_{\mathrm{A}}}} \tag{3-41}$$

从式（3-38）和式（3-39）可以看出，空间电荷区的宽度大部分由低掺杂浓度低的一侧空间电荷区来贡献。以上分析为热平衡时 pn 结的静电特性。当有外电场存在时，pn 结空间电荷区的宽度和势垒的高度都将发生改变，而且电场方向不同会产生不同的效果。

如图 3-6 所示，当外加电场与 pn 结内建电场方向一致时，即外电场的方向为从 n 区指向 p 区（此时 n 区接正极，p 区接负极），即相较于 p 区，n 区的电势能进一步降低，n 区导带底和 p 区价带顶的能量差值进一步增大。由式（3-34）和式（3-35）可知，此时，n 区空间电荷区和 p 区空间电荷区的宽度将进一步增大，如图 3-6（a）所示。电子从 n 区向 p 区移动时，需要克服更高的势垒，将此时 pn 结的偏置状态称之为反向偏置。

当 n 区接负极，p 区接正极，外加电场的方向与内建电场的方向相反，相较于 p 区，n 区的电势能进一步升高，n 区导带底和 p 区价带顶的能量差值进一步较小。由式（3-34）和式（3-35）可知，此时，n 区空间电荷区和 p 区空间电荷区的宽度将减小，如图 3-6（b）所示。电子从 n 区向 p 区移动时，需要克服较小的势垒，将此时 pn 结的偏置状态称之为正向偏置。

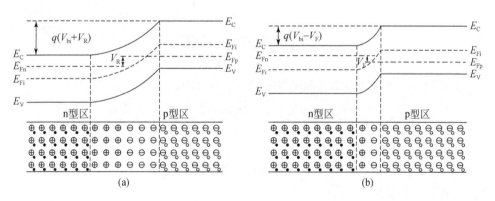

图 3-6　偏置情况下能带结构示意图

（a）pn 结反向偏置时能带结构，（b）pn 结正向偏置时能带结构

在计算偏置状态下的空间电荷区的宽度时，可将偏置状态下 pn 结两侧的电势差 $V_{\mathrm{bi}} + V_{\mathrm{R}}$ 和 $V_{\mathrm{bi}} - V_{\mathrm{F}}$ 代入式（3-34）、式（3-35）和式（3-36）即可，对于反向偏置的状态，空间电荷区的宽度、n 区电荷区的宽度和 p 区电荷区的宽度分别为：

$$W = \sqrt{(V_{bi} + V_R) \frac{2\varepsilon_r\varepsilon_0}{q} \frac{N_D + N_A}{N_A N_D}} \tag{3-42}$$

$$x_n = \sqrt{(V_{bi} + V_R) \frac{2\varepsilon_r\varepsilon_0}{q} \frac{N_A}{N_D} \frac{1}{N_D + N_A}} \tag{3-43}$$

$$x_p = \sqrt{(V_{bi} + V_R) \frac{2\varepsilon_r\varepsilon_0}{q} \frac{N_D}{N_A} \frac{1}{N_D + N_A}} \tag{3-44}$$

对于正向偏置的状态，空间电荷区的宽度、n 区电荷区的宽度和 p 区电荷区的宽度分别为：

$$W = \sqrt{(V_{bi} - V_F) \frac{2\varepsilon_r\varepsilon_0}{q} \frac{N_D + N_A}{N_A N_D}} \tag{3-45}$$

$$x_n = \sqrt{(V_{bi} - V_F) \frac{2\varepsilon_r\varepsilon_0}{q} \frac{N_A}{N_D} \frac{1}{N_D + N_A}} \tag{3-46}$$

$$x_p = \sqrt{(V_{bi} - V_F) \frac{2\varepsilon_r\varepsilon_0}{q} \frac{N_D}{N_A} \frac{1}{N_D + N_A}} \tag{3-47}$$

当处于正向偏置或反向偏置时，空间电荷区的宽度将减小或增大，即空间电荷区内电荷的总量会随着偏置电压的变化而发生变化。pn 结的这种性质与电容的性质相似，即当外偏压发生变化时，pn 结具有存储和释放电荷的能力。pn 结的电容效应称为势垒电容。

由式（3-16）、式（3-17）和式（3-18）可知，处于热平衡时，空间电荷区单位面积上的电量为：

$$Q = qW \frac{N_A N_D}{N_D + N_A} \tag{3-48}$$

在外加偏压作用下，如式（3-42）和式（3-45）所示，空间电荷区宽度 W 与外加偏压的大小和方向有关，即空间电荷区内的电荷量与外加偏压有关，将式（3-48）代入微分电容的表达式中，pn 结单位面积的电容 C 可以表示为：

$$C = \frac{dQ}{dV} = q \frac{N_A N_D}{N_D + N_A} \frac{dW}{dV} = \sqrt{\frac{1}{V_{bi} + V_R} \frac{\varepsilon_r\varepsilon_0}{2q} \frac{N_A N_D}{N_D + N_A}} \tag{3-49}$$

从式（3-49）可以看出，pn 结的电容随着反向外加电压的增大逐渐减小。

对于 p^+n 结，由于 $N_A \gg N_D$，结电容可以化简为：

$$C \approx \sqrt{\frac{N_D}{V_{bi} + V_R} \frac{\varepsilon_r\varepsilon_0}{2q}} \tag{3-50}$$

对于 n^+p 结，由于 $N_D \gg N_A$，结电容可以化简为：

$$C \approx \sqrt{\frac{N_A}{V_{bi} + V_R} \frac{\varepsilon_r\varepsilon_0}{2q}} \tag{3-51}$$

从式（3-50）和式（3-51）可以看出，对于单边突变结其结电容和低掺杂浓度侧的掺杂浓度有关。将上面两个式子变形可得：

$$\frac{1}{C^2} = \frac{V_{bi} + V_R}{N_A} \frac{2q}{\varepsilon_r \varepsilon_0} \tag{3-52}$$

从式（3-52）可以进一步推断出，测量单边突变结的电容随着反向偏压的变化，并画出 $1/C^2$ 和施加偏压的关系，可以获得一条斜率为 $2q/N_A \varepsilon_r \varepsilon_0$ 与 x 轴交点的一条直线。通过拟合该直线的斜率可以获得低掺杂浓度侧的掺杂浓度和单边突变结的内建电势差 V_{bi}。

3.3　金属半导体接触肖特基势垒

金属和掺杂浓度不很高的半导体形成的接触也会形成类似 pn 结的空间电荷区和能带弯曲。金属中自由的电子浓度很高，在讨论金属与半导体接触时可等效为一种单边突变结，即将金属看成掺杂浓度很高的半导体，空间电荷区和能带弯曲主要发生在半导体材料一侧。

按照肖特基模型，金属和半导体界面附近半导体中的能带情况取决于形成接触的金属的功函数 ϕ_m、半导体的功函数 ϕ_s 和电子亲和势 χ。如图 3-7 所示，当 n 型半导体和金属接触时，假设 $\phi_m > \phi_s$，此时将有电子从半导体转移到金属，从而使半导体一侧的电势升高（电势能降低）、金属一侧的电势降低（电势能升高）。与前述 pn 结一样，当半导体侧和金属侧的费米能级由于附加电势的影响相等时，体系处于热平衡的状态，即此时体系具有统一的费米能级。按照单边突变结模型，此时的空间电荷区和能带弯曲在 n 型半导体一侧，如图 3-7 所示。

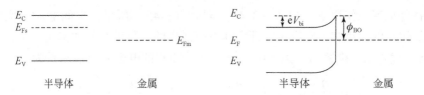

图 3-7　理想情况下半导体和金属形成肖特基接触时的能带结构图

(a) 接触前，(b) 接触后

从图 3-7 可以看出，金属一侧的电子需要克服高度为 ϕ_{BO} 的势垒才能从金属一侧移动到半导体内，此势垒成之外肖特基势垒。理想情况下，其大小为金属功函数 ϕ_m 和半导体电子亲和势 χ 之差，即：

$$\phi_{BO} = \phi_m - \chi \tag{3-53}$$

在半导体一侧，V_{bi} 为内建电势差。半导体一侧的电子需要克服高度为 eV_{bi} 的势垒才能从半导体一侧移动到金属。从图 3-7 可以看出，内建电势差的大小与肖特基势垒的高度和半导体一侧费米能级到导带底的能量差有关，即：

$$eV_{bi} = \phi_{BO} - (\phi_s - \chi) \tag{3-54}$$

将 ϕ_{BO} 的表达式（3-53）代入式（3-54）中可得：

$$eV_{bi} = \phi_m - \phi_s \tag{3-55}$$

即内建电势差的大小与金属和半导体的功函数的差值有关。与 pn 结的内建电势差一样，其大小取决于 p 型材料和 n 型材料的功函数之差。

根据单边突变结的结论可知，半导体一侧空间电荷区的宽度和势垒电容可以表述为：

$$W = \sqrt{(V_{bi} + V_R) \frac{2\varepsilon_r \varepsilon_0}{q} \frac{1}{N_D}} \tag{3-56}$$

$$C = \sqrt{\frac{N_D}{V_{bi} + V_R} \frac{\varepsilon_r \varepsilon_0}{2q}} \tag{3-57}$$

如图 3-8 所示，与肖特基接触不同，当 n 型半导体和金属接触时，假设 $\phi_s > \phi_m$，此时将有电子从金属转移到半导体，从而使半导体一侧的电势降低（电势能升高）、金属一侧的电势升高（电势能降低）。与前述 pn 结一样，当半导体侧和金属侧的费米能级由于附加电势的影响相等时，体系处于热平衡的状态，此时界面处半导体的能带向下弯曲。此时，半导体中的电子向金属中迁移时可以感受到较小的阻力。同时，金属中的电子克服较小的势垒即可转移到半导体中，此时金属和半导体之间的接触电阻较小，这种情况下半导体和金属之间的接触称之为欧姆接触。

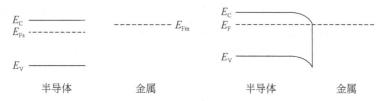

图 3-8　理想情况下半导体和金属形成欧姆接触时的能带结构图
（a）接触前，（b）接触后

当 p 型材料与金属材料接触时，采用相同的分析方法，即平衡时半导体和金属的费米能级相同。如图 3-9（a）所示，当金属的费米能级高于半导体费米能级时，即 $\phi_s > \phi_m$，此时在 p 型半导体与金属接触的界面将出现负电荷的积累，即半导体一侧的电势降低而电势能升高，此时接触界面处的能带向下弯曲。考虑 p 型半导体中的空穴向金属一侧迁移时，将受到界面势垒的作用，因此称此时金属和半导体的接触为肖特基接触。如图 3-9（b）所示，当金属的费米能级低于半导体费米能级时，即 $\phi_m > \phi_s$，此时有电子从半导体转移到金属，从而使半导体一侧的电势升高而电势能降低，此时接触界面处的能带向上弯曲。考虑 p 型半导体中的空穴向金属一侧迁移时，将受到较小的阻力，因此称此时金属和半导体的接触为欧姆接触。

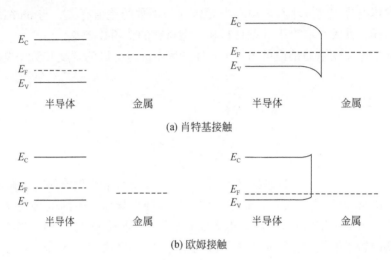

(a) 肖特基接触

(b) 欧姆接触

图 3-9　　p 型半导体材料和金属接触时形成肖特基接触和欧姆接触的能带结构图

　　本节采用处于热平衡时体系具有统计费米能级这一平衡判据，分析了同质 pn 结和金属半导体接触的接触电势差、内建电场和电容特性。对于其他类型的材料接触，包括 n^+n、p^+p、异质结等特殊的情况，可采用相同的方法分析接触前后界面处电荷的转移、积累来分析接触界面处的能带弯曲和内建电场。在进行半导体器件的设计时，也可以根据器件的工作要求，设计与之相匹配的界面接触特性，以实现相应的功能[1-3]。

参 考 文 献

[1] 刘恩科 . 半导体物理学 . 北京：电子工业出版社，2017.
[2] 谢希德，方俊鑫 . 固体物理学 . 上海：上海科学技术出版社，1991.
[3] 黄昆，谢希德 . 半导体物理学 . 北京：科学出版社，1958.

第4章 柔性钙钛矿太阳电池发展及其应用

钙钛矿太阳电池依据衬底不同可分为刚性电池和柔性电池,其中刚性电池衬底主要为玻璃,其特点是质量重、不可弯折,而柔性电池衬底轻、功质比高,可实现弯曲拉伸。同时,相比刚性电池,柔性电池在制备工艺和应用上也独具优势。首先,柔性电池可采用卷对卷连续生产工艺,更适合大面积产量化,其设备价格更低、材料利用率更高、薄膜沉积速率更高、太阳组件价格更低、能源回收期更短;其次,其厚度更小、质量更轻、易弯曲、适合安装固定在各种曲面上,因此在便携电器、移动作业、智能交通、穿戴设备、信息化装备、光伏建筑一体化等方面极具潜力。本章对柔性钙钛矿太阳电池发展、衬底、电极、稳定性、封装、应用等进行了详细叙述。

4.1 柔性钙钛矿太阳电池效率发展历程

随着电子信息工业技术的飞速发展和物联网时代的巨大需求,便携式电子产品、曲面显示设备和可穿戴器件越来越受到人们的关注。其中,柔性太阳电池作为供能装置因其质轻、机械性佳和生产成本低等优点在柔性电子中举足轻重。得益于有机-无机杂化钙钛矿材料优异的光电性能,钙钛矿太阳电池效率迅速攀升,通过改善制备、控制结晶、界面修饰等手段,刚性电池实现了从 3.8% 到 25.7%(认证效率)的提升,柔性电池效率也从最初的 2.62% 提升到 23.4%。2013 年,Mathws 课题组[1]首次报道了柔性钙钛矿太阳电池,虽然效率仅为 2.62%,但开创了柔性钙钛矿太阳电池的先河。2014 年,Kelly 课题组[2]采用 ZnO 纳米颗粒薄膜作为电子传输层,基于 MA 基钙钛矿的柔性太阳电池获得了超过 10% 的效率。2015 年 Jung 等[3]通过原子层沉积法制备了无需退火、20nm 厚、非晶态、致密的 TiO_x 层,并将其应用于柔性钙钛矿太阳电池,最终获得了 12.2% 的效率。在 1mm 的弯曲半径时,器件效率下降了 7%,而当弯曲半径为 10mm 时,经过 1000 次弯曲循环后,器件保持了 95% 的初始效率,弯曲导致的器件性能下降是透明导电氧化物层形成裂纹的结果,但低温处理的 TiO_x 层则无明显变化,表明非晶 TiO_x 层非常适用于柔性电池。2015 年,Seok 课题组[4]报道了一种在低温(<100℃)下制备高度分散 Zn_2SnO_4(ZSO)纳米颗粒的新方法,并用于开发高性能柔性钙钛矿太阳电池。ZSO 薄膜的引入显著提高了柔性 PEN/ITO 基底的透过率,在整个波长范围内从 75% 提高到 90%。基于 ZSO 和 $CH_3NH_3PbI_3$ 层性能

最好的柔性电池的稳态转换效率为 14.85%。2016 年，本课题组[5]创新性采用固态离子液体作电子传输层，实现了 16.09% 的柔性钙钛矿电池纪录效率。固态离子液体既可作为减反层，又具有合适的功函、很高的电子迁移率，可有效降低钙钛矿的缺陷态。2017 年，Choi 课题组[6]使用石墨烯作为透明电极，制备了高效、稳定的超柔性钙钛矿太阳电池。该器件的性能达到 16.8%，没有滞后现象。柔性电池还表现出极好的抗弯曲变形稳定性，在 1000 次弯曲循环后保持其原始效率的 90% 以上，在弯曲半径为 2mm、5000 次弯曲循环后保持原始效率的 85%。Sarkar 课题组[7]在 2018 年采用了相对低功率的氮等离子体处理，以在接近室温的条件下实现致密的 SnO_2，该工艺扩展到在 ITO/PET 衬底上实现柔性钙钛矿太阳电池，其效率达到 18.1%，在 1000 次弯曲循环后保留了约 90% 的初始性能。本课题组[8]同年开发了一种新型的二甲基硫醚（DS）添加剂以有效改善柔性钙钛矿太阳电池的性能，研究表明 DS 添加剂与 Pb^{2+} 反应形成螯合中间体，显著降低了结晶速率，从而使生成的钙钛矿薄膜晶粒尺寸大，结晶度好，即添加剂有效地延缓了薄膜形成过程中的钙钛矿相转变动力学，最终将柔性钙钛矿电池的纪录刷新到 18.4%。随后，Xiao 课题组[9]在 2019 年利用 N-甲基-2-吡咯烷酮（NMP），通过低压辅助方法获得致密的甲脒基钙钛矿薄膜，CH_3NH_3Cl（MACl）作为添加剂可以优先形成 $MAPbCl_{3-x}I_x$ 钙钛矿晶种诱导钙钛矿相变和晶体生长。最后，经过配体和添加剂的协同作用，在室温条件下，在柔性衬底上获得了大晶粒、高结晶度和低缺陷态密度的 FA 基钙钛矿薄膜，在柔性平面器件中实现了 19.38% 的效率，并且在环境条件下 230 天后，在没有封装的情况下，可以保持约 89% 的初始光电转换效率，在弯曲半径为 10mm 的 500 次弯曲循环后，效率保留初始值的 92%。同年，Yang 课题组[10]在 ITO/PEN 衬底上精确控制 SnO_2 电子传输层的厚度和形貌，不仅有效降低了衬底的反射，增强了光子的收集，而且降低了钙钛矿薄膜的缺陷态密度和电荷转移电阻，从而大大提高了器件性能，最终基于 PEN/ITO/SnO₂/perovskite/spiro-OMeTAD/Ag 结构实现了 19.51% 的柔性电池效率和 19.01% 的稳定输出效率。2021 年，Shi 等[11]通过在 3D 钙钛矿表面和晶界原位形成低维（LD）钙钛矿，构筑出了一种新型 LD/3D 结构。该结构中，LD 钙钛矿一方面能够有效钝化深能级缺陷并减少电荷复合，显著提升了器件光电转换效率和长期稳定性，柔性钙钛矿太阳电池效率达到 21%，光照下持续工作 800h 仍维持最初效率的 90%；另一方面，LD 钙钛矿的存在提高了薄膜的断裂能，有效提升了器件耐弯折性，连续弯折 20000 次仍维持最初效率的 80%。同年，Alex K.-Y. Jen 课题组[12]将低带隙有机体异质结（BHJ）层应用到反式钙钛矿太阳电池中，通过优化有机体异质结，柔性太阳电池实现了 21.73% 的效率，并具备优良的机械柔韧性。2022 年，本课题组[13]通过多功能有机离子界面钝化实现创纪录效率的柔性钙钛矿太阳电池。根据理论研究设计了一种新型组胺二碘酸盐（HADI）来修饰 SnO_2/钙钛矿界面。结果表明，HADI 作为一种多功能试剂主要表现在三个方面：①表面改性，使 SnO_2 导带向上重新排列，以改善界面电荷提取；②钝化掩埋的钙钛矿底面；③在 SnO_2 和钙钛矿层之间架桥以实现有效的电荷转移。因此，基于 HADI-SnO_2 的柔性钙钛矿太阳电池效率高达 22.44%。

　　柔性钙钛矿太阳电池效率尽管不停在突破，但是一直并仍然落后于刚性电池（图 4-1）。这主要是由于柔性衬底的表面成膜特性、导电性等与刚性衬底存在明显差异，因此直接将刚性衬底中钙钛矿和界面层的制备方法、成膜工艺和结晶手段复制到柔性衬底，很难实现与刚性器件媲美的结果。同时柔性衬底独特的机械柔韧性所带来的应力也进一步限制和影响了各功能层的生长和性能。

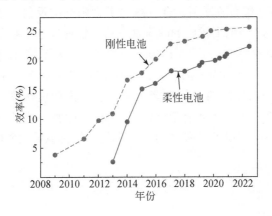

图 4-1　刚性电池和柔性电池效率发展

4.2　柔 性 衬 底

　　柔性钙钛矿太阳电池对于其柔性衬底的选择主要考虑以下因素：①良好的化学惰性和优异的机械稳定性。柔性衬底需在各种加工工艺中如旋涂、刮刀涂布、卷对卷加工、热退火、溶剂气氛退火以及真空蒸镀等不发生形变并释放应力，同时还需满足在一定弯曲半径和次数下稳定。②良好的水、氧阻隔性能。水、氧对于钙钛矿太阳电池会产生非常严重的损害，因此柔性衬底应对水、氧具有阻隔性，对钙钛矿太阳电池起到一定的保护封装作用。③质量和成本控制。衬底作为太阳电池重要组成部件，是电池厚度和成本控制不可忽略的部分，较薄的厚度和较轻的质量可有效提高器件功质比，降低生产成本。钙钛矿太阳电池柔性衬底主要包括超薄玻璃、高分子、金属箔及其他。每种衬底各具优势，本节将对各类衬底特点及发展进行详细论述。

4.2.1　超薄玻璃

超薄玻璃（willow glass）也叫柳木玻璃，顾名思义，即类似柳木柔软的玻璃材料，0.1mm 厚，可以高度弯曲，非常柔韧，密封性好，高透明，低热膨胀系数、适合高温加工。超薄柳木玻璃，厚度 50μm、具有透光率高、热膨胀系数低（2.5×10⁻⁶）、机械柔性高、耐高温（可承受 500℃ 以上）、阻隔水等特点。2015年，Tavakoli 等[14]采用超薄玻璃/ITO 为衬底制备柔性钙钛矿太阳电池，获得了12.06% 的光电转换效率。对其机械韧性进行测试，即将电池弯曲 90°，经 200 次循环后电池效率仍保持初始值的 96% 以上。进一步在该柔性衬底上制备聚二甲基硅氧烷（PDMS）作为减反层，有效减少了太阳光的反射，增加了钙钛矿对光的吸收，同时 PDMS 增加了衬底的疏水性，将柔性衬底水接触角提高到 155°，最终电池的光电转换效率达到了 13.14%。2017 年，Dou 等[15]在柔性柳木玻璃衬底上研究各种透明导电氧化物（TCO），其中锡掺杂氧化铟（ITO）和氧化铟锌（IZO）的器件表现出较高的光伏性能，但基于铝掺杂氧化锌（AZO）的器件在所有参数方面表现不佳，这是由于钙钛矿在 AZO 衬底上化学计量比发生了显著变化。最终基于 IZO 实现了具有 18.1% 效率的柔性钙钛矿太阳电池（图 4-2）。

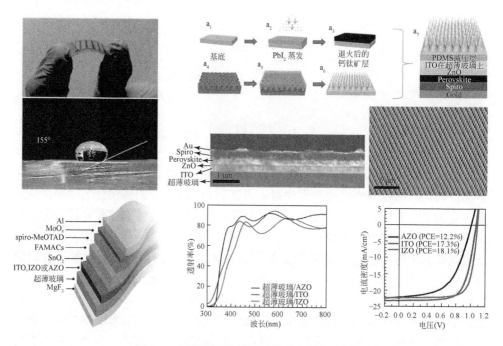

图 4-2　超薄玻璃作柔性钙钛矿太阳电池衬底

4.2.2　高分子衬底

高分子衬底也称为塑料衬底，是柔性钙钛矿太阳电池最常用的衬底。其具有很多明显的优势，例如质量轻、成本低、可弯曲性良好、光学透明度高和化学稳定性好等，但该类衬底的主要问题是不耐高温，通常高分子衬底要求太阳电池制备温度低于150℃，这就限制了电池各功能层的制备方法和结晶温度，此外，高分子衬底在高温下会变形，甚至分解，同时也会造成相应电极电阻增加，影响太阳电池的效率和稳定性（图4-3）。

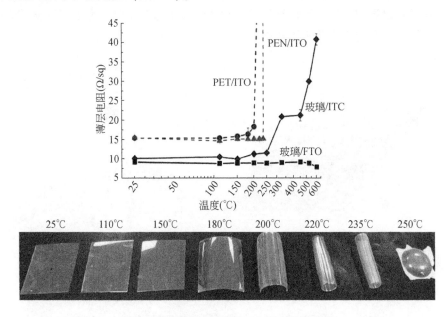

图4-3　高分子衬底高温下电阻变化和形变

1. 聚对苯二甲酸乙二醇酯（PET）

聚对苯二甲酸乙二醇酯（PET）是最常用的柔性衬底之一（图4-4），具有良好的机械柔韧性和耐折性，同时具有良好的光学透过率，透明度高，可阻挡紫外线，也具有良好的化学稳定性——耐大多数溶剂、耐油、耐脂肪、耐稀酸、稀碱，可在55~60℃温度范围内长期使用，短期使用可耐65℃高温，可耐–70℃低温。其气体和水蒸气渗透率低，具有优良的阻气、水、油性质，而且不包含毒性元素，环保无毒。但其玻璃化转变温度较低（105℃），不适合高温退火。很多研究人员采用PET作柔性钙钛矿太阳电池的衬底，基于PET衬底的柔性太阳电池效率也多次创下纪录。例如，2016年和2018年[5,8]，本课题组在PET衬底上分别采用固态离子液体和 Nb_2O_5 作电子传输层，同时结合钙钛矿结晶调控，分别创下了当时的最高柔性电池效率 16.1% 和 18.4%。最近，通过进一步优化，本课题组再次在 PET 衬底上创下柔性钙钛矿太阳电池的最高纪录 22.44%[13]。此外，值得注意的是，2019 年 Kim 等[16]采用卷对卷加工在 PET 衬底上组装了钙钛矿电池，通过结合热沉积，最终实现了 11.7% 的效率。2022 年，Othman 等[17]同样采用卷对卷加工与热沉积相结合的方法，在环境中制备混合阳离子 [$Cs_{0.07}FA_{0.79}$ $MA_{0.14}Pb(I_{0.83}Br_{0.17})_3$] 钙钛矿薄膜，并将底层的空穴传输层 PEDOT：PSS 用碘化胍添加剂改性，基于反式钙钛矿太阳电池结构实现了最大功率点 12% 的稳定效率，这是卷对卷加工法中柔性钙钛矿太阳电池效率的最高值，为柔性钙钛矿太阳电池产业化卷对卷生产奠定了基础。

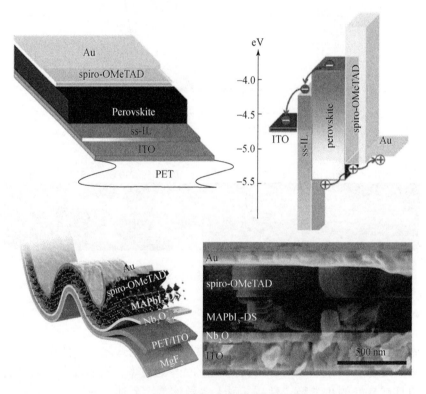

图 4-4　PET 作柔性钙钛矿太阳电池衬底

2. 聚萘二甲酸乙二醇酯（PEN）

聚萘二甲酸乙二醇酯（PEN）是最常用的柔性衬底之一（图 4-5），性质与 PET 类似，但由于 PEN 中萘环的存在，其对水的阻隔性是 PET 的 3~4 倍，对氧

气和二氧化碳的阻隔性是 PET 的 4~5 倍，不易受潮湿环境的影响，可对钙钛矿
起到更好地保护作用。PEN 也具有良好的化学稳定性，难溶于有机溶剂，不与一
般化学物质反应，耐酸碱的能力也好于 PET；玻璃化转变温度为 125℃，耐热性
能也较 PET 有所提升；萘的双环结构具有很强的紫外光吸收能力，因此可保护钙
钛矿不受紫外线辐照；也具备优良稳定的力学性能，是柔性衬底的优良选择。研
究人员采用低温（140℃）处理的 SnO_2 层作为柔性 PEN 衬底上钙钛矿太阳电池
的电子传输层，发现一种带有羧基的富勒烯衍生物（CPTA）可以显著改善 SnO_2
和 $MAPbI_3$ 之间的界面，从而显著提高器件性能，最终太阳电池的效率达到
18.36%。在弯曲半径为 5mm 的 500 次循环后，柔性太阳电池仍然保持了其初始
效率的 75%。$MAPbI_3$ 太阳电池在环境空气条件下（25℃，30% 相对湿度）十分
稳定，在环境空气中储存 46 天后，未封装的器件保留了 87% 的初始效率[18]。
Jiang 等[19] 使用一种简单且廉价的离子化合物（NH_4Cl）对 TiO_2 电子传输层进行
表面优化，从而显著提高了太阳电池的效率。用 NH_4Cl 改性 TiO_2 可以增加表面
与有机-无机杂化钙钛矿的相互作用；氯离子导致 TiO_2 和钙钛矿之间的界面耦合
更强，铵离子倾向于与钙钛矿结合。由于离子化合物的这种强相互效应，低温溶
液处理的柔性钙钛矿太阳电池效率达到 17.69%，这项工作有助于发展制造简单、
器件性能高的柔性钙钛矿太阳电池。

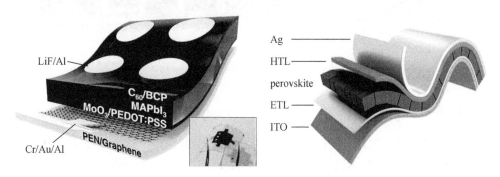

图 4-5　PEN 作柔性钙钛矿太阳电池衬底

3. 聚酰亚胺（PI）

聚酰亚胺（PI）相比 PET 和 PEN 热稳定性较高，其玻璃化转变温度为
200℃，而分解温度可达到 500℃左右，同时可耐极低温，如在 -269℃ 的液氢中
不会脆裂。也具有优良的机械性能，弹性模量仅次于碳纤维；其化学稳定性好，
不溶于有机溶剂，对稀酸稳定，但在碱性条件下会水解，形成原料二酐和二胺，
可回收；耐辐照性能好，可保证钙钛矿电池在太阳光下稳定运行。虽然其各方面

性质都较好，但 PI 呈棕色，透光性较差，影响钙钛矿的光吸收。Park 等[20]在
60μm 厚的无色聚酰亚胺（CPI）衬底上制备了高性能柔性 $CH_3NH_3PbI_3$ 钙钛矿太
阳电池，其光电转换效率为 15.5%。由于 CPI 衬底的热稳定性，在 300℃下进行
快速热退火的 ITO/CPI 样品显示出 83.6%的高透射率和比 ITO/PET 更低的电阻。
柔性弯曲测试表明，由于 ITO/CPI 更小的厚度，ITO/CPI 的机械柔韧性优于传统
ITO/PET 样品，在 10000 次弯折测试后，其电阻没有变化（图 4-6）。

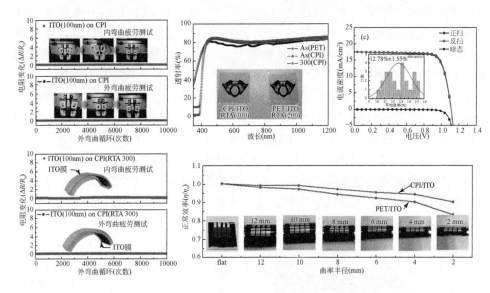

图 4-6 PI 作柔性钙钛矿太阳电池衬底

4. 聚醚砜树脂（PES）

聚醚砜树脂（PES）具有很好的力学性能和温度性能，在高温环境下也能保
持稳定的高力学性能；其玻璃化转变温度为 225℃，热变形温度（1.86MPa）为
203℃，可适用于较高温的操作环境，同时其稳定性好，耐大多数化学腐蚀，如
酸、碱、油、脂肪烃和醇等，但不耐极性有机溶剂，如酮、卤代烃、二甲基亚砜
等，无毒性，本身呈淡黄色至灰褐色。Lee 等[21]采用全溶液法制备的银纳米线
（AgNWs）基透明电极作为柔性钙钛矿太阳电池的底电极，为了提高 AgNWs 的化
学稳定性，在 AgNWs 网络上沉积了无针孔的非晶态铝掺杂氧化锌（AZO）保护
层，在 PES 柔性衬底上制备的 Au/spiro-OMeTAD/$CH_3NH_3PbI_3$/ZnO/AZO/
AgNWs/AZO 结构的钙钛矿太阳电池效率为 11.23%，在弯曲半径为 12.5mm 的
400 次弯曲后，保留了 94%的初始效率（图 4-7）。

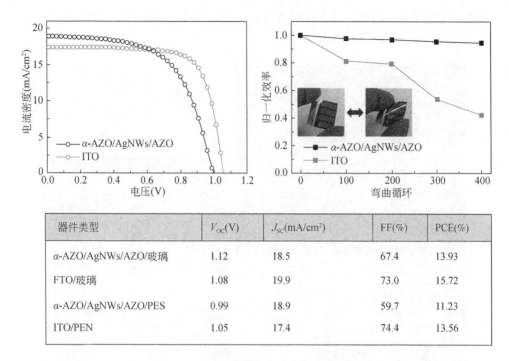

器件类型	V_{OC}(V)	J_{SC}(mA/cm²)	FF(%)	PCE(%)
α-AZO/AgNWs/AZO/玻璃	1.12	18.5	67.4	13.93
FTO/玻璃	1.08	19.9	73.0	15.72
α-AZO/AgNWs/AZO/PES	0.99	18.9	59.7	11.23
ITO/PEN	1.05	17.4	74.4	13.56

图 4-7　PES 作柔性钙钛矿太阳电池衬底

4.2.3　金属衬底

除了以高分子聚酯材料作为柔性衬底外，还可以使用金属衬底制备柔性钙钛矿太阳电池。相对于高分子聚酯材料，金属材料有以下优点：更耐酸碱腐蚀、更耐高温、更好的机械性能，即在弯曲后不会形成裂缝而使得器件性能下降，最重要的是金属衬底导电性好，可以直接作为电极，避免使用昂贵的金属铟（ITO）作电极从而降低成本。但金属衬底不透光，在使用其作为衬底时，需要配合其他透光电极作为光入射通道，目前基于该类衬底的柔性钙钛矿太阳电池效率较低。

1. 不锈钢

2014 年，复旦大学彭慧胜课题组[22]采用连续浸润法在不锈钢丝衬底上制备钙钛矿（图 4-8），将具有优异导电性能的透明碳纳米管膜作为背电极，完成钙钛矿电池组装，构建了柔性纤维状钙钛矿太阳电池，该电池获得了 3.3% 的效率。虽然此纤维状电池效率较低，但基于单根钙钛矿太阳电池的柔性，可将多根电池进一步编织，形成复合光伏器件。随后，他们通过低温溶液法合成了一系列氧化锌阵列，ZnO 聚集体垂直生长在基底上、尺寸可调，采用该 ZnO 阵列制备了钙钛矿光伏纤维和织物，且不会对结构造成明显损坏，这有利于柔性钙钛矿太阳电池可穿戴移动发电装置的发展[23]。

图 4-8　不锈钢作柔性钙钛矿太阳电池衬底

2. 钛箔

2015 年，Lee 等[24]首次报道了在 Ti 箔衬底上制备的 $CH_3NH_3PbI_3$ 柔性钙钛矿太阳电池，并用超薄银作半透明顶电极，最终效率为 6.15%。Wang 等[25]采用 Ti 箔作为工作电极，TiO_2 纳米管作为介孔支架，碳纳米管作为空穴收集层和用于光照的透明电极，器件的效率达到 8.31%，并在 100 次机械弯曲循环中保持良好性能。2015 年，Troughton 等[26]采用 150μm 厚的 Ti 箔制备介孔的柔性钙钛矿太阳电池，其中使用了介孔 Al_2O_3 支架代替介孔 TiO_2，这种无 ITO 的钙钛矿太阳电池的效率也达到 10.3%。2018 年，Han 等[27]用钛衬底的热氧化层作为电子传输层组装了可弯曲高效钙钛矿太阳电池。其中，短路电流密度为 17.9mA/cm^2、开路电压为 1.09V、填充因子为 0.74，柔性器件的转换效率达到 14.9%。此外，与 ITO/PET 衬底相比，钛箔衬底具有优异的抗疲劳性能。即使在以 4mm 的弯曲半径弯曲 1000 次后，柔性器件的效率仍能保持初始值的 100%。这主要归因于 TiO$_2$ 层的高结晶质量和低氧空位浓度（图 4-9）。

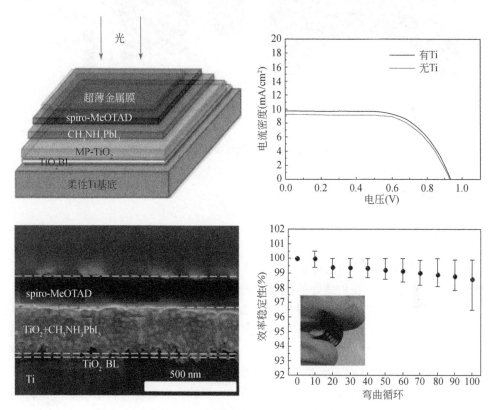

图 4-9　钛箔作柔性钙钛矿太阳电池衬底

3. 铜箔

除了钛箔，铜箔也可作为柔性衬底（图 4-10），同时铜的导电性更好，可直接作为电极，不需额外沉积导电金属氧化物，且铜箔成本低、质量轻，其功函数与 ITO 类似。2017 年，Nejand 等[28] 使用铜箔作为柔性衬底，原位生长 CuI 作为空穴传输层，ZnO 作为电子传输层，喷涂透明银纳米线电极层用作顶电极，所制备的器件显示出 12.80% 的最大效率，因其电荷传输层均为无机层，故稳定性也十分优异。

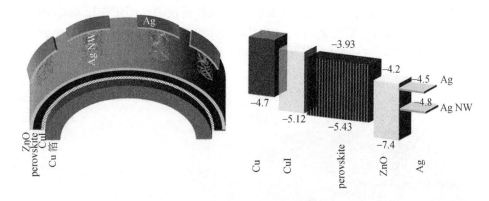

图 4-10　铜箔作柔性钙钛矿太阳电池衬底

4.2.4　其他衬底

1. 云母

天然、丰富且环保的云母是一种光学透明、质量轻、高度柔韧的材料，具有耐高温、低热膨胀系数和良好的防潮性能等优点（图 4-11）。Ke 等[29] 报道了基于 ITO 涂层的白云母衬底的柔性钙钛矿太阳电池，这种 ITO/云母透明电极可以承受高达 450℃ 的高温退火，最终制备的柔性器件效率为 9.67%。2019 年，Jia 等[30] 报道了一种基于云母的柔性钙钛矿太阳电池，采用云母/ITO/PEDOT：PSS/钙钛矿/PCBM/BCP/Ag 器件结构，并获得了高达 18% 的效率。在 5000 次大变形弯曲循环后保留了超过 91.7% 的原始效率，并且在高温高湿条件下稳定，这种优异性能的关键在于无机透明云母衬底在高温下的化学惰性和稳定性。

2. 诺兰光学胶（NOA63）

2016 年，Park 等[31] 采用紫外固化诺兰光学胶 63 作为柔性衬底（图 4-12），该衬底透光率高，其可见光范围内透光率达 91%、柔韧性好，基于 NOA63/

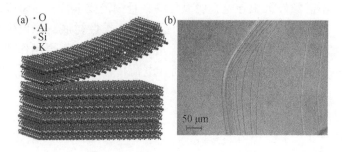

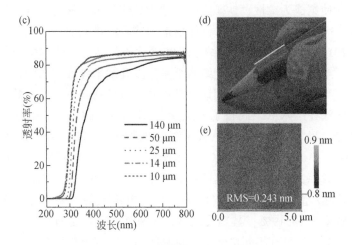

图 4-11　云母作柔性钙钛矿太阳电池衬底

PEDOT∶PSS/$CH_3NH_3PbI_{3-x}Cl_x$/PCBM/EGaIn 结构的柔性钙钛矿太阳电池获得了超过 10% 的光电转换效率。同时在弯曲半径为 1mm 时，电池效率仅从 10.75% 下降至 10.45%，显示出极好的抗弯稳定性。同时，研究人员将器件进行压皱，发现褶皱的器件在 80℃退火 10s 后形状可恢复，在 50 次压皱–恢复循环后，器件仍可保持初始效率的 60%。

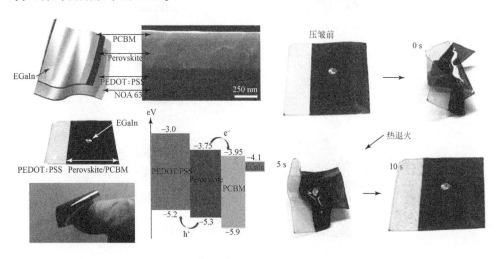

图 4-12　NOA63 作柔性钙钛矿太阳电池衬底

3. 纸

纸具有成本低、质量轻、柔软、无毒、良好的生物相容性和生物降解性等优点，这些特性使纸成为柔性钙钛矿太阳电池中替代不可降解的高分子衬底的最佳选择（图4-13）。纳米纸由天然木材纤维素的纳米纤维制成，因此成本低，且可生物降解。2016年，Jung等[32]将纳米纸和钙钛矿相结合，分别用作衬底和光吸收层，制备了柔性太阳电池。由于纳米纸是由多孔纳米纤维制成的，所以它们具有高透光性。与传统的塑料衬底相比，纸衬底具有较高的热膨胀系数，同时可降解。采用溅射法在纳米纸上制备了三层交替 $TiO_x/Ag/TiO_x$ 导电电极，并通过控制钙钛矿组分，将太阳电池的颜色从深棕色变为黄色。2017年，Castro-Hermosa等[33]采用 paper/Au/SnO$_2$/meso-TiO$_2$/CH$_3$NH$_3$PbI$_3$/spiro-OMeTAD/MoO$_x$/Au/MoO$_x$ 结构，制备了效率为2.7%的柔性钙钛矿太阳电池。2019年，Li等[34]采用玻璃纸衬底和氧化物/超薄银/氧化物（OMO）作为电极制备了高度可折叠的钙钛矿太阳电池，效率为13.19%，其功质比高达3.89W/g，这是所有纸衬底太阳电池中的最高值。测试器件在不同角度、不同循环和不同双重折叠条件下的性能变化发现，在-180°和+180°各折叠50次后，柔性太阳电池仍可保持其初始效率的85.3%和84.1%。此外，这些电池不仅可以用剪刀切割，而且可以通过焚烧处理。

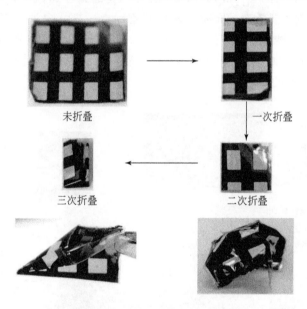

图4-13 纸作柔性钙钛矿太阳电池衬底

4.3 柔性透明电极

柔性透明电极对钙钛矿太阳电池效率和稳定性至关重要，不仅承担着光入射通道，而且也是载流子收集的保障，因此柔性钙钛矿太阳电池的柔性透明电极选择需主要考虑以下几个因素：①良好的透光性。通常柔性透明电极对可见光的透过率需超过 90%，以保证钙钛矿活性层对太阳光的吸收。②良好的导电性。电极电阻应尽量小以避免串联电阻过高导致的载流子损失，同时还应具有合适的能带位置（功函），确保载流子可有效传递至电极并被电极收集。③良好的稳定性。首先，电极需化学惰性，不与钙钛矿电池各组分发生化学反应。其次，电极位于太阳电池两端，需阻隔水、氧。再次，电极在器件弯曲或拉伸时需保持柔韧性，不发生断裂。钙钛矿太阳电池柔性透明电极主要包括金属氧化物、碳基材料、导电聚合物、银纳米线等。本节将对各类透明电极进行详细论述。

4.3.1　金属氧化物

　　金属氧化物电极，由于其高导电性和高透光性，在柔性钙钛矿太阳电池中备受关注，例如氧化铟锡（ITO）、氧化铟锌（IZO）、铝掺杂的氧化锌（AZO）等均已被研究人员成功应用到柔性钙钛矿太阳电池中。其中 ITO 是目前最常用也是获得最高效柔性器件的透明导电薄膜，ITO 为宽带隙 n 型半导体，带隙为 3.5 ~ 4.3eV，能带位置匹配大多活性层，具有高导电率，电阻率约 $10^{-4}\Omega\cdot cm$，同时具有高可见光透过率、高机械硬度和良好的化学稳定性。其性能取决于制备方法、工艺、厚度、衬底温度等因素。当薄膜厚度达到 447nm，ITO 薄膜的透射率为 90.4%（波长：550nm），电阻也小于 15Ω。采用离子束溅射制备 ITO 薄膜，将 PET 基板的温度通过水冷保持在室温（约 30℃），可得到电阻率为 $6.2\times10^{-4}\Omega\cdot cm$、最大透光率 87% 的 ITO 导电薄膜。这种方法有效阻止了高温对高分子衬底的破坏，但是 ITO 本征脆性引起的电极裂纹仍不可解决，这种裂纹将会引起太阳电池漏电流增大、效率降低。2017 年，Wang 等[35] 通过低温等离子体增强原子层沉积（PEALD）处理 SnO_2 电子传输层，简易的水蒸气处理可以有效地改善器件效率，也可缓减回滞现象，最终在商用 ITO/PET 柔性衬底上实现了 18.36% 的效率，稳定输出效率为 17.08%。同年，Bi 等[36] 优化了钙钛矿薄膜的前驱体比例，形成具有更长的辐射载流子复合寿命、更小的陷阱态密度、减少前驱体残留、均匀且无针孔的钙钛矿薄膜，最终在 ITO/PET 衬底上通过低温制备的柔性钙钛矿太阳电池效率达到了创纪录的 18.1%。ITO 弯折前后对比如图 4-14 所示。

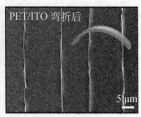

图 4-14　ITO 弯折前后对比图

基于 ITO 的柔性钙钛矿太阳电池见图 4-15。

(a)

电极
p型
Perovskite
n型(ETL)
TCO
基底

正式结构
(n-i-p型)

(b) 基底=超薄玻璃
TCO=ITO
ETL=ZnO

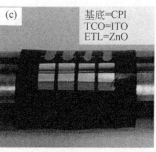
(c) 基底=CPI
TCO=ITO
ETL=ZnO

(d) 基底=PEN
TCO=ITO
ETL=ZnO

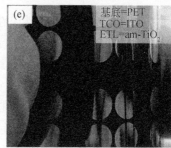
(e) 基底=PET
TCO=ITO
ETL=am-TiO$_2$

(f) 基底=PEN
TCO=ITO
ETL=Zn$_2$SnO$_4$

图 4-15　基于 ITO 的柔性钙钛矿太阳电池

IZO 与 ITO 性质相似，也是柔性太阳电池透明导电薄膜的优良选择。2018年，Stefano 等[37]采用热蒸发法开发了多级吸收层沉积，通过两步沉积方法解决了致密 PbI$_2$ 薄膜中有限的 MAI 扩散问题，而 IZO 则有效增强了器件的机械性能，最终将柔性钙钛矿太阳电池的效率从 14.2% 提高到 15.8%，同时实现了柔性钙钛矿/CIGS 薄膜串联器件在四端结构下的效率为 19.6%（图 4-16）。

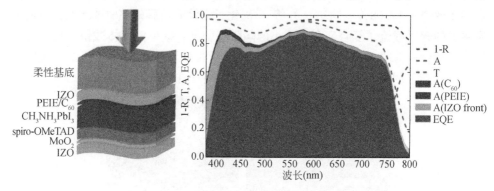

图 4-16　基于 IZO 的柔性钙钛矿太阳电池

AZO 的主体为 ZnO，宽带隙 n 型半导体，Al 掺杂后薄膜导电性能大幅度提高，电阻率可降低到 $10^{-4}\Omega \cdot cm$，具有高可见光透过率，可同 ITO 相比拟，同时制备方便，元素含量（Al、Zn）比 In 元素丰富，且无毒，在氢等离子体中稳定性也要优于 ITO。2017 年，Stefano 等[38] 在 AZO/PEN 衬底上采用真空处理的 ZnO/C_{60} 电子传输层，制备了柔性钙钛矿太阳电池，在 $0.15cm^2$ 和 $1.03cm^2$ 的面积上分别实现了稳定效率为 13.2% 和 10.9%。2018 年，Lee 等[39] 采用全溶液法制备的银纳米线基透明电极作为柔性钙钛矿太阳电池的底电极，为了提高 AgNW 的化学稳定性，在 AgNW 网络上沉积了无针孔的非晶态 α- AZO 保护层，在柔性衬底上制备的 $Au/spiro\text{-}OMeTAD/CH_3NH_3PbI_3/ZnO/AZO/AgNW/AZO$ 结构的电池转换效率为 11.23%。采用 α- AZO/AgNW/AZO 复合电极的柔性钙钛矿太阳电池在弯曲半径为 12.5mm 的 400 次弯曲后，保留了 94% 的初始效率。基于 AZO 的柔性钙钛矿太阳电池如图 4-17 所示。

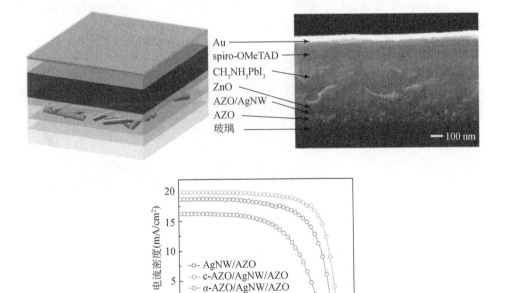

图 4-17　基于 AZO 的柔性钙钛矿太阳电池

4.3.2　碳基材料

碳基材料作透明导电薄膜也是柔性器件的新选择，其良好的疏水性也可能会对钙钛矿太阳电池实现原位封装，下面主要介绍石墨烯和碳纳米管在柔性钙钛矿太阳电池中的应用。其中，石墨烯为单层六角原胞碳原子通过 sp^2 杂化构成的蜂窝状二维网络结构，具有高柔韧性，高机械强度，制备方便，成本低，且无毒，其突出的可折叠性，使其在可穿戴电子产品、可折叠器件等领域具有很好的应用，同时较好的化学稳定性也保证了石墨烯器件的稳定性。2016 年，Yan 课题组[40]展示了用石墨烯透明电极制作超薄柔性钙钛矿太阳电池，采用低温溶液法在 20μm 厚的聚对苯二甲酸乙二醇酯衬底上制备了具有聚对苯二甲酸乙二醇酯/石墨烯/聚（3-己基噻吩）/$CH_3NH_3PbI_3$/$PC_{71}BM$/Ag 结构的柔性器件，其光电转换效率为 11.5%，弯曲耐久性高。此外，该器件的单位重量（比重量）输出功率约为 5W/g，远高于传统无机太阳电池，这项工作为使用石墨烯透明电极制备柔性钙钛矿太阳电池铺平了道路。为了进一步降低电阻，Yoon 等[41]采用化学掺杂法通过在柔性钙钛矿太阳电池中使用 MoO_3 改性石墨烯层，在石墨烯和 PET 衬底之间引入化学键合，将效率提高到 16.8%，器件还表现出极好的抗弯曲变形稳定性，在 1000 次弯曲循环后保持其原始效率的 90% 以上，在弯曲半径为 2mm 的5000 次弯曲循环后保持 85%（图 4-18）。

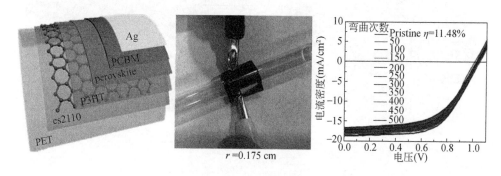

图 4-18　基于石墨烯的柔性钙钛矿太阳电池

碳纳米管薄膜是自由排列的碳纳米管阵列形成的二维碳纳米管网络结构，其中的碳原子以 sp^2 方式进行杂化成键，以六元环为基本结构单元，这使得碳纳米管具有很高的杨氏模量，是具有高断裂强度的材料，在弯曲情况下不容易损坏。碳纳米管薄膜是由单个碳纳米管形成的宏观薄膜结构，性能与碳纳米管构型、取向、缺陷程度、长径比等相关。碳纳米管薄膜具有高透性，很好的力学性能、电学性能和独特的导热性能，其化学性质稳定。2017 年，Luo 等[42]开发了用 SnO_2 涂层的碳纳米管（SnO_2@CSCNT）作电极的钙钛矿太阳电池（图 4-19），基于反式结构可获得 10.5% 的效率。更重要的是，SnO_2@CSCNT 作阴极的器件显示出优异的稳定性，在 550h 的全光辐射后，仍保持其原始效率的 88% 以上。

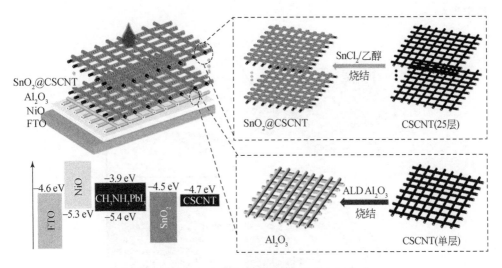

图 4-19　基于碳纳米管的柔性钙钛矿太阳电池

4.3.3　导电聚合物

聚 3,4-乙烯二氧噻吩（PEDOT）是典型的导电聚合物，其导电率高，电导率能达到 550S/cm，优化后的聚合物电导率更是达到 1000S/cm 以上，具有高稳定性，在 120℃下保持 1000h，其电导率基本不变，同时 PEDOT 透光性高。但是聚合物溶解性较差，难以实现低温溶液加工。而经过高分子电解质聚苯乙烯磺酸 PSS 改性后，PEDOT：PSS 可溶于水，兼容柔性太阳电池制备条件。2015 年，Poorkazem 等[43]发现在反复弯曲后，器件劣化的主要原因是金属氧化物电极出现裂纹，为了证实这一点，他们使用透明的 PEDOT：PSS 和其他使用金属氧化物（In_2O_3）电极在 PET 衬底上制造了柔性钙钛矿太阳电池（图 4-20）。弯曲稳定性测试表明，将电池在半径 4mm 弯曲 2000 个循环后，PEDOT：PSS 电极的电阻变化可以忽略不计，因此保持了更好的器件柔韧性，而金属氧化物电极有明显的裂纹，导致极高的电阻和效率下降。2019 年，中国科学院化学研究所宋延林团队、南昌大学陈义旺团队和西安交通大学马伟团队[44]合作利用含氟离子液体调节导电聚合物 PEDOT：PSS 网络的相分离，开发了一种 PEDOT：PSS：CFE 电极，电导率超过 4000S/cm，并显著提高了透光率，使柔性钙钛矿太阳电池的效率和力学稳定性得到了大幅提升，基于此电极制备的柔性钙钛矿太阳电池光电转换效率达到 19.0%（0.1cm²）和 10.9%（25cm²），在 3mm 曲率半径下弯折 5000 次后，仍能保持初始效率的 85% 和 80%。高电导 PEDOT：PSS 作为透明电极的不足在于其吸湿性和酸性导致电池稳定性较差，其水分散体酸性强（pH＝1），易破坏高分子衬底，影响器件的机械柔性，腐蚀电池的组分，降低电极和器件的性能和稳定性。

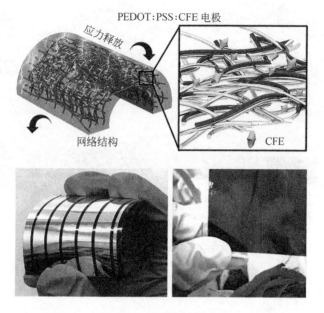

图 4-20　基于 PEDOT 的柔性钙钛矿太阳电池

4.3.4　银纳米线

银纳米线（AgNWs），具有高比表面积和高导热性，更重要的是具有与 ITO 可比拟的导电性与透光性，而且具有更好的柔韧性，可通过刮涂、喷涂、喷墨打印等低温溶液法实现大面积制备。此外，AgNWs 的性能与长径比相关。但 AgNWs 电极也存在明显的不足，如与基底间黏附力差、易脱落；化学稳定性差，极易与钙钛矿中的卤素离子发生化学反应导致电池劣化；薄膜电学性能不均匀，引起电迁移和电致焦耳热不平衡，进而容易出现局部熔断现象；表面粗糙，严重影响上层薄膜的成膜质量，容易产生孔洞而造成电池短路；与钙钛矿中的碘容易发生反应，破坏钙钛矿活性层。2019 年，Kang 等[45]在 1.3μm 聚乙烯萘酸酯衬底上制备的具有正交 AgNWs 透明电极的超轻柔性钙钛矿太阳电池，与具有随机 AgNWs 网络电极（10.43%）的器件相比，具有正交 AgNWs 透明电极的太阳电池表现出显著改善的器件性能，实现了 15.18% 的光电转换效率，而且其功质比达到 29.4W/g，表面光滑的正交 AgNWs 电极有效防止了 AgNWs 和碘化物之间反应，防止了非导电 AgI 的形成，从而在 1000 次弯曲循环中提高了器件的机械耐久性。Xie 等[46]报道了基于 AgNWs 底部电极的柔性钙钛矿太阳电池，其效率为 13.32%，单位重量功率为 4.16W/g，其中在 AgNWs 顶部沉积了氨和聚醚亚胺修饰的高导电 PEDOT：PSS 层（m-FCE），以改善机械性能，使电极表面更光滑，并抑制了 Ag/钙钛矿的界面反应。与基于 AgNWs 的原始器件相比，AgNWs/m-FCE 复合电极增强了在微尺度区域的均匀性，有助于改善电极处的电荷收集能力。此外，喷墨打印的 AgNWs 还被用在 17μm 厚的 PET 衬底上作底部和顶部电极，制备半透明钙钛矿太阳电池，实现了 3.28W/g 的功质比和 10.49% 的效率。图 4-21 为基于 AgNWs 的柔性钙钛矿太阳电池示意。

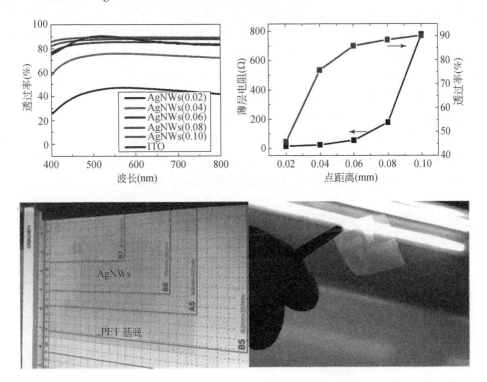

图 4-21　基于 AgNWs 的柔性钙钛矿太阳电池

4.4　柔性钙钛矿太阳电池稳定性

在柔性钙钛矿太阳电池中，其稳定性主要包括环境稳定性和机械稳定性。本节将对柔性钙钛矿太阳电池稳定性进行详细介绍。

4.4.1　环境稳定性

长期环境稳定性是制约钙钛矿太阳电池实际应用的瓶颈问题，也是钙钛矿太阳电池面临的重要挑战。钙钛矿器件的不稳定性主要是钙钛矿本身的不稳定性和界面层引起的分解。钙钛矿本身的不稳定包括相不稳定和晶体结构在水、氧气等条件下的分解。具体来说，$FAPbI_3$体系的黑色 α 相为高温稳定相，在 150℃ 下将会转变为非活性的黄色 δ 相，最终导致钙钛矿太阳电池性能下降；而 $MAPbI_3$ 暴露在环境空气中时会受到空气中水、氧气等的侵蚀，逐渐降解为 PbI_2 和 MAI。界面层引起的分解主要是空穴传输层对环境的敏感性，目前 spiro-OMeTAD、PTAA 和 PEDOT：PSS 由于其可低温成膜且处理工艺简便，常被选为柔性钙钛矿器件中的空穴传输层。尤其 spiro-OMeTAD 是高效器件最常用的材料，但其导电性较差，还需加入双三氟甲磺酰亚胺锂（LiTFSI）和叔丁基吡啶（tBP）来提高界面层的电导率和成膜性能。其中，tBP 对钙钛矿材料有腐蚀作用，而 LiTFSI 的吸湿性也会进一步诱导钙钛矿降解。对光照稳定性，光诱导的降解是由氧互渗引发的，产生反应性的超氧化物，最初在钙钛矿晶界形成，导致表面反应，在数天的时间内氧气扩散到体相，并占据碘空位，从而完成钙钛矿的降解。现阶段，对钙钛矿太阳电池器件实验室稳定性的测试大多是基于在空气中保持效率无明显衰减的绝对时间，称之为空气稳定性。同时为了测试光照、水、氧等外部条件对器件稳定性的影响，紫外光和高低温环境箱等也被加入测试之中（图 4-22）。

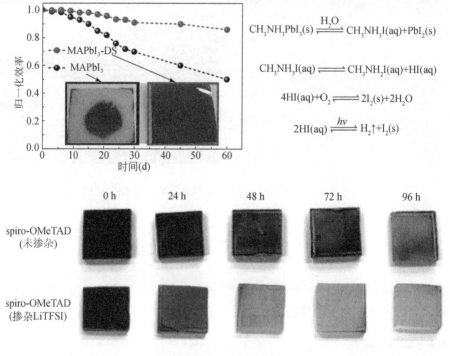

图 4-22　钙钛矿的稳定性

4.4.2　机械稳定性

　　机械韧性和机械稳定性是柔性钙钛矿太阳电池区别于刚性钙钛矿太阳电池最大的特点，也是柔性钙钛矿太阳电池发展最重要的指标之一。为了实现更好的机械稳定性，除钙钛矿本身的柔韧性外，衬底、电极、界面层等也需要具备一定的韧性。对钙钛矿，研究人员[47-49]基于第一性原理计算，研究了钙钛矿材料本征的柔韧性，即通过调变钙钛矿的组分 MABX$_3$（B = Sn、Pb；X = Br、I）作为计算模型，结果表明钙钛矿材料展现出较大的泊松比（τ>0. 26），介于橡胶（τ>0. 50）和玻璃（τ, 0. 18 ~ 0. 30）之间，而体积模量/剪切模量的值远远大于 2. 0，也就是该类钙钛矿材料不管在弯曲、拉伸还是压缩条件下都能保持其原本的性质。另外，B—X 化学键的类型、键长、强度对材料的柔韧性能起决定作用。这些结果均证实钙钛矿具有一定的延展性，可以应用于柔性器件。钙钛矿光敏层的柔韧性和拉伸性从本质上讲归因于钙钛矿晶体结构的各向异性，尤其是钙钛矿材料中的有机前驱体 R—NH$_3^+$ 中的烷基链（R）与钙钛矿材料的相互作用一般是范德瓦耳斯力，其中的 NH$_3^+$ 可以与钙钛矿中的卤素形成氢键或者离子键，但该键合也相对较弱，这就使得钙钛矿晶格间容易发生位移，进而钙钛矿显示出一定的柔韧性。

　　柔性钙钛矿器件的耐弯折性能是衡量其机械力学稳定性的主要指标之一。考虑到柔性钙钛矿太阳电池在拉伸、弯折等变形情况下将会在钙钛矿层产生不同程度的裂纹，同时裂纹处多为电子空穴复合中心，电子空穴复合程度越高即载流子寿命越低，进而影响器件效率与稳定性。为提升钙钛矿的结晶质量，减少其在受载荷情况下的损伤，多数研究团队从材料改进角度出发，通过引入不同阳离子或有机物添加剂，以微观应变调控的方式改善钙钛矿材料的结晶过程、致密度及力学性能。目前的研究集中于通过优化离子尺寸调控钙钛矿材料晶格应变，进而改善载流子传输性能；通过引入添加剂延迟钙钛矿结晶速率，提升结晶质量进而减少表面缺陷；通过引入有机分子或聚合物支架起到晶界缺陷之间的胶接与修复作用。Seok 课题组[50]的研究结果表明基于 PEN/ITO 的柔性钙钛矿太阳电池在循环弯折 300 次后的效率仅为初始效率的 5%；Jung 课题组[51]也制备了具备一定柔韧性的钙钛矿太阳电池，其效率可达 12. 2%，但器件在 10mm 的弯折半径下循环弯折 1000 次后器件性能只能保持初始值的 50%；Carlo 等[52]对柔性器件的极限耐弯折半径进行了深入研究，结果表明，ITO 电极能忍受的极限弯折半径是 14mm，当弯折半径小于 14mm 时，ITO 薄膜就会出现微裂纹，电导率急速下降。为了进一步评价柔性钙钛矿器件的内在机械稳定性影响机制，Liu 等[53]采用不同的弯折半径来测试基于 ITO/PET 衬底柔性器件的耐弯折性能。当柔性器件在 14mm 的弯折半径下循环弯折 500 次时，其效率的降低几乎可以忽略不计，然而，当弯折半径小于 14mm 时，其 PCE 严重下降。Yang 课题组[8]在 PET 衬底和 ITO 导电薄膜之间引入了一个金属银夹层，使 ITO 的厚度得到了显著降低，并保证了透明电极的导电性和机械力学稳定性，使柔性钙钛矿器件的效率达到 18.4%，并且在 4mm 的弯折半径下处理后器件性能仍能保持初始值的 83%。图 4-23 为钙钛矿太阳电池的机械稳定性。

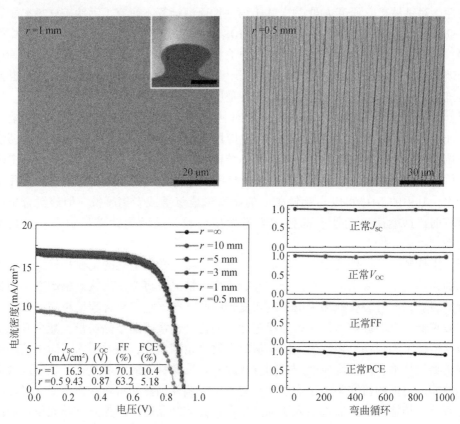

图 4-23 钙钛矿太阳电池的机械稳定性

4.5 柔性钙钛矿太阳电池封装

为解决钙钛矿太阳电池的长效稳定性，推进柔性钙钛矿太阳电池的商业化应用，封装以有效隔绝水、氧、紫外线等，保护钙钛矿太阳电池长期运行势在必行。然而，对于柔性钙钛矿太阳电池来说，有效封装是一个很大的挑战。本节将对封装因素和封装材料及技术进行概述。

4.5.1 封装因素

柔性钙钛矿太阳电池的封装主要考虑以下因素：①透光性。封装材料需尽量透光，不能影响钙钛矿材料的吸光。②氧气透过率（oxygen transmission rate，OTR），即单位时间内透过单位面积薄膜的氧气数量，单位 $mol/(m^2 \cdot s)$。封装需尽量使得 OTR 较小，防止氧气对钙钛矿分解。③水蒸气渗透率（water vapor transmission rate，WVTR），即在一定温度和压力下水蒸气在单位时间内渗透过单位面积薄膜的质量，单位 $g/(h \cdot m^2)$。封装需有效降低 WVTR，减少水蒸气透过，防止水蒸气引起的钙钛矿材料分解。④紫外线过滤（resistance to ultraviolet，UV）。封装最好可以过滤紫外线，以防止高能光子对钙钛矿的破坏。⑤化学惰性，不与封装物反应。⑥机械柔韧性（弯曲、拉伸等），针对柔性钙钛矿太阳电池，封装后需保持器件的弯曲性和拉伸性以确保电池的稳定性。

4.5.2 封装材料及技术

Weerasinghe 等[54]将柔性钙钛矿太阳电池暴露在 30% ~ 80% 湿度 500h 后发现，完全封装的柔性钙钛矿太阳电池在 500h 后仍保持初始效率，部分封装的器件在 400h 后明显产生老化，而没有封装的柔性器件仅在 100h 内就出现严重退化，这更加说明封装对器件的长期稳定性至关重要。在柔性钙钛矿太阳电池中，高分子 PEN 和 PET 衬底具有较高的水蒸气透过率 ［WVTR：在 37℃ 和 90% 的相对湿度条件下约为 $18g/(m^2 \cdot d)$］ 和氧气透过率 ［$0.462cm/(m^2 \cdot d)$］，尤其需要进行封装，以隔绝水、氧，保护钙钛矿电池。在实际封装过程中，柔性钙钛矿太阳电池的正反两面都需要封装处理，其中顶部电极一端可以采用 WVTR 和 OTR 低的柔性密封材料进行覆盖和封装，而透明电极一端则需要透光率高、WVTR 和 OTR 低的材料进行封装。具体来说，适合柔性钙钛矿太阳电池封装的材料主要有：醋酸乙烯酯（ethylene vinyl acetate，EVA）、乙烯丙烯酸甲酯（ethylene methyl acrylate，EMA）、聚乙烯醇缩丁醛（polyvinyl butyral，PVB）、热塑性聚氨酯（thermoplastic polyurethane，TPU）、紫外固化环氧树脂（UV-cured epoxy）、聚异丁烯（polyisobutylene，PIB）和环化全氟聚合物（cyrlized perfluoro polymer，CytopTM）等。其中，EVA 是封装材料中很好的选择，其 WVTR 为 $15 \sim 30g/(m^2 \cdot d)$，可见光透光率超过 91%。EMA 具有良好的化学和热稳定性，可与各种基材黏合，在低温下表现出良好的柔韧性。PVB 的 WVTR 为 $40g/(m^2 \cdot d)$，光学透明度高，耐热性好，尤其与模块组件兼容。TPU 的 WVTR 也为 $40g/(m^2 \cdot d)$，不溶于油、油脂、耐磨损，此外，弹性和透光性也满足封装要求，同时这种材料可以在正常大气压下实现封装。紫外固化环氧树脂也是非常好的封装材料，其 WVTR 为 $16g/(m^2 \cdot d)$，具有光学透明性、导热性，可以紧密地附着在各种基底上，但是其固化时需紫外光照射，有可能对钙钛矿的稳定性产生影响，需注意辐照时间和光强。PIB 是一种合成橡胶，对水蒸气的透过率非常低，低于 $0.001g/(m^2 \cdot d)$，可以很好地隔绝水，但是需控制分子量，中等分子量透明的 PIB 可很好地用于封装柔性钙钛矿太阳电池。环化全氟聚合物最大优点是，它可以通过溶液法沉积（例如旋涂），兼容柔性钙钛矿太阳电池制备工艺，因此 CyptoTM 可作为柔性钙钛矿太阳电池的低成本封装材料。原子层沉积（ALD）、物理气相沉积（PVD）、等离子体增强化学气相沉积（PECVD）等技术已被证明是实现封装的有效方法。

4.6　柔性钙钛矿太阳电池的应用

柔性钙钛矿材料质量轻、可弯曲、便于携带和运输，易于和不同形状表面整合集成的特点使之在便携电器、移动作业、智能交通、穿戴设备、信息化装备、光伏建筑一体化等众多研究领域极具潜力（图 4-24）。本节将对柔性钙钛矿太阳电池的应用进行介绍。

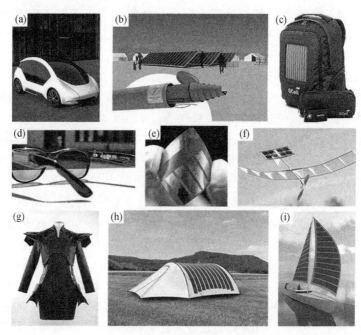

图 4-24　柔性钙钛矿太阳电池的应用

4.6.1　穿戴设备

新型可穿戴电子产品的发展趋势是自供电，即设备可在需要时提供能量输出。柔性钙钛矿太阳电池可作为新型穿戴电子产品的轻量化能源供应系统，如电子皮肤、纺织品等，用于监测人们的身体状况或记录人们的运动信息。具有全固态结构的纤维柔性钙钛矿太阳电池可以进一步编织成电子纺织品，包括帽子、衣服或袋子，以实现大规模可穿戴电子产品。更重要的是，考虑到钙钛矿出色的弱光性能，这些自供电电子纺织品在室内条件下也具有巨大使用潜力。采用柔性碳纳米管纤维阳极或不锈钢、钛丝等作为可弯曲的电极，通过优化改性等，可很好地实现柔性钙钛矿太阳电池的应用以及极佳的稳定性（图4-25）。

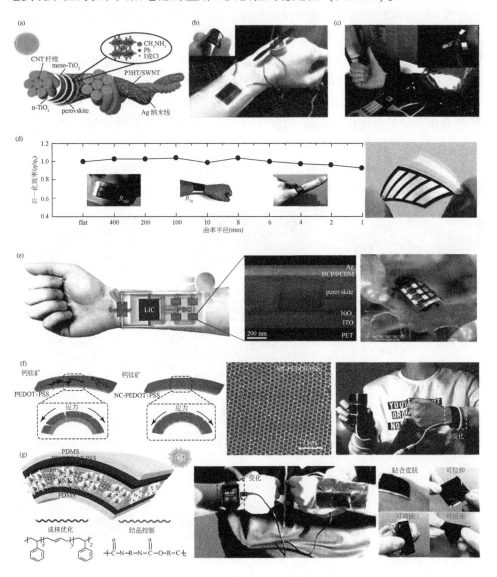

图 4-25　柔性钙钛矿太阳电池在穿戴设备中的应用

4.6.2　太阳能微型无人机

与较重的无人机相比，质量在几百毫克或以下的小型无人机所需供能很小，在飞行过程中也具有更大的安全性，这就使得其能够在高空长时间停留并栖息在各种地方（如易碎/柔性表面），这种微型飞行器可用于军事探测和普通民用。尽管锂离子电池等传统发电系统近年来取得了巨大进展，但其小的功质比无法满足微型飞行器在有限载荷容量内同时集成电源和其他电子设备的需求。高比功率的太阳电池则能实现这一目标，也已被成功用于自动驾驶汽车。轻质柔性金属卤化物钙钛矿太阳电池作为无人航空电子设备的电源显示出独特的潜力，例如用于军事探测和通信网络平台的微型无人飞机、用于救援和应急响应的机器人昆虫，以及用于环境和工业监测的太阳能叶片或气象气球等（图 4-26）。Kaltenbrunner 等[55]首次提出了厚度仅为 $3\mu m$ 的空气稳定、机械耐用和超薄钙钛矿太阳电池，并在实验室证明了这些超轻（重量仅为 $5.2g/m^2$）设备用于航空应用的可行性。环境和机械稳定性的改善主要归因于：①金属电极和钙钛矿之间的 Cr_2O_3/Cr 中间层，以避免电极和钙钛矿间的反应。②金属电极顶部的 PU 覆盖层。具有很高

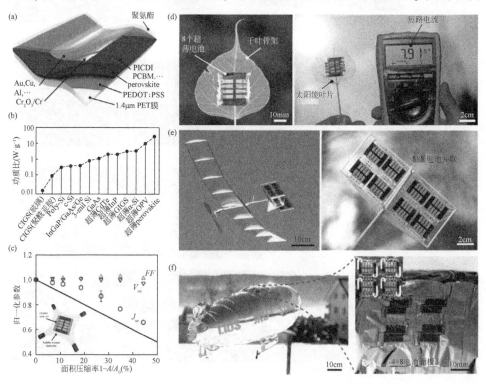

图 4-26　柔性钙钛矿太阳电池在无人机中的应用

功质比（23W/g；26W/g，不含 PU）的超轻钙钛矿太阳电池已成功用于户外演示、太阳能叶片、太阳能模型飞机和太阳能飞艇。通过将太阳电池与生物骨架结构（如干叶骨架）相结合，由 8 个并联的单电池组成的超薄太阳能叶片在 100Ω 负载下提供了约 3.3mW 的功率，基于 64 个单电池的太阳能组件在最大功率点下提供了 75mW 的功率，并成功地在室外环境照明下为无人驾驶模型飞机供电。

4.6.3　光伏建筑一体化

据统计，建筑物是能耗大户，在发达国家一般占总能耗的 33% 左右，在我国占总能耗的 27%，随着城市化进程的加快和人民生活质量的改善，我国建筑耗能比例还将继续上升。因此在传统光伏应用日趋饱和的背景下，光伏建筑一体化（BIPV）是未来光伏应用中最重要的发展方向，BIPV 不仅在经济性/可靠性等方面有较大优势，亦可以消除因大规模储能困难造成的太阳能并网瓶颈问题。在光伏发电具备明显经济性的背景下，"双碳"背景下我国能源结构调整或加速，政策暖风频吹（如 2021 年 6 月国家能源局提出拟在全国开展整县推进屋顶分布式光伏开发试点工作），使 BIPV 市场具备发展节奏快、空间广的特征，多机构预测 BIPV 装机量在未来的比重将迅速增加。

发展 BIPV 技术的一个重要方面是研发低成本、高效率、高透光柔性半透明太阳电池组件，将其集成于建筑物窗户上，实现采光、供电一体化。目前，半透明太阳电池需要牺牲一定的光电转化效率来实现优良的透光性。如何实现其光电转化效率、可见光透射率和显色性能的综合优化，合理分配太阳光，以减小透光和发电的矛盾竞争是其技术难点。目前，晶体硅电池难以做成半透明，只能靠不透明电池之间的缝隙透光来实现半透明效果，不甚美观；非晶硅电池可以做成半透明，但是也存在效率低、透明度低、颜色单一等严重制约其在建筑玻璃上应用的缺点。第三代薄膜电池中有机聚合物电池虽然具备带隙易调节、易加工、成本低廉、可大面积制备等优点，适合发展 BIPV 技术，但其光电转化效率仍然偏低，不能满足实际应用需求。相比之下，钙钛矿太阳电池的最高光电转换效率已经突破 25.5%，远超有机太阳电池效率水平，可以匹敌晶硅电池，且其具有易制备、多彩美观、易半透明化、成本低廉等优点，是实现高效率、低成本半透明太阳电池的新途径，被业内认为是目前 BIPV 技术的最佳选择（图 4-27）。

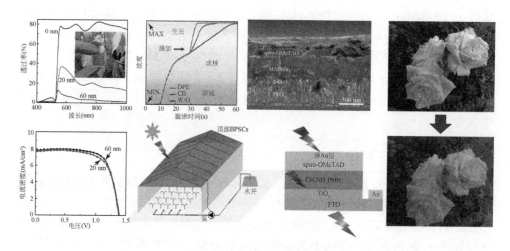

图 4-27　半透明柔性钙钛矿太阳电池及 BIPV 应用

4.7　柔性钙钛矿太阳电池挑战与展望

钙钛矿材料虽然已成功应用于柔性器件并取得了一定的进展，但柔性钙钛矿太阳电池仍面临一些挑战：

（1）器件的机械稳定性。首先钙钛矿多晶薄膜本征的硬、脆限制了柔性太阳电池的弯折性。同时柔性钙钛矿太阳电池器件由多层功能层及电极组成，其中含有的无机材料及电极材料，尤其是透明金属氧化物电极和金属电极是柔性钙钛矿太阳电池机械稳定性低的主要原因。各功能层晶粒间摩擦断裂、弯折时层间应力大、延展性和柔韧性较差等因素使得柔性电池效率随着弯折半径的增加和次数的增多而急剧下降，严重影响了柔性钙钛矿太阳电池的长期稳定性，制约了柔性钙钛矿太阳电池的发展。因此，发展轻质、超薄、高柔韧性的衬底、电极和界面层至关重要。

（2）环境稳定性。目前保障柔性钙钛矿太阳电池最有效的方法就是封装，包括宏观和微观封装。宏观封装需要发展超低 WVTR 和高透明封装膜来密封整个电池（例如 PIB、环氧树脂和有机-无机杂化材料等），同时必须开发新的封装工艺，实现低成本和低温（例如旋涂）的封装。另一方面，微封装有望用高度致密且化学稳定的材料［如 $PbSO_4$、$Pb_3(PO_4)_2$、低维钙钛矿等］封装钙钛矿晶体。然而，除了适当的封装，离子扩散问题仍可能发生在钙钛矿晶体内。金属电极（尤其是银）扩散到钙钛矿吸收层将会与其反应导致钙钛矿分解（例如银离子扩散到钙钛矿层以形成 AgI）。为此，发展新型封装材料，实现柔性钙钛矿太阳电池宏观和微观封装，抑制钙钛矿离子迁移，是推进柔性钙钛矿太阳电池商业化的必由之路。

（3）大面积制备。目前实验室制备的柔性钙钛矿太阳电池面积通常小于
1cm²，但随着有效面积的增大，器件的串联电阻也随之增加，同时各功能层上更
容易出现针孔和缺陷，尤其钙钛矿活性层。基于柔性电池卷对卷工艺，通常需要
溶液进行制备，因此在大型连续衬底上薄膜的致密性和均匀性更难以得到保障，
柔性钙钛矿太阳电池的效率损失进一步增加。因此，基于卷对卷的连续制备工
艺，发展大面积各功能层的制备技术十分必要，以进一步降低制造成本，从而促
进实际应用的实现。

柔性钙钛矿太阳电池的研究不仅推动着钙钛矿光电器件的发展，而且将会促
进柔性电子器件的发展，其科学认识和产业应用的推进既可借鉴其他薄膜材料的
原理和技术，又可深化环保绿色能源的高效利用。

参 考 文 献

[1] Kumar M H, Yantara N, Dharani S, et al. Flexible, low-temperature, solution processed ZnO-based perovskite solid state solar cells. Chemical Communications, 2013, 49 (94): 11089-11091.

[2] Liu D, Kelly T L. Perovskitesolar cells with a planar heterojunction structure prepared using room-temperature solution processing techniques. Nature Photonics, 2014, 8 (2): 133-138.

[3] Kim B J, Kim D H, Lee Y Y, et al. Highly efficient and bending durable perovskite solar cells: toward a wearable power source. Energy &Environmental Science, 2015, 8 (3): 916-921.

[4] Shin S S, Yang W S, Noh J H, et al. High-performance flexible perovskite solar cells exploiting Zn_2SnO_4 prepared in solution below 100℃. Nature Communications, 2015, 6 (1): 7410.

[5] Yang D, Yang R, Ren X D, et al. Hysteresis-suppressed high-efficiency flexible perovskite solar cells using solid-state ionic-liquids for effective electron transport. Advanced Materials, 2016, 28 (26): 5206-5213.

[6] Yoon J, Sung H, Lee G, et al. Superflexible, high-efficiency perovskite solar cells utilizing graphene electrodes: towards future foldable power sources. Energy &Environmental Science, 2017, 10 (1): 337-345.

[7] Subbiah A S, Mathews N, Mhaisalkar S, et al. Novel plasma-assisted low-temperature-processed SnO_2 thin films for efficient flexible perovskite photovoltaics. ACS Energy Letters, 2018, 3 (7): 1482-1491.

[8] Feng J, Zhu X J, Yang Z, et al. Record efficiency stable flexible perovskite solar cell using effective additive assistant strategy. Advanced Materials, 2018, 30 (35): 1801418.

[9] Wu C C, Wang D, Zhang Y Q, et al. $FAPbI_3$ flexible solar cells with a record efficiency of 19.38% fabricated in air via ligand and additive synergetic process. Advanced Functional Materials, 2019, 29 (34): 1902974.

[10] Huang K Q, Peng Y Y, Gao Y X, et al. High-performance flexible perovskite solar cells via precise control of electron transport layer. Advanced Energy Materials, 2019, 9

（44）：1901419.

[11] Dong Q S, Chen M, Liu Y H, et al. Flexible perovskite solar cells with simultaneously improved efficiency, operational stability, and mechanical reliability. Joule, 2021, 5 (6): 1587-1601.

[12] Wu S F, Li Z, Zhang J, et al. Low-bandgap organic bulk-heterojunction enabled efficient and flexible perovskite solar cells. Advanced Materials, 2021, 33 (51): 2105539.

[13] Yang L, Feng J S, Liu Z K, et al. Record-efficiency flexible perovskite solar cells enabled by multifunctional organic ions interface passivation. Advanced Materials, 2022, 34: 202201681.

[14] Tavakoli M M, Tsui K H, Zhang Q, et al. Highly efficient flexible perovskite solar cells with antireflection and self-cleaning nanostructures. ACS Nano, 2015, 9 (10): 10287-10295.

[15] Dou B, Miller E, Christians J A, et al. High-performance flexible perovskite solar cells on ultrathin glass: implications of the TCO. Journal of Physical Chemistry Letters, 2017, 8 (19): 4960-4966.

[16] Kim J, Kim S, Zuo C, et al. Humidity-tolerant roll-to-roll fabrication of perovskite solar cells via polymer-additive-assisted hot slot die deposition. Advanced Functional Materials, 2019, 29 (26): 1809194.

[17] Othman M, Zheng F, Seeber A, et al. Millimeter-sized clusters of triple cation perovskite enables highly efficient and reproducible roll-to-roll fabricated inverted perovskite solar cells. Advanced Functional Materials, 2022, 32 (12): 2110700.

[18] Zhong M, Liang Y, Zhang J, et al. Highly efficient flexible MAPbI$_3$ solar cells with a fullerene derivative-modified SnO$_2$ layer as the electron transport layer. Journal of Materials Chemistry A, 2019, 7 (12): 6659-6664.

[19] Jiang J, Jia X, Wang S, et al, Yuan N. High-performance flexible perovskite solar cells with effective interfacial optimization processed at low temperatures. ChemSusChem, 2018, 11 (23): 4131-4138.

[20] Park J, Heo J, Park S, et al. Highly flexible InSnO electrodes on thin colourless polyimide substrate for high-performance flexible CH$_3$NH$_3$PbI$_3$ perovskite solar cells. Journal of Power Sources, 2017, 341: 340-347.

[21] Lee E, Ahn J, Kwon H, et al. All-solution-processed silver nanowire window electrode-based flexible perovskite solar cells enabled with amorphous metal oxide protection. Advanced Energy Materials, 2018, 8 (9): 1702182.

[22] Qiu L, Deng J, Lu X, et al. Integrating perovskite solar cells into a flexible fiber. Angew. Chem. Int. Ed., 2014, 53 (39): 10425-10428.

[23] He S, Qiu L, Fang X, et al. Radically grown obelisk-like ZnO arrays for perovskite solar cell fibers and fabrics through a mild solution process. Journal of Materials Chemistry A, 2015, 3 (18): 9406-9410.

[24] Lee M, Jo Y, Kim D, et al. Flexible organo-metal halide perovskite solar cells on a Ti metal substrate. Journal of Materials Chemistry A, 2015, 3 (8): 4129-4133.

［25］ Wang X, Li Z, Xu W, et al. TiO$_2$ nanotube arrays based flexible perovskite solar cells with transparent carbon nanotube electrode. Nano Energy, 2015, 11: 728-735.

［26］ Troughton J, Bryant D, Wojciechowski K, et al. Highly efficient, flexible, indium-free perovskite solar cells employing metallic substrates. Journal of Materials Chemistry A, 2015, 3 (17): 9141-9145.

［27］ Han G S, Lee S, Duff M L, et al. Highly bendable flexible perovskite solar cells on a nanoscale surface oxide layer of titanium metal plates. ACS Applied Materials& Interfaces, 2018, 10 (5): 4697-4704.

［28］ Nejand B, Nazari P, Gharibzadeh S, et al. All-inorganic large-area low-cost and durable flexible perovskite solar cells using copper foil as a substrate. Chemical Communications, 2017, 53 (4): 747-750.

［29］ Ke S, Chen C, Fu N, et al. Transparentindium tin oxide electrodes on muscovite mica for high-temperature-processed flexible optoelectronic devices. ACS Applied Materials& Interfaces, 2016, 8 (42): 28406-28411.

［30］ Jia C, Zhao X, Lai Y H, et al. Highly flexible, robust, stable and high efficiency perovskite solar cells enabled by van der Waals epitaxy on mica substrate. Nano Energy, 2019, 60: 476-484.

［31］ Park M, Kim H J, Jeong I, et al. Mechanically recoverable and highly efficient perovskite solar cells: investigation of intrinsic flexibility of organic-inorganic perovskite. Advanced Energy Materials, 2016, 5 (22): 1501406.

［32］ Jung M H, Park N M, Lee S Y. Color tunable nanopaper solar cells using hybrid CH$_3$NH$_3$PbI$_{3-x}$Br$_x$ perovskite. Solar Energy, 2016, 139: 458-466.

［33］ Castro-Hermosa S, Dagar J, Marsella A, et al. Perovskite solar cells on paper and the role of substrates and electrodes on performance. IEEE Electron Device Letters, 2017, 38 (9): 1278-1281.

［34］ Li H, Li X, Wang W, et al. Highly foldable and efficient paper-based perovskite solar cells. Solar RRL, 2019, 3 (3): 1800317.

［35］ Wang C, Guan L, Zhao D, et al. Water vapor treatment of low-temperature deposited SnO$_2$ electron selective layers for efficient flexible perovskite solar cells. ACS Energy Letters, 2017, 2 (9): 2118-2124.

［36］ Bi C, Chen B, Wei H T, et al. Efficient flexible solar cell based on composition-tailored hybrid perovskite. Advanced Materials, 2017, 29 (30): 1605900.

［37］ Pisoni S, Carron R, Moser T, et al. Tailored lead iodide growth for efficient flexible perovskite solar cells and thin-film tandem devices. NPG Asia Materials, 2018, 10 (11): 1076-1085.

［38］ Pisoni S, Fu F, Feurer T, et al. Flexible NIR-transparent perovskite solar cells for all-thin-film tandem photovoltaic devices. Journal of Materials Chemistry A, 2017, 5 (26): 13639-13647.

［39］ Lee E, Ahn J, Kwon H, et al. All-solution-processed silver nanowire window electrode-based flexible perovskite solar cells enabled with amorphous metal oxide protection. Advanced Energy

Materials, 2018, 8 (9): 1702182.

[40] Liu Z K, You P, Xie C, et al. Ultrathin and flexible perovskite solar cells with graphene transparent electrodes. Nano Energy, 2016, 28: 151-157.

[41] Yoon J, Sung H, Lee G, et al. Superflexible, high-efficiency perovskite solar cells utilizing graphene electrodes: towards future foldable power sources. Energy &Environmental Science, 2017, 10 (1): 337-345.

[42] Luo Q, Ma H, Hao F, et al. Carbon nanotube based inverted flexible perovskite solar cells with all-inorganic charge contacts. Advanced Functional Materials, 2017, 27 (42): 1703068.

[43] Poorkazem K, Liu D, Kelly T L. Fatigue resistance of a flexible, efficient, and metal oxide-free perovskite solar cell. Journal of Materials Chemistry A, 2015, 3 (17): 9241-9248.

[44] Hu X T, Meng X C, Zhang L, et al. A mechanically robust conducting polymer network electrode for efficient flexible perovskite solar cells. Joule, 2019, 3 (9): 2205-2218.

[45] Kang S, Jeong J, Cho S, et al. Ultrathin, lightweight and flexible perovskite solar cells with an excellent power-per-weight performance. Journal of Materials Chemistry A, 2019, 7 (3): 1107-1114.

[46] Xie M, Wang J, Kang J, et al. Super-flexible perovskite solar cells with high power-per-weight on 17 μm thick PET substrate utilizing printed Ag nanowires bottom and top electrodes. Flexible and Printed Electronics, 2019, 4 (3): 034002.

[47] Chen Y, Zhao Y, Liang Z. Non-thermal annealing fabrication of efficient planar perovskite solar cells with inclusion of NH_4Cl. Chemistry of Materials, 2015, 27 (5): 1448-1451.

[48] Feng J. Mechanical properties of hybrid organic-inorganic $CH_3NH_3BX_3$ (B = Sn, Pb; X=Br, I) perovskites for solar cell absorbers. APL Materials, 2014, 2 (8): 081801.

[49] Murali B, Yengel E, Peng W, et al. Temperature-induced lattice relaxation of perovskite, crystal enhances optoelectronic properties and solar cell performance. Journal of Physical Chemistry Letters, 2017, 8 (1): 137-143.

[50] Shin S S, Yang W S, Noh J H, et al. High-performance flexible perovskite solar cells exploiting Zn_2SnO_4 prepared in solution below 100℃. Nature Communications, 2015, 6 (1): 1-8.

[51] Kim B J, Kim D H, Lee Y Y, et al. Highly efficient and bending durable perovskite solar cells: toward a wearable power source. Energy&Environmental Science, 2015, 8 (3): 916-921.

[52] Zardetto V, Brown T M, Reale A, et al. Substrates for flexible electronics: a practical investigation on the electrical, film flexibility, optical, temperature, and solvent resistance properties. Journal of Polymer Science Part B, 2011, 49 (9): 638-648.

[53] Yang D, Yang R, Wang K, et al. High efficiency planar-type perovskite solar cells with negligible hysteresis using EDTA-complexed SnO_2. Nature Communications, 2018, 9 (1): 1-11.

[54] Weerasinghe H C, Dkhissi Y, Scully A D, et al. Encapsulation for improving the life time of flexible perovskite solar cells. Nano Energy, 2015, 18: 118-125.

[55] Kaltenbrunner M, Adam G, Glowacki E D, et al. Flexible high power-per-weight perovskite solar cells with chromium oxide-metal contacts for improved stability in air. Nature Materials, 2015, 14 (10): 1032-1041.

第5章 钙钛矿太阳电池中的电荷传输层

5.1 概 述

为了提高钙钛矿太阳电池的光电转换效率和使用寿命，需要在钙钛矿吸收层与电极间引入电荷传输层。钙钛矿太阳电池通常包含五个部分：透明导电基底、电子传输层（ETL）、钙钛矿吸光层、空穴传输层（HTL）、对电极，其中电子传输层和空穴传输层统称为电荷传输层（CTL）。与钙钛矿层直接接触的电子传输层和空穴传输层分别负责从钙钛矿收集电子和空穴，并将其各自输运到相应的电极，同时阻挡带相反电荷载流子在同方向的注入，以免导致电荷复合。随着研究的不断深入，人们发现钙钛矿太阳电池与其他类型电池不一样的光电现象，如离子扩散、迟滞等，它们均与界面处的离子迁移和带电电荷堆积有关，从而阻碍载流子的顺利传输，导致器件能量损失和性能衰退[1-3]。因此，研究界面电荷传输层以及与之相关的界面对于提高钙钛矿太阳电池的光电转换效率和稳定性尤为重要。

界面层和界面是两个不同的概念。界面是指两层材料之间的接触部分，无论是同质还是异质材料；而界面层是指形成界面的材料，如光敏钙钛矿材料、电荷传输材料等。界面层包括电荷传输层，以及其他中间薄层，用于改善界面接触性能。对于高效钙钛矿太阳电池来说，钙钛矿吸光层应夹在 ETL 和 HTL 之间，这就包含几个界面：电子传输层/钙钛矿、钙钛矿/空穴传输层、电荷传输层/对电极。这些电荷传输层和界面对电池的光电性能输出，尤其是开路电压（V_{OC}），起着至关重要的作用。开路电压损失（V_{loss}）可以根据如下方程计算[4]：

$$V_{loss} = (E_g/e) - V_{OC}$$

其中，e 是基本电荷。较高的能量损失来自于器件内部较大的非辐射电荷复合，如果本体钙钛矿薄膜具有高度有序且良好的结晶性，则该能量损失主要来源于与电荷传输层相关的界面。因此，通过降低缺陷态密度、优化载流子选择和能级匹配的界面工程是提升器件光电转换效率最重要的策略。此外，钙钛矿材料可能会在界面处开始降解，影响器件的稳定性[5]。

在讲述电荷传输层及其相关界面的功能之前，有必要再了解钙钛矿太阳电池的工作原理。在光照条件下，电子被激发到钙钛矿的导带（CB），同时在价带（VB）位置产生空穴。产生的自由电子和空穴在钙钛矿内建电场的作用下扩散到钙钛矿/ETL 或钙钛矿/HTL 界面, 同时钙钛矿内部会发生电荷复合, 包括由缺陷捕获电荷导致的非辐射复合, 以及体相内部与相反电荷载流子产生的辐射复合。成功到达界面处的自由载流子分别注入 ETL 或 HTL, 实现载流子分离。在该阶段, 电荷可以在界面处被缺陷所捕获, 或者由于界面电势不匹配导致电荷在界面处被捕获和堆积, 或者电荷传输层的导电性差, 导致电荷无法有效转移输运。如果界面电荷积累过多, 超出缺陷捕获能力, 则有可能发生俄歇复合。最后, 未被复合的自由载流子经电荷传输层扩散到 HTL/阴极或 ETL/阳极的界面, 并对外做功。未被有效收集而发生复合的载流子会影响器件的电荷收集效率, 这与界面和界面层密切相关。如果电荷传输层的能级与钙钛矿能级匹配, 并且电荷传输层能够高效传输电荷的话, 则可有效防止电荷在界面的堆积, 以及由此导致的低填充因子 (FF) 和电流-电压曲线 (J-V) 的迟滞。

与电荷传输层相关的界面和电荷传输层本身会影响电池的开路电压、短路电流和填充因子等光电性能参数。为了获得最佳短路电流, 电荷传输层需要高透明度, 以避免其吸光。开路电压的最大值是由钙钛矿的准费米能级分裂 (QFLS) 决定的, 可表述为:

$$V_{\mathrm{OC,max}} = (1/e)(E_{\mathrm{F,e}} - E_{\mathrm{F,h}})$$

其中, $E_{\mathrm{F,e}}$ 和 $E_{\mathrm{F,h}}$ 分别是电子和空穴的准费米能级。电荷传输层的作用是避免准费米能级中的多数载流子堆积并将该能级引导到相应的电极, 开路电压则为两个电极的费米能级差。钙钛矿吸光层和电荷传输层之间的界面必须具有电荷选择性, 意味着只有单一类型的载流子 (ETL 处的电子和 HTL 处的空穴) 可以经该界面转移, 在此条件下可获得最大的开路电压 $V_{\mathrm{OC,max}}$。如果界面的电荷选择性差, 则界面处会发生电荷复合, V_{OC} 就会低于 $V_{\mathrm{OC,max}}$ (图 5-1)。

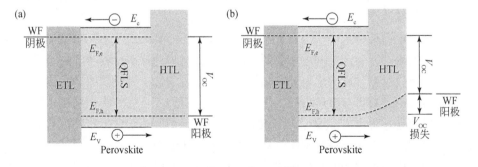

图 5-1　钙钛矿太阳电池能级示意图

(a) 电荷传输层与相邻能级匹配, (b) HTL 与钙钛矿能级不匹配引起的界面复合

版权来源: Wiley-VCH (2021)[5]

为了获得高光电转换效率，光电流应尽可能在高开路电压下提取，这意味着填充因子也能达到其最大值。为了实现这一点，电荷传输层相关的界面和电荷传输层本身必须对特定的载流子具有足够的导电性，以避免界面欧姆接触损失和载流子的堆积。要获得高载流子选择性，界面能级匹配以及缺陷等电学性质至关重要。对于空穴传输层来说，其价带或者最高占有轨道（HOMO）能级应与钙钛矿的价带匹配，以保证空穴的有效提取；同样，对于电子传输层来说，其导带或者最低未占轨道（LUMO）能级应与钙钛矿的导带能级匹配，以保证电子的有效提取。如果有界面能垒存在，载流子则无法被提取而在界面处聚集，从而引起载流子复合。在准平衡状态时，界面载流子复合与载流子浓度成正比。如果电荷传输层界面上的载流子浓度过高，会增加界面复合概率，从而降低准费米能级分裂以及开路电压[6]。此外，界面偶极的存在也会影响势垒，从而对界面能级的匹配产生影响。例如，当具有不同分子偶极矩的磷酸衍生物与 SnO_2 上的氧空位作用时，SnO_2 的功函数也随之改变[7]。电荷传输层的功函数也可以通过掺杂来改变，而钙钛矿中的离子迁移可以进一步影响器件的电场。为了设计高效稳定的钙钛矿太阳电池，研究钙钛矿/电荷传输层界面上的电荷转移过程很重要。

除了能垒，界面缺陷也对钙钛矿太阳电池的性能产生重要影响，因为缺陷可引起表面或界面的电荷复合，这是开路电压损失的主要原因[8]。表面缺陷源于钙钛矿晶体结构的有序度在表面被打断，导致原子配位不足和表面无序，从而形成缺陷态中间能级，电荷传输层的存在可以改善这种界面缺陷态能级。理想状态下，电荷传输层能够钝化钙钛矿表面的缺陷以减少表面复合。例如，使用具有路易斯碱官能团的电荷传输材料与钙钛矿中配位不足的 Pb^{2+} 相互作用，可以有效钝化卤素空位缺陷[9,10]。

适当的电荷传输层还可以保护钙钛矿薄膜免受外界环境中水和氧的影响，延长器件使用寿命。稳定性问题不仅源于电荷传输材料钙钛矿材料本身的性质，也来自界面老化后器件内部光电和化学性质的改变。例如，钙钛矿中的卤素离子通过电荷传输层迁移可与金属电极接触并对其造成腐蚀，合适的界面层则可阻挡该离子在界面处迁移[11]。此外，电荷传输层的化学性质和形貌对沉积在其上面的钙钛矿薄膜质量会产生重要影响，从而影响电池性能[12,13]。

因此，作为理想的电荷传输层，光生载流子应在界面处被完全提取和收集而不发生复合；其次，电荷传输层应具有足够的电导率，并且只允许单一类型的载流子注入；再次，电荷传输层不应损坏钙钛矿薄膜质量，不与钙钛矿产生吸光竞争，并且具有良好的光、热、化学稳定性；最后，电荷传输层可用溶液法制备，以降低生产成本。

5.2　电荷传输层与界面

5.2.1　空穴传输层

空穴传输材料可分为无机材料和有机材料。常见的无机空穴传输材料包括氧化镍[14]、碘化亚铜[15]、硫氰化亚铜[16]、ABO_2 型材料[17,18]、还原氧化石墨烯（RGO）[19]等。有机空穴传输材料包括小分子如 2，2'，7，7'-四-（N，N-di-4-甲氧基苯基氨基）-9，9'-螺二芴（spiro-OMeTAD）、二（4-乙烯基苯基）-二-1-萘基联苯-4，4'-二胺（VNPB）[20,21]、酞菁铜[22]等，高分子如聚双（4-苯基）（2，4，6-三甲基苯基）胺（PTAA）[23]、聚（3，4-乙烯二氧噻吩）：聚苯乙烯磺酸盐（PEDOT：PSS）[24]、聚 3-己基噻酚（P3HT）[25]等。在已报道的空穴传输材料中，spiro-OMeTAD 是应用最广的，当前最高光电转换效率的钙钛矿电池就是使用这种空穴传输材料。Bach等[26]在 1998 年首先将 spiro-OMeTAD 作为空穴传输材料用于固态染料敏化太阳电池。Kim 等[27]首次将 spiro-OMeTAD 用于固态钙钛矿太阳电池的制备，以此来代替 Miyasaka 等[28]报道的液态电解质。使用固态 spiro-OMeTAD 的空穴传输层极大地提升了钙钛矿太阳电池的光电转换效率和稳定性，器件的 PCE 超过 9%，并且在不封装的条件下可在空气中稳定工作 500h。自此以后，spiro-OMeTAD 作为钙钛矿太阳电池的空穴传输层引起了高度关注，并持续打破新的效率记录[29-31]。spiro-OMeTAD 有溶液可加工和熔融温度高等优点，且与钙钛矿能级匹配。然而，spiro-OMeTAD 的本征空穴电导率很低 $[4×10^{-5}\,cm^2/(V·s)]$，使得它不能直接用于高效钙钛矿太阳电池，而需要通过空穴掺杂的方法以提高其空穴电导率。添加剂如双（三氟甲烷）磺酰亚胺锂盐（LiTFSI）和 4-叔丁基吡啶（TBP）可提升 spiro-MeOTAD 的空穴电导率，个别报道中也添加三 [2-(1H-吡唑-1-基)-4-叔丁基吡啶] 钴（III）双（三氟甲基磺酰）亚胺（FK209）[32]、乙酰丙酮镓 [Ga(acac)$_3$] 等[33]。经掺杂后的 spiro-OMeTAD 能带结构也同时发生改变，使其更好地与相邻层的能级匹配。spiro-OMeTAD 分子中的螺结构可使材料具有高玻璃化转变温度（T_g）、更好的分子结构稳定性，同时保持良好的电子特性。人们利用这种分子结构特性对其进行进一步的结构优化，合成出了其他类似结构且高效的空穴传输材料，例如 X55，X54 等[34]。尽管如此，引入掺杂剂不仅使器件制备过程复杂，增加了制造成本，也导致稳定性变差。例如，常用的添加剂 LiTFSI 极易吸水，导致钙钛矿层极易受到水分子侵袭而发生性能降解[35]。

PEDOT：PSS 是一种导电聚合物类空穴传输材料，具有优良的导电性、高透光率，以及可低温退火制备等优点。但是，PEDOT：PSS 的弱酸性以及其易吸水的特性，会对钙钛矿薄膜造成腐蚀，其与钙钛矿的能级匹配仍旧不理想，限制了高开路电压的获取。2013 年，Wen 等首次报道了以 PEDOT：PSS 为空穴传输层的反式结构钙钛矿太阳电池，获得了 3.9% 的光电转化效率[36]。Im 等通过一步旋涂法在 PEDOT：PSS 上沉积致密无孔的钙钛矿，使得结构为 ITO/PEDOT：PSS/MAPbI$_3$/6,6-苯基-C$_{60}$-丁酸甲基酯（PCBM）/Au 的电池光电转化效率达到 18.2%[37]。对 PEDOT：PSS 掺杂复合可以改善界面能级匹配以及自身的电导性，从而提高电池的转换效率。例如，Liao 等将银纳米颗粒（Ag NPs）掺杂到 PEDOT：PSS 中制备 PEDOT：PSS-AgNP 复合材料。经改性的 PEDOT：PSS 复合材料的功函数与钙钛矿的价带更匹配，有效地提高了界面空穴的分离及传输，器件开路电压得到明显的提高。同时，PEDOT：PSS-AgNP 膜上的岛状颗粒为钙钛矿晶体提供了成核生长点，能诱导钙钛矿晶体颗粒长大并形成均匀薄膜。基于银纳米颗粒掺杂的 PEDOT：PSS 器件光电转化效率达到 15.75%[38]。Yip 等在聚合物侧链上引入磺酸钠极性官能团，增加了空穴传输层的表面能，促进了钙钛矿薄膜的更好润湿，形成了全覆盖和高结晶度的钙钛矿薄膜。空穴传输材料的 HOMO 与钙钛矿的价带能级能够很好地匹配，较高的 LUMO 能够有效阻挡电子到达阳极并减少 PEDOT：PSS/钙钛矿的界面复合，使得电荷寿命变长、提取时间变短，基于 ITO/PEDOT：PSS/MAPbI$_x$Cl$_{3-x}$/PCBM/PN$_4$N/Ag 结构钙钛矿太阳电池的效率达到 16.6%[24]。

聚三芳基胺（PTAA）是一类 π-共轭导电聚合物，其非平面分子结构是无定形的，PTAA 的均匀和光滑特性使其具有良好的各向同性载流子传输性能，这可以降低界面处的非辐射复合损失，而且材料柔韧性好，其疏水性能也有利于改善电池的稳定性，因此，PTAA 在反式钙钛矿太阳电池中已广泛使用。Serpetzoglou 等研究了基于亲水 PEDOT：PSS 和疏水 PTAA 两种导电聚合物空穴传输材料的太阳电池，它们的光电转换效率分别为 12.60% 和 15.67%。PTAA 较高的光电性能主要归因于其表面的粗糙度降低，以及与钙钛矿界面的接触变好[39]。Huang 等系统研究了 PTAA 的疏水性能以及钙钛矿颗粒在其表面的生长机理。PTAA 可通过抑制异质成核和增加核间距来促进钙钛矿晶粒生长，减小晶界形成，从而获得了表面缺陷少且载流子迁移率高的优质钙钛矿多晶薄膜。器件结构为 ITO/PTAA/MAPbI$_3$/PCBM/C$_{60}$/浴铜灵（BCP）/Al 的光电转化效率可达 18.1%[12]。随后，他们又通过双离子钝化剂、氩等离子体和两性离子钝化［3-(癸基二甲基氨基)-丙烷–磺酸盐内盐（DPSI）］等方式改善钙钛矿薄膜晶界和界面处的非辐射复合，用来调节钙钛矿结晶、钝化缺陷和抑制电荷复合，以 PTAA 为空穴传输材料的反式钙钛矿太阳电池小面积光电转化效率均超过 20%，大面积（>1cm^2）光电转化效率也超过了 15%[40-42]。针对 PTAA 折射率低而对太阳光利用率不高的问题，Song 等采用聚丙烯模板法对 PTAA 进行纹理化处理，该纹理结构可以控制光反射，减少光损耗，延长钙钛矿层中光的通路，使外量子产率的响应红移约 6nm，从而显著提高反式钙钛矿太阳电池（ITO/PTAA/MAPbI$_{3-x}$Cl$_x$/PC61BM/BCP/Ag）的外量子效率，器件的短路电流和填充因子大幅增加，效率从 18.3% 提高到 20.8%[23]。Jen 等将低带隙有机异质结层集成到反式钙钛矿太阳电池中来构建混合太阳电池，实现了 23.80% 的转换效率，1.146V 的开路电压和超过 950nm 的光谱扩展响应，是迄今为止基于 PTAA 空穴传输层器件的最高光电转换效率[43]。

有机半导体（小分子和聚合物）中的分子是通过微弱的范德瓦耳斯力松散地束缚在一起，因此没有延续的能带，分子内的电荷传导主要依赖于由碳单键和双键交替形成的 π—π* 共轭体系。离域 π 键电子不受原子束缚，能在共轭链上自由移动，生成电子和空穴并使电子或空穴在分子链上自由移动，从而具有导电性。Sun 等设计了一种吡啶基聚合物空穴传输材料 PPY，同时减少钙钛矿内部和界面处的非辐射复合过程。他们通过改变吡啶单元在分子中的连接位点来调节 HOMO 能级位置以及分子的钝化能力，获得了更高的空穴迁移率和更有效的钝化未配位 Pb^{2+} 和碘空位缺陷的空穴传输材料 PPY2，同时促进了高质量多晶钙钛矿薄膜形成。使用无掺杂 PPY2 的反式钙钛矿电池可获得 22.41% 的转换效率，开路电压损失小于 0.40V[44]。

与广泛研究的 D-A-D 和 D-π-D 线性型小分子空穴传输材料不同，Cao 等提出了具有 D-A-π-A-D 分子结构的新型空穴传输材料 DTB-FL。该分子中加长的 π 共轭链长以及良好的成膜质量确保了其高效电荷传输特性，且具有与钙钛矿匹配的能级，以及有效的表面钝化效应，可有效地抑制电荷复合并提高电荷收集性能。使用 DTB-FL 的电池在 0.09cm^2 和 1.0cm^2 的有效面积可分别实现 21.5% 和 19.6% 的效率，优于 spiro-OMeTAD 器件，并具有出色的稳定性。使用 DTB-FL 的空穴传输层的全无机器件的效率也可达到 17.0%，且 V_{OC} 高达 1.30V。此外，基于 DTB-FL 的电池在环境中暴露 600h 后可保持初始值的 76%，在连续 600h 最大功率点追踪（MPP）后保持初始效率的 87%，在相同测试条件下均显著优于 spiro-OMeTAD 电池的稳定性[45]。Wang 等通过室温一步旋涂法沉积聚乙烯基咔唑（PVK）空穴传输层，在无需掺杂或后处理的条件下，ITO/PVK/MAPbI$_3$/PCBM/Ag 器件中实现了 15.8% 的稳定光电转换效率，高于 PEDOT：PSS 作为空穴传输层的对比器件。他们发现在 PVK 上制备的钙钛矿层具有更高的结晶度和更少的 PbI$_2$ 残留物，导致器件具有更高的电荷复合电阻。1000h 稳定性测试后，PVK 和 PEDOT：PSS 基器件的效率分别下降至初始值的 82.5% 和 56%，表明 PVK 基钙钛矿器件比 PEDOT：PSS 基器件更稳定[46]。

虽然有机空穴材料可以通过分子结构设计来调节其光电性质，但是有机物通常不耐高温，其稳定性也较差，因此，具有优异热稳定性的无机空穴材料受到广泛的关注。氧化镍（NiO）是一种很常见的空穴传输材料，它具有如下优点：①具有较宽带隙（>3.5eV），在可见光区域表现出良好的透射率；②较深的价带位置（~5.4eV），使其与大多数钙钛矿的价带能够匹配；③具有良好的化学稳定性，且不与钙钛矿层反应；④制备方法较多，如溶胶-凝胶法、物理气相沉积方法等，且价格低廉。NiO 也存在自身的问题，如相对较低的本征电导率（~ 10^{-4} S/cm），实验条件下制备的 NiO，其价带位置通常不是很深（<-5.4eV），并存在较多的表面缺陷。受这些因素的影响，NiO 界面非辐射复合会大幅增加，不利于电池光电性能的提升[14]。

2014 年 Jen 等首次报道了 NiO 作为钙钛矿太阳电池的空穴传输层，器件转换效率为 9.51%[47]。这项工作证明了用 p 型金属氧化物替代有机空穴传输层的可能性，为进一步开发全无机钙钛矿太阳电池提供重要的研究基础。Yang 等通过溶胶-凝胶工艺合成了尺寸为 10 ~ 20nm 的 NiO 纳米晶体（NC），并用于平面反式器件中。具有多晶面和波纹表面的 NiO 纳米晶薄膜能够在钙钛矿两步法制备中形成连续、致密且结晶良好的 $MAPbI_3$ 钙钛矿层。由于合适的能级匹配，NiO/$MAPbI_3$ 界面处的空穴收集比 PEDOT：PSS 更有效[48]。Chen 等在 NiO 致密层（10 ~ 20nm）上面沉积了惰性介孔 Al_2O_3 框架，该双界面层结构可以钝化 FTO/$MAPbI_3$ 界面，并通过内部填充钙钛矿的介孔-Al_2O_3 层阻断 NiO/PCBM 之间的直接接触。此外，超薄的 NiO 和透明的介孔-Al_2O_3 保证了优异的光学透射率，可以最大限度地减少电池中的光学损耗[49]。Hong 等采用共沉淀方法合成了互连纳米多孔网络的 NiO 纳米薄膜（np- NiO）。通过控制沉积时间，他们获得了具有 300nm 均匀壁高和更大表面积垂直排列的 NiO 薄片，该形貌有利于形成单晶钙钛矿，并可在其上表面包裹一层约 450nm 厚的均匀且连续覆盖钙钛矿层。np- NiO_x/钙钛矿界面高效的空穴提取使得 ITO/np- NiO/($FAPbI_3$)$_{0.85}$（$MAPbBr_3$）$_{0.15}$/PCBM/ZnO/Au 器件效率达到 19.10%，远高于基于 PEDOT：PSS 的器件[50]。

在各种薄膜制备方法中，虽然溶液法工艺简便、能耗低，已广泛应用于金属氧化物层的沉积，但是溶液处理的 NiO 通常电导率较低，导致界面电荷传输效率低下。为了增加空穴电导率，同时保证 NiO 良好的透光性，需要将掺杂离子引入 NiO 晶格中，使 Ni 空穴密度增加。溶液法制备 NiO 已使用的掺杂离子包括 Co^{2+}[51]、Sm^{3+}[52]、Cu^{2+}、Rb^+[53]、La^{3+}[54]、Cs^+[55]等。掺杂浓度严重影响 NiO 薄膜的光电性能。Yen 等[56]发现，在 NiO 中掺杂 5mol% Cu 后，电导率可以从 2.2×10^{-6} S/cm 大幅提高到 8.4×10^{-4} S/cm。进一步，他们采用了 Cu 掺杂 NiO 纳米颗粒介孔和 Cu 掺杂 NiO 致密层的双层空穴传输层结构，用来在 NiO/钙钛矿界面实现有效的电荷收集，同时最大限度地减少复合损失。所制备的 $1cm^2$ 面积的钙钛矿电池效率高达 18.1%，并且迟滞可忽略不计[57]。He 等在室温下旋涂制备 Cu 掺杂 NiO 纳米薄膜。研究发现 Cu：NiO 中的 Cu 以 Cu^+ 和 Cu^{2+} 的形式存在，并且用 Cu^+ 取代 Ni^{2+} 有助于增加载流子浓度和迁移率，并改善电荷的转移和提取，使得反式平面结构器件的效率超过 20%[58]。Chen 等使用重掺杂 $Li_{0.05}Mg_{0.15}Ni_{0.8}O$ 作为钙钛矿的空穴传输层，以实现从 $MAPbI_3$ 中快速提取载流子。由于 Li^+、Mg^{2+} 和 Ni^{2+} 的离子半径相差不大，这种共掺杂策略是可行的。掺杂后 NiO 的电导率从 $1.66×10^{-4}S/cm$ 显著提高到 $2.32×10^{-3}S/cm$，比未掺杂的 NiO 高约 12 倍。他们同时使用了 Nb^{5+} 掺杂的 TiO_2 作为电子传输层，显著提高了电荷分离效率和空穴电导率，同时通过改善空穴传输层的形貌和结晶度来抑制电子在同方向迁移。这些策略导致了电池内部串联电阻的降低，使得填充因子超过 80%，转换效率高达 16.2%，并且大尺寸（>1cm²）器件的迟滞现象得以消除。此外，器件在 1000h 光照后仍可保持>90% 的初始效率（图 5-2）[59]。

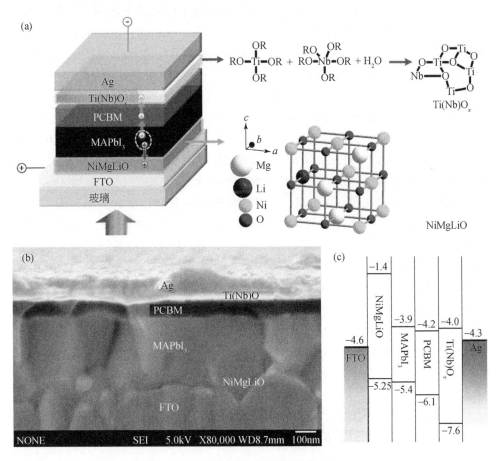

图 5-2　NiO 作为钙钛矿太阳电池的空穴传输层

（a）电池的结构，右侧图显示 $Ti(Nb)O_x$ 的组成和 Li^+ 掺杂的 $Ni_xMg_{1-x}O$ 晶体结构，

（b）钙钛矿太阳电池截面示意图，（c）各功能层的能级结构

版权来源 Science AAAS（2015）[59]

　　铜化合物是另一大类无机空穴传输材料。CuSCN 是一种廉价的 p 型半导体材料，具有较高的空穴迁移率、良好的热稳定性和与钙钛矿匹配的能级。Sarkar 等首次报道了 CuSCN 作为空穴传输层在反式钙钛矿太阳电池中的应用，通过电化学沉积制备的 CuSCN 薄膜所对应的器件光电转化效率为 3.8%[60]。瑞士洛桑联邦理工学院的 Grätzel 教授使用 CuSCN 作为正式钙钛矿太阳电池的空穴传输层，使用动态旋涂以及快速溶剂去除方法制备出紧密堆积且具有高度结晶取向的 CuSCN 层，有助于快速提取和收集载流子。电池在长时间加热下表现出很好的热稳定性。他们进一步在 CuSCN 和金电极之间加入导电还原氧化石墨烯间隔层，使电池在 60℃ 的标准太阳光照下以及最大功率点老化 1000h 后，仍旧保持>95% 的初始效率，超过了基于 spiro-OMeTAD 电池的稳定性[16]。Wang 等将铜膜暴露在碘蒸气中制备均匀的 CuI 膜，并将其作为反式钙钛矿太阳电池的空穴传输层，在 CuI/MAPbI$_3$/PCBM/Au 结构中获得了 14.7% 的光电转化效率[61]。与 CuSCN 和 CuI 相比，p 型 Cu$_2$O 具有相对较窄的带隙（2.2eV），价带位置为 5.4eV，小尺寸的 Cu$_2$O 晶体可以在 ITO 玻璃基底上形成均匀的表面，有利于制备高质量的 MAPbI$_3$ 钙钛矿薄膜。Wu 等采用热氧化法制备 Cu$_2$O 薄膜。反式器件 Cu$_2$O/MAPbI$_3$/PCBM/ZnO NPs/Al 的光电性能对 Cu$_2$O 层的厚度极其敏感，当 Cu$_2$O 薄膜厚度为 5nm 时，光电转化效率为 11%[62]。Sun 等将 CuSCN 加入到 CuI 中以提高空穴传输层的薄膜质量，从而在保持相对较高电导率的同时形成光滑均匀的薄膜。基于复合 CuI/CuSCN 空穴传输层的电池获得了 18.76% 的转换效率，大大高于单一组分空穴传输层的相应器件值（CuI：14.53%，CuSCN：16.66%）[63]。Huang 等开发了一系列用于反式钙钛矿太阳电池的 Cu 基空穴传输材料。他们采用电化学沉积法在 ITO 基板上制备出高质量、透明的 CuSCN 薄膜，然后在其表面一步法快速结晶 MAPbI$_3$ 薄膜，对应器件的平均光电转化效率为 16.6%[64]。基于 CuO$_x$ 的非封装器件可以实现 17.1% 的转换效率并同时提高了稳定性[65]。采用 CuS 纳米颗粒对 ITO 表面改性将表面功函数从 4.9eV 提高到 5.1eV，但不影响表面粗糙度和透射率，这可有效地降低界面载流子注入势垒并促进钙钛矿和 ITO 界面的高空穴提取效率[66]。此外，基于室温条件下溶液沉积的 CuI 反式钙钛矿电池实现了 16.8% 的转换效率[67]。用于钙钛矿太阳电池的空穴传输材料及其光电性质见表 5-1。

表 5-1　用于钙钛矿太阳电池的空穴传输材料及其光电性质

空穴传输材料	器件结构	HOMO (eV)*	LUMO (eV)*	空穴迁移率 [cm²/(V·s)]	J_{SC} (mA/cm²)	V_{OC} (V)	FF (%)	PCE (%)	参考文献
spiro-OMeTAD	FTO/SnO$_2$/FAPbI$_{3-x}$Cl$_x$/spiro-OMeTAD/Au	−5.23	−2.91	4×10^{-5}	25.74	1.189	83.2	25.5	[30]
PTAA	ITO/PTAA/MAPbI$_3$(Cl)/PC61BM/BCP/Ag	−5.20	−2.30	5×10^{-3}	22.5	1.12	82.5	20.8	[23]
PTAA	FTO/TiO$_2$/CsPbI$_2$Br/CsPbI$_3$ QD/HTL/Au	−5.20	−2.30	5×10^{-3}	15.25	1.20	78.7	14.5	[68]
PEDOT : PSS	ITO/PEDOT : PSS/MAPbI$_x$Cl$_{3-x}$/PCBM/PN$_4$N/Ag	−5.04	—	$20^{[69]}$	20.4	1.07	75.9	16.6	[24]
PEDOT : PSS	ITO/HTL/CsPb$_{0.7}$Sn$_{0.3}$I$_3$/PCBM/BCP/Ag***	−5.2	−3.5	20	20.96	0.64	70.1	9.41	[70]
P3HT	FTO/cp-TiO$_2$/mp-TiO$_2$/(FAPbI$_3$)$_{0.95}$(MAPbBr$_3$)$_{0.05}$/WBH/P3HT/Au	−5.14	−3.14	0.2	24.92	1.145	79.9	22.8	[25]
P3HT	ITO/SnO$_2$/CsPbI$_{3-x}$Br$_x$/HTL/Au	−5.14	−3.14	3.33×10^{-3}	16.36	1.12	76.9	14.1	[71]
P3HT	ITO/SnO$_2$/CsPbI$_2$Br/HTL/Au	−5.14	−3.14	3.33×10^{-3}	15.24	1.17	78.7	14.1	[72]
P3HT : ZnPc	FTO/c-TiO$_2$/m-TiO$_2$/CsPbBr$_3$/HTL/carbon	−5.16	−3.03	9.57×10^{-3}	7.65	1.58	83.1	10.0	[73]
PVK	ITO/PVK/MAPbI$_3$/PCBM/Ag				21.93	0.96	75.0	15.76	[46]
PTB7	FTO/c-TiO$_2$/CsPbI$_3$ QD/HTL/spiro-OMeTAD/MoO$_3$/Ag	−5.08	−3.45	6.33×10^{-4}	12.39	1.27	80.0	12.6	[74]
TPE-S	ITO/HTL/CsPbI$_2$Br/PCBM/ZnO/Ag	−5.29	−2.54	1.2×10^{-5}	15.60	1.26	78.5	15.4	[75]
PSQ**	ITO/ZnO/SnO$_2$/CsPbI$_2$Br/HTL/MoO$_3$/Ag	−5.31	−3.45	9.87×10^{-3}	15.40	1.27	79.0	15.5	[76]
VNPB****	FTO/SnO$_2$/C$_{60}$/Perovskite/HTL/MoO$_x$/Au/MoO$_x$	−5.3	−2.4	—	20.35	1.084	75.8	16.72	[20]
DTB-FL	ITO/SnO$_2$/Cs$_{0.05}$FA$_{0.95}$PbI$_3$/HTL/MoO$_3$/Ag	−5.47	−3.23	4.28×10^{-3}	23.8	1.14	79.1	21.5	[45]

续表

空穴传输材料	器件结构	HOMO (eV)*	LUMO (eV)*	空穴迁移率 [cm²/(V·s)]	J_{SC} (mA/cm²)	V_{OC} (V)	FF (%)	PCE (%)	参考文献
CuPc	FTO/c-TiO₂/m-TiO₂/CsPbBr₃/HTL/carbon	-5.2	-3.5	10^{-3}–10^{-2}	6.62	1.26	74.0	6.2	[77]
Tailored NiO	FTO/Nb：TiO₂/CsPbI₂Br/HTL/Au	-5.39	-1.85	—	15.07	1.24	79.5	14.9	[78]
NiMgLiO	FTO/HTL/CsPbI₂Br/TiO₂/Au	-5.25	-1.4	$2.32×10^{-3}$	14.72	1.26	76.0	14.0	[79]
CuSCN	FTO/cp-TiO₂/mp-TiO₂/CsFAMAPbI₃₋ₓBrₓ/CuSCN/Au	-5.30	-1.50	$1.2×10^{-3}$	22.65	1.09	75.0	20.5	[16]
Cu(Cr,Ba)O₂	FTO/c-TiO₂/m-TiO₂/Sm：CsPbBr₃/HTL/carbon	-5.45	-2.11	—	7.81	1.62	85.5	10.8	[17]
CZTS	FTO/c-TiO₂/m-TiO₂/CsPbBr₃/HTL/Ag	-5.4	-4.1	6~30	7.36	0.94	70.0	4.8	[80]
Cu₁₂Sb₄S₁₃	FTO/c-TiO₂/m-TiO₂/CsPbI₃ QDs/Cu₁₂Sb₄S₁₃ QDs/Au	-5.38	-3.54	—	18.28	1.04	52.9	10.0	[81]
Bi₂Te₃	FTO/c-TiO₂/m-TiO₂/CsPbBrI₂/HTL/Spiro-OMeTAD/Ag	-5.38	-3.47	—	14.80	1.14	71.0	12.0	[82]
Co₃O₄	ITO/SnO₂/CsPbI₂Br/HTL/carbon	-5.3	-1.5	—	13.09	1.19	72.1	11.2	[83]
Ti₃C₂-MXene	FTO/c-TiO₂/CsPbBr₃/HTL/carbon	WF	-4.5	—	8.54	1.44	73.1	9.0	[84]
CsPbI₂Br)₁₋ₓ(CsPbI₃)ₓ	ITO/SnO₂/CsPbI₂Br/HTL/spiro-OMeTAD/Au	-5.64	-3.78	—	15.86	1.32	75.2	15.5	[85]
MoO₂/NC	FTO/c-TiO₂/m-TiO₂/CsPbBr₃/HTL/NC composites/carbon	-5.1	—	$7.67×10^{-3}$	7.20	1.53	85.2	9.4	[86]

* 数值与真空电势有关，** PSQ：聚方蛋白，*** 浴铜灵；Bathocuproine，**** VNPB：二(4-乙烯基苯基)-二-1-萘基联苯-4,4'-二胺。

5.2.2　空穴传输层–钙钛矿界面

钙钛矿价带与空穴传输层的 HOMO 之间能级差过大不仅会导致严重的界面电荷复合，而且会产生热辐射损失，阻碍了开路电压的进一步提高。因此，需要对空穴传输层/钙钛矿界面能级结构进行优化，减少非辐射复合损失。在钙钛矿吸光层顶部再构建一层钙钛矿来形成异质结界面是一种直接调节界面电荷转移和复合的方法，该法的优点是形成界面的钙钛矿具有相同的晶体结构，以保证良好的结构和化学兼容性。例如，在 $CsPbI_2Br$ 钙钛矿薄膜表面涂覆一层 CsI，可以与薄膜中的 PbI_2 残基发生反应，所形成的富碘钙钛矿具有较浅的价带能级，可帮助空穴提取[85]。Liu 等通过调控卤素离子在钙钛矿中的含量，构建卤化物离子梯度分布的异质结构 $CsPbI_2Br/CsPbI_3$ 量子点（QD）。QD 层的加入促进了 Br^- 和 I^- 在界面的离子扩散，从而形成了由不同 $CsPbI_{2+x}Br_{1-x}$（$0 < x < 1$）层组成的渐变界面结构。这种方法有效地优化了 $CsPbI_2Br/CsPbI_3$ QD 界面的能级匹配，同时扩展了钙钛矿的吸收范围和强度[68]。

Xiang 等在 $CsPbI_2Br$ 钙钛矿与空穴传输层的界面原位生成 NiO 薄层，用以改善界面的能级匹配。NiO 的价带位置处于钙钛矿与 spiro-OMeTAD 的价带位置中间，可以很好地转移钙钛矿中的空穴。该法使得器件的开路电压大幅提高了 $100 mV$[87]。同样，Zhang 等也采用 NiO/spiro-OMeTAD 双层结构的空穴传输材料来实现界面能级调节和高效空穴转移，将甲脒铯太阳电池的转换效率从 19.8% 提高到 21.7%，稳定性也大大提升[88]。

二维薄片纳米材料，例如氮掺杂石墨烯[89]、$g\text{-}C_3N_4$[90]、黑磷[91]、WS_2[92] 和 MXene[93,94] 在钙钛矿太阳电池中也被用于促进界面电荷提取和转移。这些二维材料可以通过异质结界面的弱范德瓦耳斯力，调节器件内部的电荷转移以及光学特性。此外，界面应力也在电荷转移方面起着重要作用。在 NiO 空穴传输层和钙钛矿层之间插入 CsBr 缓冲层，可缓解晶格失配引起的界面应力并诱导更有序的钙钛矿晶体生长。同时，添加 CsBr 中间层减少了钙钛矿和 NiO 间的界面缺陷，增强了空穴提取和传输。电池结构为 $ITO/NiO_x/CsBr/MA_{1-x}FA_xPbI_{3-y}Cl_y/PCBM/BCP/Ag$ 的光电转换效率达到 19.7%，稳定性也得到提高[95]。

5.2.3　电子传输层

电子传输材料是指能接受带负电荷的电子载流子并传输电子载流子的材料，通常具有较高电子亲和能与离子势的半导体材料（即 n 型半导体）被用作电子传输材料。内建电场驱动的定向移动以及晶格热振动造成的散射作用共同支配着电子在 n 型半导体内的传输。电子传输材料的基本作用是与钙钛矿层形成电子选择性接触，需满足能级匹配，提高光生电子抽取效率，并有效地阻挡空穴向阴极方向迁移。通过分别控制电子传输层和空穴传输层的厚度，能平衡载流子在各层的传输，避免电荷积累对器件光电性能和寿命的影响。另外，在钙钛矿太阳电池中，电子传输材料经常被用于介观结构框架，除了有利于钙钛矿晶体的生长，还可缩短光生电子从钙钛矿体内到 n 型半导体间的迁移距离，有效降低电荷复合概率。

目前，许多 n 型金属氧化物如 TiO_2[96,97]、SnO_2[98]、ZnO[99]、Zn_2SnO_4[100]、WO_3[101]、In_2O_3[102]、$SrTiO_3$[103]、Nb_2O_5[104]、CeO_x[105]、$BaSnO_3$[106] 等已在钙钛矿电池中用作电子传输材料。在这些报道的高效率钙钛矿太阳电池中，二氧化钛（TiO_2）是使用率最高的电子传输材料。TiO_2 在钙钛矿太阳电池中作为电子传输层有良好的热稳定性和化学稳定性，成本低，与钙钛矿导带能级较为匹配，加工成膜较为简单等优点[96]。尽管采用 TiO_2 作为电子传输层的钙钛矿太阳电池能获得高转换效率，一个无法避免的问题是在紫外光照下，器件性能会迅速衰减，特别是当 TiO_2 用作介孔框架时，它会对紫外照射下的器件稳定性产生更严重负面影响。该不稳定性主要来自于 TiO_2 表面分子氧的解吸附，归因于在 TiO_2，特别在其表面上大量的氧空位（或 Ti^{3+} 缺陷态）。氧空位在紫外光照下还具有光催化活性，能够催化降解与其直接接触的钙钛矿吸光层，从而影响器件的稳定性[107]。另外，通常制备 TiO_2 层需要高温煅烧（>400℃）以获得良好的结晶性，但是这样的高温工艺不利于柔性结构器件的生产，也不利于降低成本，因此，如何在低温下（<150℃）制备高质量 TiO_2 电子传输层成为一个重要的挑战；第三，TiO_2 的电子迁移率仍然不高 [$10^{-2} cm^2/(V \cdot s)$]。对于不同组成的钙钛矿来说，TiO_2 的导带能级的匹配程度仍旧不是十分理想，因此需要开发其他能级更为匹配以及更高的电子迁移率的电子传输材料来替代介孔 TiO_2 纳米结构框架或致密 TiO_2 电子传输层。

SnO_2 是与 TiO_2 类似的金属氧化物，它既可以用作钙钛矿电池中的致密层也可以用作介孔框架层。基于 SnO_2 平面结构的钙钛矿太阳电池近年来发展十分迅速，屡次刷新效率记录，因此，SnO_2 被认为是一种可替代 TiO_2 的电子传输材料[30,108,109]。相较于 TiO_2，SnO_2 具有宽带隙、深导带和价带、良好的光学和化学稳定性、高透明度（透光率超过90%）、高电子迁移率 [$240 cm^2/(V \cdot s)$] 和低温下易于制备等优点。SnO_2 的导带约为 4.5eV，低于所有主流铅卤钙钛矿材料（如 $MAPbI_3$、$FAPbI_3$、$MAPbBr_3$、$CsPbI_3$、$CsSnI_3$）的 3.4 ~ 3.9eV 的导带能级。然而，SnO_2 的低导带可能会降低钙钛矿和 SnO_2 之间肖特基势垒的内建电势，从而降低电池的开路电压。SnO_2 的价带顶相对较深，约为 9eV，可有效阻止空穴注入，其高电子迁移率有助于它有效地从钙钛矿中提取并输运电子，大大降低界面电荷复合。此外，SnO_2 相较于 TiO_2 吸收紫外线的能力更弱，器件稳定性更好。

低温技术是制备高质量 SnO_2 薄膜的有效方法，原因之一是 SnO_2 在高温退火后会引起其界面接触和电学性能变差，以及与钙钛矿的能级无法匹配。同时，低温退火的限制也是 SnO_2 作为电子传输层的一个问题，因为其无法兼容需要高温退火的无机钙钛矿薄膜的制备。

　　You 等在 SnO_2 表面沉积一层氟化锂（LiF）薄层来调节 SnO_2 的导带电位。LiF 改性增强了电池内部的内建电势，在不影响电子注入效率的前提下，有效降低了界面电荷复合[110]。Wang 等将氟化铷（RbF）通过两种途径改性 SnO_2：①将 RbF 添加到 SnO_2 胶体分散体中，F 和 Sn 具有强相互作用，有助于提高 SnO_2 的电子迁移率；②在 SnO_2/钙钛矿界面上沉积 RbF，Rb^+ 可迁移到钙钛矿晶格的间隙位置，以抑制离子迁移并减少非辐射复合，这有助于提高开路电压。此外，通过同时使用 RbF 对 SnO_2 处理和钙钛矿表面的对甲氧基苯乙基碘化铵钝化，使得器件的转换效率达到 23.38%，其中开路电压为 1.213V，对应的电压损失低至 0.347V[111]。Miyasaka 等发现，$SnCl_2$ 前驱体溶液陈化前后对制备的 SnO_2 及器件性能的影响很大。经陈化 SnO_2 制备的器件，V_{oc} 的损失可以降低到小于 0.5V，基于 $CsPbI_2Br$ 太阳电池的效率提高到 15.5% 以上，电压可达到 1.43V。陈化作用体现在：$SnCl_2$ 前驱体溶液与乙醇和极微量的 H_2O 作为溶剂可引起 $SnCl_2$ 的缓慢水解和醇解，生成小颗粒，可诱导形成均匀的 SnO_2 薄膜与高质量钙钛矿薄膜，提高 SnO_2 与钙钛矿的界面接触性能，减少界面缺陷和载流子复合[112]。将 Mg^{2+} [113]、Y^{3+} [114]、K^+ [115] 等金属离子掺杂到 SnO_2 中有助于钙钛矿和 SnO_2 之间形成良好的导带能级匹配，改善从钙钛矿到 SnO_2 的电子转移并减少电荷复合。例如，Nb 掺杂剂可有效钝化 SnO_2 中的电子陷阱，从而获得更高的电子迁移率。此外，Nb：SnO_2 明显增强了电子提取并有效抑制了电荷复合，与未掺杂 SnO_2 相比，基于 Nb：SnO_2 的太阳电池的光电转换效率从 15.13% 提高到 17.57%[116]。

　　由于 TiO_2 会降低钙钛矿太阳电池在光照下的稳定性，考虑到其电子迁移率和电子结构特点，镧（La）掺杂的 $BaSnO_3$（LBSO）也会是理想电子传输材料。但 LBSO 在溶液中不能很好地分散成细微颗粒，也不能在 500℃ 以下结晶。鉴于此，Seok 等开发了在非常温和的条件下（低于 300℃）制备 LBSO 的超氧化物胶体溶液的方法。用 LBSO 和 $MAPbI_3$ 制备器件的稳态光电转换效率为 21.2%，高于介孔 TiO_2 器件的稳态转换效率（19.7%）。此外，基于 LBSO 的电池在 1000h 标准光照后仍可保持 93% 的初始性能[117]。

　　如前所述，与无机半导体不同，有机半导体分子含有大的共轭体系，这些共轭体系中存在比较自由的 π 电子，但也被局限在分子内，电子在分子间的传递则通过跳跃的方式来实现，即在电场的驱动下，电子从钙钛矿材料注入有机分子的 LUMO 能级后，经由跳跃至另一个分子的 LUMO 能级，直至到达阴极。由于电子的移动过程往往伴有核的运动，因此有机电子传输材料的迁移率一般比无机电子传输材料的低。

　　最常见的有机电子传输材料为 PCBM，它属于富勒烯衍生物的一种，广泛用在有机聚合物太阳电池以及反式钙钛矿太阳电池中[118,119]。相较于其原始形式 C_{60} 或 C_{70}，PCBM 具有良好的可溶性，使其可以溶液法成膜制备。2013 年，Guo 等首次将 PCBM 和茚加成物（ICBA）应用到平面异质结太阳电池中，得到了 3% 左右的光电转换效率[36]。Yang 等低温退火处理 PC61BM 电荷传输层，在 PEDOT：PSS/MAPbI$_{3-x}$Cl$_x$/PC61BM/Al 反式结构中获得 11.5% 的转化效率[120]。Seok 等通过优化 PCBM 的厚度以及插入可调节界面功函数的 LiF，使得反式 MAPbI$_3$ 器件的效率达到 14.1%，$10 \times 10 cm^2$ 的钙钛矿模组效率也达到 8.7%[121]。Chiang 等在空气气氛下两步旋涂法制备高质量钙钛矿薄膜，并采用 PC71BM 代替 PC61BM，器件 PEDOT：PSS/MAPbI$_3$/PC71BM/Al 光电转化效率达到 16.3%，填充因子高达 82%[122]。为了获得更高的光电转化效率，与金属电极形成良好的欧姆接触，可以采用金、银等电导率更高的金属作对电极。例如，Kim 等在 PEDOT：PSS/MAPbI$_3$/PCBM/Au 结构中采用金对电极，获得了 18.1% 的光电转化效率[37]，Chen 等在 Cs：NiO$_x$/MAPbI$_3$/PCBM/Ag 结构中获得 19.3% 的光电转化效率[55]。Ning 等将茚-C-60 双加合物（ICBA）用作锡基钙钛矿太阳电池的电子传输材料，ICBA 较浅的导带（−3.74eV）可减少界面载流子复合，并使器件获得更大的开路电压，达到 0.94V，比基于 PCBM 的器件的 0.6V 高 50% 以上，经认证的光电转换效率达到了创纪录的 12.4%[123]。用于钙钛矿太阳电池的电子传输材料及其光电性质见表 5-2。

5.2.4　电子传输层–钙钛矿界面

　　与空穴传输层/钙钛矿界面类似，电子传输层与钙钛矿之间的界面也存在能级匹配度不理想、电子转移效率不高、非辐射复合严重的问题，因此对该界面也需要进行诸如能级调节、缺陷钝化等方式处理。Grätzel 等在致密 TiO$_2$ 表面沉积一层聚丙烯酸（PAA）稳定的氧化锡（IV）量子点（PAA-QD-SnO$_2$），形成 PAA-QD-SnO$_2$@ c-TiO$_2$ 均匀双层电子传输层。该双层大大提高了钙钛矿对太阳光的吸收，并与钙钛矿薄膜形成了高效的电子选择性界面，抑制界面的非辐射复合。量子尺寸效应将 QD-SnO$_2$ 的带隙从体相 SnO$_2$ 的 3.6eV 增加到 ~4eV，导致相应的导带边能级向上弯曲，与钙钛矿的导带更好地匹配，从而增大界面的电子转移性能。使用 PAA-QD-SnO$_2$ 作为电子传输界面使 0.08cm^2 大小的电池具有高达 25.7% 的光电转换效率（认证效率为 25.4%），电池有效面积分别为 1cm^2、20cm^2 和 64cm^2 的转换效率也可分别达到 23.3%、21.7% 和 20.6%[136]。Zhang 等

表 5-2　用于钙钛矿太阳电池的电子传输材料及其光电性质

电子传输材料	器件结构	LUMO (eV)*	HOMO (eV)*	电子迁移率 [cm²/(V·s)]	J_{SC} (mA/cm²)	V_{OC} (V)	FF (%)	PCE (%)	参考文献
TiO₂	FTO/TiO₂/CsPbI₂Br/CsPbI₃ QD/PTAA/Au	-7.50	-4.01	1×10^{-2}	15.25	1.20	78.7	14.5	[68]
TiO₂	FTO/cp-TiO₂/mp-TiO₂/FAPbI₃/OAI/spiro-OMeTAD/Au	-7.50	-4.01	1×10^{-2}	26.35	1.19	81.7	25.6	[29]
SnO₂	ITO/SnO₂/LiF/CsPbI₂₋ₓBrₓ/spiro-OMeTAD/Au	-4.01	-8.1	$2.4\times10^{2[124]}$	18.30	1.23	82.6	18.6	[125]
SnO₂	FTO/SnO₂/FAPbI₃₋ₓClₓ/spiro-OMeTAD/Au	-4.01	-8.1	2.4×10^{2}	25.74	1.189	83.2	25.5	[30]
Aged SnO₂	ITO/Aged SnO₂/CsPbI₂Br/poly（DTSTPD-rB'ThTPD）/Au	-3.75	-7.66	7.44×10^{2}	14.25	1.41	77.0	15.5	[112]
SFX-PDI2/PC61BM	ITO/NiO/CsPbI₂Br/ETL/BCP/Ag	-3.96	-5.94	2.42×10^{-4}	15.72	1.21	79.5	15.1	[126]
L-TiO₂-MoS₂	FTO/ETL/CsPbBr₃/C	-4.01	-7.57	5.34×10^{-4}	7.36	1.60	78.5	9.2	[127]
L-TiO₂-MoSe₂	FTO/ETL/CsPbBr₃/C	-4.0	-7.56	6.36×10^{-4}	7.88	1.62	78.7	10.0	[127]
Cs:ZnO	ITO/ETL/CsPbI₂Br/spiro-OMeTAD/MoO₃/Ag	-0.1	-3.7	—	16.3	1.28	78.5	16.4	[128]
MgZnO	FTO/ETL/Mn:CsPbI₂Br/spiro-OMeTAD/P3HT/Au	-7.79	-3.65	—	15.68	1.27	77.9	15.5	[129]
Nb:Carbide-TiO₂	FTO/NiMgLiO/CsPbI₂Br/ETL/Sb	-7.25	-3.63	—	15.0	1.28	0.77	14.8	[130]
NiO/ALD TiO₂	FTO/ETL/CsPbIBr₂/carbon	-7.09	-3.89	—	11.57	1.27	66.0	9.71	[131]
In₂S₃	FTO/ETL/CsPbIBr₂/spiro-OMeTAD/Ag	-6.43	-3.98	17.6	7.76	1.09	65.9	5.59	[132]
ZnO	FTO/ETL/CsPbIBr₂/carbon	-4.21	-7.21	$2\text{-}3\times10^{2[133]}$	11.60	1.03	63.0	7.6	[134]
ICBA	ITO/PEDOT/Sn-perovskite/ICBA/BCP/Ag	-3.74	—	—	17.4	0.94	75.0	12.4	[123]
PC61BM	ITO/NiO/CsPbI₂Br/ETL/BCP/Ag	-4.30	-6.0	2.15×10^{-4}	14.3	1.15	74.2	12.2	[126]
Ti₃C₂Tₓ:TiO₂	FTO/Cs₂AgBiBr₆/spiro-OMeTAD/MoO₃/Ag	-6.97	-4.17	—	4.14	0.96	70	2.81	[135]

* 数值与真空电势有关。

开发了一种低温处理的 In_2O_3/SnO_2 双层电子传输层。In_2O_3 的存在可诱导形成均匀、致密和低缺陷密度的钙钛矿薄膜。此外，In_2O_3 的导带比 ITO 的导带浅，可增强从钙钛矿到电子传输层的电荷转移效率，从而最大限度地减少了钙钛矿和电子传输层界面处的电压损耗。相应平面器件获得了转换效率 23.24%（认证效率为 22.54%），其中开路电压从 1.13V 提升到 1.17V，损耗仅为 0.36V。此外，器件在 80 天后的氮气氛围中保持了初始效率的 97.5%，并在标准光强连续光照 180h 后保持其初始效率的 91%[137]。Kong 等在 TiO_2 致密层和钙钛矿之间插入一层 SnO_2 非晶层（$a\text{-}SnO_2$），该双层结构导致界面能垒的改变，从而改善了钙钛矿太阳电池中的电荷收集并减少了载流子复合。优化器件显示出 21.4% 的转换效率。改进后的器件还显示出 1.22V 的最大开路电压，对应约 0.39V 的电压损失。此外，基于 $c\text{-}TiO_2/a\text{-}SnO_2$ 的器件在光照 500h 后仍保持其初始 PCE 值的 91%，高于纯 $c\text{-}TiO_2$（67%）基器件，而且使用 $c\text{-}TiO_2/a\text{-}SnO_2$ 在 30h 后连续紫外光照射下，效率损失仅为 10%，高于基于 $c\text{-}TiO_2$ 的器件（28% 的损失）[138]。

　　氧化锌（ZnO）用作钙钛矿太阳电池电子传输层时，其表面的路易斯碱性会导致钙钛矿层去质子化，从而导致严重降解。通过硫化反应在 ZnO/钙钛矿界面将 ZnO 表面转化为 ZnS。ZnO-ZnS 表面上的硫化物与 Pb^{2+} 紧密结合，提供了一种新的电子传输路径，以加速电子转移并减少界面电荷复合，从而获得了 20.7% 的转换效率，且没有明显的迟滞。硫化物改性后的器件在 1000h 内保持其初始性能的 88%，在紫外线照射下 500h 内保持其初始性能的 87%[139]。

　　Carlo 等发现，改变二维过渡金属碳化物（MXene $Ti_3C_2T_x$，其中 T 表示端基）端基基团的种类，可在不影响其他电子特性的情况下调整钙钛矿和 TiO_2 电子传输层的导带能级，而且 $Ti_3C_2T_x$ 在钙钛矿/电子传输层界面处引起的偶极作用也可改变这些层之间的能带排列，从而优化太阳电池中的能级位置，增强两层之间的电荷转移。经 MXene 修饰的电池光电转换效率提高了 26%，最大效率超过 20%，并且几乎完全抑制了迟滞现象[140]。Tang 等通过构建 $WS_2/CsPbBr_3$ 的 vdW 异质结界面来释放界面应力，该异质结构具有匹配的晶格结构和无悬挂键的表面，可很好地充当电子传输层和 $CsPbBr_3$ 钙钛矿之间的润滑剂。界面应力释放和钙钛矿晶格的钝化使得器件在 1.70V 的超高开路电压下实现了 10.65% 的效率，并且在 120 天持续光照和湿度（80%）条件下的稳定性显著提高[141]。

　　透明导电电极与电荷传输层界面改性同样可以提高器件的性能。Fang 等在 FTO 电极和 SnO_2 之间加入一层超薄的宽带隙 MgO 纳米层，该方法可增强电子传输能力，MgO 的较低价带能级能有效阻挡空穴传输，使得光电转换效率与未使用 MgO 改性剂相比提高了 11%。MgO 改性的 FTO/SnO_2 表面更加平整光滑，利于钙钛矿生长成膜。此外，MgO 钝化使得 FTO 表面缺陷更少，电子和空穴复合得以受到抑制。同样地，在 ITO 电极表面沉积 MgO 纳米层也能够提高电池的光电转换效率[142]。

Yang 等合成了三嵌段富勒烯衍生物（PCBB-2CN-2C8），用它来改性 TiO_2 表面可显著改善界面电子提取，从而减少由 TiO_2 的深陷阱态引起的电荷复合损失，再加上匹配的功函数，使得器件的开路电压从 0.99V 增加 1.06V，填充因子从 72.2% 增加到 79.1%[143]。White 等采用 PMMA∶PCBM 混合物组成的超薄钝化层来钝化钙钛矿/TiO_2 的界面缺陷。PMMA 可高效钝化界面缺陷，将开路电压提高 80mV，但以牺牲导电性为代价（填充因子过低），而 PCBM 具有良好的电子导电性。通过在薄膜中添加 PCBM 来平衡钝化效果和电导率，从而最大限度地提高效率。钝化层将钙钛矿电池的开路电压提高了 80mV，电池效率达到 20.4% 且无明显迟滞。在循环照明下表现出小于 3s 的快速电流和电压响应，远超过无钝化器件的 40s 响应速度[144]。

5.3　界面缺陷抑制

电荷传输层的能级可从根本上影响电荷注入、累积、复合等过程，从而对太阳电池性能产生重要影响，其中电荷注入和复合是竞争关系。载流子复合还依赖于其他界面性能，如表面缺陷分布和密度[5]。通过调节界面缺陷，电荷传输层可以通过改变能级位置和界面复合直接影响开路电压。钙钛矿薄膜中的缺陷密度很大程度上取决于钙钛矿薄膜的质量[145,146]。钙钛矿和电荷传输层之间的界面含有高浓度的缺陷（大约是钙钛矿层内的 100 倍），特别是深能级缺陷，会对界面载流子复合产生严重的影响，同时也会产生迟滞、分相等问题，使得钙钛矿器件的光电转换效率和稳定性下降[147-150]。钙钛矿薄膜的孔洞则会导致电子传输层、空穴传输层以及电极之间直接联通，造成电池短路[151]。鉴于钙钛矿薄膜的表面和晶界是缺陷的主要分布位点，而电荷传输层又与钙钛矿层直接接触，因此，对钙钛矿/电荷传输层界面的处理可有效减少缺陷密度，增大载流子寿命和扩散长度，提高电池的光电转换效率。

Cheng 等详细研究了商用 α-SnO_2，发现在其胶体溶液有作为稳定胶体的氢氧化钾（KOH）添加剂。采用狭缝模涂的方式将 α-SnO_2 胶体溶液涂在柔性 ITO/PET 基板上，结合甲胺甲脒铯基钙钛矿制备电池。钾阳离子促进钙钛矿晶粒的生长，钝化界面，并有助于以提高电池效率和稳定性。考虑到商用 α-SnO_2 溶液的强碱性（pH 约为 12）会对生产过程造成碱腐蚀，他们将自制的 SnO_2 纳米晶薄膜进行 KOH 钝化，并调节溶液的 pH，小尺寸（0.16cm²）和大尺寸（16.07cm²）柔性器件的光电转换效率分别为 17.18% 和 14.89%，并且迟滞现象可忽略不计（图 5-3）[152]。随后人们还发现钾离子对消除基于 SnO_2 的平面钙钛矿太阳电池的迟滞现象具有普适性，与 SnO_2 薄膜的制备方式无关[153,154]。Tan 等

将市售 SnO_2 胶体溶液中直接混合 KCl，然后旋涂在 ITO 玻璃基板上制备 SnO_2-KCl 复合电子传输层，以同时钝化 ETL/钙钛矿界面和钙钛矿薄膜晶界缺陷。ETL/钙钛矿界面处的 K 和 Cl 离子钝化了 ETL/钙钛矿界面，同时，扩散到体相钙钛矿中的 K 离子会增大晶粒尺寸并钝化晶界。使用 SnO_2-KCl 复合 ETL 的 $(FAPbI_3)_{0.95}(MAPbBr_3)_{0.05}$ 钙钛矿太阳电池，其开路电压和填充因子显著提高，光电转换效率从 20.2% 增加至 22.2%[155]。Seok 等通过将 Cl 键合的 SnO_2 与含 Cl 的钙钛矿前驱体偶联，来实现在 SnO_2 电子传输层和钙钛矿之间形成中间层。该中间层具有与相邻层结构和组成连贯的特征，可增强钙钛矿层的电荷提取和传输，并减少界面缺陷。基于这种中间层策略所制备的钙钛矿电池在标准光强下的光电转换效率达到 25.8%（经认证为 25.5%）。此外，即使在连续光照 500h 后，未封装的器件仍能保持其初始效率的 90% 左右[156]。Snaith 等采用作为钙钛矿前驱体材料的溴化铯（CsBr）来改性电子传输层和 $MAPbI_{3-x}Cl_x$ 吸收层之间的界面。由于溴化铯可与钙钛矿表面富裕的卤化铅原位形成钙钛矿中间层，减少了 TiO_2/钙钛矿异质结处的缺陷浓度和增强界面电子提取效率，从而有效提高平面异质结器件在紫外光照射下的稳定性[157]。Choy 等引入硫氰酸钾（KSCN）无机盐同时交联 NiO_x 和 $MAPbI_3$ 钙钛矿，实现对空穴传输层和钙钛矿的两个界面进行钝化。除钾钝化阳离子空位外，硫氰酸盐对钙钛矿和 NiO_x 也表现出良好的钝化作用。Ni-N 键的强极性共价键特性使电子偏离 Ni 中心。同时，$MAPbI_3$ 中 Pb 和硫氰酸根里的 S 之间的强静电力使 Pb 离子层更靠近钙钛矿，从而抑制了 I 离子的迁移。反式钙钛矿太阳电池表现出 21.23% 的高效率和 1.14V 的开路电压，工作稳定性也得到改善[158]。

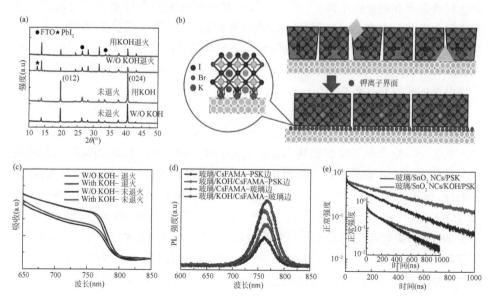

图 5-3　钾离子钝化的钙钛矿薄膜

（a）沉积在不同 SnO_2 基底上的钙钛矿 X 射线衍射，（b）在不同 SnO_2 基底上钙钛矿生长示意图，
（c）紫外可见吸收光谱，（d）稳态吸收光谱，（e）瞬态吸收光谱，（f）未经钾离子钝化的器件截面图，
（g）经钾离子钝化的器件截面图。版权来源：Nature Publishing Group（2017）[152]

　　有机材料钝化钙钛矿/电荷传输层的界面缺陷及其钝化也有大量报道，而且有机化合物结构可调的优点为缺陷钝化提供了更多选择。其中，有机胺、硫等含有孤对电子的路易斯碱化合物可以与路易斯酸性卤化物空位缺陷发生作用（钙钛矿内部的主要缺陷），从而有效钝化该类缺陷。此外，这些路易斯碱还可以与电荷传输层中未完全配位的 Ti 发生相互作用。Yen 等采用含有—CN 基团的 6TIC-4F 钝化 $CsPbI_2Br$ 太阳电池，使得器件内部的电荷寿命提高了 1.5 倍，电致发光外量子效率也增加了近一个数量级[159]。Xiang 等合成具有氨基封端的富勒烯衍生物 $C_{60}NH_2$ 并钝化 TiO_2/钙钛矿的界面。$C_{60}NH_2$ 中的氨基基团可以与 TiO_2 中未配位的 Ti 发生配位反应，从而钝化氧空位缺陷。此外，$C_{60}NH_2$ 薄层还可以更有效地提高电子传输效率，并有助于制备高质量钙钛矿薄膜。因此，该钝化策略使得 FTO/cp-TiO_2/$C_{60}NH_2$/$MAPbI_3$/spiro-OMeTAD/Au 平面钙钛矿太阳电池的开路电压明显提升，在自然光和 40%~50% 相对湿度下的器件稳定性也有显著改善[160]。

　　钙钛矿太阳电池存在迟滞现象，该现象降低了依靠 J-V 曲线评估电池光电转换效率的可靠性和准确性。不同钙钛矿和电荷传输层的界面，甚至电荷传输层与电极界面都会导致不同的迟滞行为，因为它们都对电荷的收集产生影响，例如不平衡的电荷载流子传输，离子迁移与极化、以及载流子在缺陷处的捕获–去捕获过程[3,161]。因此，界面调控对于抑制甚至消除迟滞非常重要。具有高电荷迁移率的电荷传输材料能够确保电荷的有效传输，而界面处合适的能级匹配以及低缺陷态密度能够保证电荷的高效注入，减少非辐射复合的发生，从而抑制迟滞现象的产生。例如，Wang 等将 CuSCN 引入钙钛矿与碳电极之间，电池几乎不产生迟滞[162]。经等离子体处理和低温退火的 SnO_2 电子传输层由于其电子迁移率的提升，相应器件的迟滞也几乎消除[163]。

5.4　界面保护层

器件的长期工作稳定性是钙钛矿太阳电池商业化的关键问题之一，电荷传输层及其界面在钙钛矿太阳电池的稳定性方面起着重要的作用。例如，水分子可以很容易地吸附在界面缺陷，诱发钙钛矿的相变甚至是降解，而广泛使用的空穴传输材料的 p 型掺杂分子 LiTFSI 具有很强的吸湿性[164]。因此，需要开发无掺杂和疏水的空穴传输材料，如无机电荷传输材料。无机电荷传输材料还可提高对其他外部影响因素的稳定性，如氧气、温度等[165,166]。对于金属电极界面，由于卤素离子的空位形成能很低，碘离子很容易逸出钙钛矿晶格，并通过空穴传输层迁移到达金属接触，从而发生化学反应。在水、氧、光、高温条件下，这种卤化腐蚀反应更严重，因为这些因素会加速碘离子的产生和迁移[167,168]。因此，在电荷传输层与金属界面处提高卤素离子的迁移势垒可增大器件的长期工作稳定性。

Grätzel 等研究发现，将钙钛矿太阳电池暴露高于 70℃ 的温度会导致金穿过 spiro-OMeTAD 而进入钙钛矿层。钙钛矿层内过高的 Au 含量会造成器件短路和漏电，以及在钙钛矿中产生深能级缺陷，增强非辐射复合。在 spiro-OMeTAD 和电极之间插入一层金属 Cr 薄层可以防止在高温下发生这种不可逆的降解和金扩散，提高器件的稳定性[11]。Petrozza 等在钙钛矿薄膜表面沉积一层聚环氧乙烷（PEO）用以改善钙钛矿的水稳定性。PEO 中的 O 与钙钛矿表面上的铅离子发生化学作用，从而钝化了配位不足的缺陷位点，提高光电压。更为重要的是，吸湿性 PEO 薄膜可以阻挡水分子入侵钙钛矿薄膜，可以使钙钛矿太阳电池在潮湿环境的稳定性增强。器件在没有封装、工作负载、大气环境以及 15h 连续光照条件下，保持了超过 95% 的初始光电转换效率[169]。Padture 等报道了在电子传输层和钙钛矿薄膜中间引入一层碘封端的自组装单分子层（I-SAM）。该单分子层可在界面处增加约 50% 的附着力，从而增强电池的机械性能，光电转换效率也从 20.2% 提高到 21.4%。在标准太阳光照射和 MPP 条件下，预计 T_{80}（保持 80% 初始效率的时间）从 700h 增加到 4000h。没有 I-SAM 的器件的稳定性测试中在界面处产生了空隙和分层，而具有 I-SAM 的器件界面接触仍旧良好。这种稳定性差异归因于 I-SAM 界面处羟基的减少和更强的界面韧性[170]。Qi 等采用整体界面稳定策略，通过改善所有相关功能层和界面，即钙钛矿层、电荷传输层和器件封装，同时提高钙钛矿太阳能组件的效率和稳定性。未封装钙钛矿太阳能组件在 $22.4cm^2$ 的面积实现了 16.6% 的效率。封装的钙钛矿太阳能模块表现出与未封装器件相似的效率，但是封装器件在标准光强下连续运行 2000h 后，可保留约 86% 的初始性能[171]。这些研究进一步体现了界面对电池稳定性的重要影响。

5.5　无电荷传输层器件

如前所述，大多数高性能钙钛矿太阳电池使用 spiro-OMeTAD 作为空穴传输层，一方面其价格昂贵（约为 500 美元/克），另一方面器件长期稳定性也是个问题。此外，金属电极（金或银）的制备通常需要高真空环境下。这两个功能层无疑增加器件的生产成本。钙钛矿的双极性特性使得它不仅可以产生光生载流子，还可以通过内建电场驱动载流子分离，因此，人们利用这个特点开发了无电荷传输层的钙钛矿太阳电池。

Yan 等报道了在不使用电子传输层的情况下直接在 FTO 基板上生长钙钛矿吸光层。对 FTO 基板进行紫外–臭氧处理，FTO/MAPbI$_{3-x}$Cl$_x$/空穴传输材料/Au 电池实现了 14% 以上的转换效率和 1.06V 的开路电压。除了紫外–臭氧处理外，他们发现在钙钛矿薄膜的制备中加入 Cl 是实现高开路电压的另一个关键[172]。针对无电子传输层的钙钛矿太阳电池的透明导电基底/钙钛矿界面存在严重的电荷复合问题，Wu 等在 FTO 导电玻璃基底上修饰一层超薄的无定型 Nb^{5+}氢氧化物（a-NbOH），可以有效抑制 FTO/钙钛矿界面间的电荷复合，在 FTO/a-NbOH/MAPbI$_3$界面间的电荷复合时间尺度比 FTO/Nb$_2$O$_5$/MAPbI$_3$ 长了一倍多（5570ps：2500ps）。经 a-NbOH 薄层修饰后，无电子传输层的钙钛矿太阳电池器件的开路电压和填充因子分别从 1.02V 和 66% 显著提升至 1.16V 和 79%，最终获得了 21.1% 的光电转换效率，该效率是目前文献报道的无电子传输层钙钛矿太阳电池的最高值，显著高于基于高温烧结的 Nb$_2$O$_5$ 电子传输层的电池器件（18.7%），以及基于未经修饰的 FTO 基底的无电子传输层器件（12.8%）。a-NbOH 修饰层的界面钝化以及抑制界面电荷积累和复合的作用使器件的迟滞得到了明显抑制。这种化学原位生长的超薄无定型 a-NbOH 修饰层可以实现在 FTO 导电基底的均匀覆盖，器件效率重复性高，面积为 1.1cm^2 的钙钛矿太阳电池也显示出接近 20.0% 的光电转换效率[173]。

碳基电极被认为是取代金属最有潜力的新型电极，这是由于碳电极价格低廉且易于制备，并且它们的功函数与金属电极相当，更为重要的是，碳基钙钛矿电池的水稳定性显著优于基于 spiro-OMeTAD 和 Au 基的器件。Han 等开发了含双层介孔 TiO$_2$/ZrO$_2$作为钙钛矿的介孔框架。他们将钙钛矿前驱液 ［PbI$_2$、MAI 和 5-铵戊酸（5-AVA）碘化物的溶液］通过多孔碳膜滴加并渗透到双层介孔中，通过进一步退火形成钙钛矿薄膜。添加 5-AVA 可形成 (5-AVA)$_x$(MA)$_{1-x}$PbI$_3$中间体，使得钙钛矿薄膜具有更低的缺陷浓度和更好的孔隙填充以及与 TiO$_2$ 框架更完全的接触，与 MAPbI$_3$相比可获得更长的载流子寿命。无空穴传输层的电池实现了 12.8% 的认证转换效率，并且在室温条件标准太阳光照射下稳定超过 1000h[174]。

Tang 等在 CsPbBr$_3$/碳界面引入 CuInS$_2$/ZnS 量子点[175]、聚合物[176,177]、离子液体[178]等，均能够在调节界面能级匹配的前提下，显著改善未封装且无空穴传输材料钙钛矿电池的环境稳定性。Qi 等制备的 FTO/TiO$_2$/甲脒-铯基钙钛矿/碳的无空穴传输层钙钛矿电池，在 85℃、85% 相对湿度且没有封装条件下老化 192h 后，可保持初始效率的 77%。通过引入聚环氧乙烷薄层来改进钙钛矿/碳界面的能级匹配，提高了电荷提取和收集，使得光电转换效率从 12.2% 提高到 14.9%[179]。

5.6 展　望

由于制备方法简单以及光电转换效率高，钙钛矿太阳电池显示巨大的商业化潜力，通过调节钙钛矿的带隙还可与硅等制备叠层电池。钙钛矿电池中的电荷传输层及其相关界面起着多重作用，决定着器件内部电荷传输、复合以及器件的稳定性。

电荷传输层及其相关界面最重要的作用是通过能级匹配在钙钛矿吸光层和电极之间架起一座电荷传输的桥梁，提高电荷提取效率并避免电荷累积和复合。电荷传输材料自身也应具有足够高的电导率，以减少载流子传输的阻力。同时电荷传输层应具有一定的厚度，从而有效避免电极与钙钛矿的直接接触。根据理想电荷传输材料的要求，未来应该侧重于开发具有高空穴/电子迁移率和理想能级结构的新型电荷传输材料，以确保高效的电荷分离和注入，减小界面电荷复合，并可阻止环境中的水、氧等分子的入侵。水、氧、光等引起的器件不稳定性都与界面处的缺陷有关，因此除了能级匹配，电荷传输层及其界面应有助于减少相邻钙钛矿层的表面缺陷，延长载流子寿命，防止载流子捕获，抑制离子迁移等。电荷传输层和相关界面也对沉积在其表面的钙钛矿薄膜的形貌质量等产生重要影响，通过调节基底的形貌、润湿性、暴露晶面等，可诱导钙钛矿的择优晶体取向以及结晶生长，从而优化界面电荷转移。因此，对适用于高效稳定的钙钛矿太阳电池电荷传输材料的开发，应着眼于提高空穴/电子迁移率、与相邻层能级匹配的理想能级结构，以确保高效的电荷分离和注入，减小界面电荷复合，并可改善钙钛矿成膜质量，提高器件的稳定性。

参 考 文 献

[1] Liu J, Hu M, Dai Z, et al. Correlations between electrochemical ion migration and anomalous device behaviors in perovskite solar cells. ACS Energy Lett. , 2021, 6 (3): 1003-1014.

[2] Zhu T Y, Shu D J. Role of ionic charge accumulation in perovskite solar cell: carrier transfer in bulk and extraction at interface. J. Phys. Chem. C, 2019, 123 (9): 5312-5320.

[3] Chen B, Yang M, Priya S, et al. Origin of *J-V* hysteresis in perovskite solar cells. J.

Phys. Chem. Lett. , 2016, 7 (5): 905-917.

[4] Xiang W, Tress W. Review on recent progress of all-inorganic metal halide perovskites and solar cells. Adv. Mater. , 2019: e1902851.

[5] Xiang W, Liu S, Tress W. Interfaces and interfacial layers in inorganic perovskite solar cells. Angew. Chem. Int. Ed. , 2021, 60: 26440-26453.

[6] Tress W, Leo K, Riede M. Influence of hole-transport layers and donor materials on open-circuit voltage and shape of *I-V* curves of organic solar cells. Adv. Funct. Mater. , 2011, 21 (11): 2140-2149.

[7] M Hill R B, Turren-Cruz S H, Pulvirenti F, et al. Phosphonic acid modification of the electron selective contact: interfacial effects in perovskite solar cells. ACS Appl. Energy Mater. , 2019, 2 (4): 2402-2408.

[8] Tress W. Perovskite solar cells on the way to their radiative efficiency limit-insights into a success story of high open-circuit voltage and low recombination. Adv. Energy Mater. , 2017, 7 (14): 1602358.

[9] Gu X, Xiang W, Tian Q, et al. Rational surface-defect control via designed passivation for high-efficiency inorganic perovskite solar cells. Angew. Chem. Int. Ed. , 2021, 60: 23164-23170.

[10] Jiang Q, Zhao Y, Zhang X, et al. Surface passivation of perovskite film for efficient solar cells. Nat. Photonics. , 2019, 13 (7): 460-466.

[11] Domanski K, Correa-Baena J-P, Mine N, et al. Not all that glitters is gold: metal-migration-induced degradation in perovskite solar cells. Acs Nano, 2016, 10 (6): 6306-6314.

[12] Bi C, Wang Q, Shao Y, et al. Non-wetting surface-driven high-aspect-ratio crystalline grain growth for efficient hybrid perovskite solar cells. Nat. Commun. , 2015, 6 (1): 1-7.

[13] Li Z, Wang R, Xue J, et al. Core-shell ZnO @ SnO$_2$ nanoparticles for efficient inorganic perovskite solar cells. J. Am. Chem. Soc. , 2019, 141 (44): 17610-17616.

[14] Ma F, Zhao Y, Li J, et al. Nickel oxide for inverted structure perovskite solar cells. J. Energy Chem. , 2021, 52: 393-411.

[15] Sepalage G A, Meyer S, Pascoe A, et al. Copper (I) iodide as hole-conductor in planar perovskite solar cells: probing the origin of *J-V* hysteresis. Adv. Funct. Mater. , 2015, 25 (35): 5650-5661.

[16] Arora N, Dar M I, Hinderhofer A, et al. Perovskite solar cells with CuSCN hole extraction layers yield stabilized efficiencies greater than 20%. Science, 2017, 358 (6364): 768-771.

[17] Duan J, Zhao Y, Wang Y, et al. Hole-boosted Cu(Cr, Mo)O$_2$ nanocrystals for all-inorganic CsPbBr$_3$ perovskite solar cells. Angew. Chem. Int. Ed. , 2019, 58 (45): 16147-16151.

[18] Zhang H, Wang H, Chen W, et al. CuGaO$_2$: a promising inorganic hole-transporting material for highly efficient and stable perovskite solar cells. Adv. Mater. , 2017, 29 (8): 1604984.

[19] Yeo J S, Kang R, Lee S, et al. Highly efficient and stable planar perovskite solar cells with reduced graphene oxide nanosheets as electrode interlayer. Nano Energy, 2015, 12: 96-104.

[20] Yu J C, Sun J, Chandrasekaran N, et al. Semi-transparent perovskite solar cells with a cross-

linked hole transport layer. Nano Energy, 2020, 71: 104635.

[21] Wang Y, Gu S, Liu G, et al. Cross-linked hole transport layers for high-efficiency perovskite tandem solar cells. Sci. China Chem. , 2021, 64 (11): 2025-2034.

[22] Duong T, Peng J, Walter D, et al. Perovskite solar cells employing copper phthalocyanine hole-transport material with an efficiency over 20% and excellent thermal stability. ACS Energy Lett. , 2018, 3 (10): 2441-2448.

[23] Xu C Y, Hu W, Wang G, et al. Coordinated optical matching of a texture interface made from demixing blended polymers for high-performance inverted perovskite solar cells. ACS Nano, 2020, 14 (1): 196-203.

[24] Xue Q, Chen G, Liu M, et al. Improving film formation and photovoltage of highly efficient inverted-type perovskite solar cells through the incorporation of new polymeric hole selective layers. Adv. Energy Mater. , 2016, 6 (5): 1502021.

[25] Jung E H, Jeon N J, Park E Y, et al. Efficient, stable and scalable perovskite solar cells using poly (3-hexylthiophene) . Nature, 2019, 567 (7749): 511-515.

[26] Bach U, Lupo D, Comte P, et al. Solid-state dye-sensitized mesoporous TiO_2 solar cells with high photon-to-electron conversion efficiencies. Nature, 1998, 395 (6702): 583-585.

[27] Kim H S, Lee C R, Im J H, et al. Lead iodide perovskite sensitized all-solid-state submicron thin film mesoscopic solar cell with efficiency exceeding 9%. Sci. Rep. , 2012, 2 (1): 1-7.

[28] Kojima A, Teshima K, Shirai Y, et al. Organometal halide perovskites as visible-light sensitizers for photovoltaic cells. J. Am. Chem. Soc. , 2009, 131 (17): 6050-6051.

[29] Jeong J, Kim M, Seo J, et al. Pseudo-halide anion engineering for α-$FAPbI_3$ perovskite solar cells. Nature, 2021, 592 (7854): 381-385.

[30] Min H, Lee D Y, Kim J, et al. Perovskite solar cells with atomically coherent interlayers on SnO_2 electrodes. Nature, 2021, 598 (7881): 444-450.

[31] Bi D, Yi C, Luo J, et al. Polymer-templated nucleation and crystal growth of perovskite films for solar cells with efficiency greater than 21%. Nat. Energy, 2016, 1 (10): 16142.

[32] Xi H, Tang S, Ma X, et al. Performance enhancement of planar heterojunction perovskite solar cells through tuning the doping properties of hole-transporting materials. ACS Omega, 2017, 2 (1): 326-336.

[33] Jeong M J, Yeom K M, Kim S J, et al. Spontaneous interface engineering for dopant-free poly (3-hexylthiophene) perovskite solar cells with efficiency over 24% . Energy Environ. Sci. , 2021, 14 (4): 2419-2428.

[34] Xu B, Zhang J, Hua Y, et al. Tailor-making low-cost spiro [fluorene-9,9'-xanthene] -based 3D oligomers for perovskite solar cells. Chem. , 2017, 2 (5): 676-687.

[35] Nguyen W H, Bailie C D, Unger E L, et al. Enhancing the hole-conductivity of spiro-OMeTAD without oxygen or lithium salts by using spiro (TFSI)$_2$ in perovskite and dye-sensitized solar cells. J. Am. Chem. Soc. , 2014, 136 (31): 10996-11001.

[36] Jeng J Y, Chiang Y F, Lee M H, et al. $CH_3NH_3PbI_3$ perovskite/fullerene planar-

heterojunction hybrid solar cells. Adv. Mater. , 2013, 25 (27): 3727-3732.

[37] Heo J H, Han H J, Kim D, et al. Hysteresis-less inverted $CH_3NH_3PbI_3$ planar perovskite hybrid solar cells with 18.1% power conversion efficiency. Energy Environ. Sci. , 2015, 8 (5): 1602-1608.

[38] Qian M, Li M, Shi X B, et al. Planar perovskite solar cells with 15.75% power conversion efficiency by cathode and anode interfacial modification. J. Mater. Chem. A, 2015, 3 (25): 13533-13539.

[39] Serpetzoglou E, Konidakis I, Kakavelakis G, et al. Improved carrier transport in perovskite solar cells probed by femtosecond transient absorption spectroscopy. ACS Appl. Mater. Interfaces, 2017, 9 (50): 43910-43919.

[40] Zheng X, Deng Y, Chen B, et al. Dual functions of crystallization control and defect passivation enabled by sulfonic zwitterions for stable and efficient perovskite solar cells. Adv. Mater. , 2018, 30 (52): 1803428.

[41] Xiao X, Bao C, Fang Y, et al. Argon plasma treatment to tune perovskite surface composition for high Efficiency solar cells and fast photodetectors. Adv. Mater. , 2018, 30 (9): 1705176.

[42] Deng Y, Zheng X, Bai Y, et al. Surfactant-controlled ink drying enables high-speed deposition of perovskite films for efficient photovoltaic modules. Nat. Energy, 2018, 3 (7): 560-566.

[43] Wu S, Li Z, Zhang J, et al. Low-bandgap organic bulk-heterojunction enabled efficient and flexible perovskite solar cells. Adv. Mater. , 2021, 33 (51): 2105539.

[44] Sun X L, Li Z, Yu X Y, et al. Efficient inverted perovskite solar sells with low voltage loss achieved by a pyridine-based dopant-free polymer semiconductor. Angew. Chem. Int. Ed. , 2021, 60 (13): 7227-7233.

[45] Niu T Q, Zhu W Y, Zhang Y H, et al. D-A-pi-A-D-type dopant-free hole transport material for low-cost, efficient, and stable perovskite solar cells. Joule, 2021, 5 (1): 249-269.

[46] Yang L, Yan Y, Cai F, et al. Poly(9-vinylcarbazole) as a hole transport material for efficient and stable inverted planar heterojunction perovskite solar cells. Sol. Energy Mater Sol. Cells, 2017, 163: 210-217.

[47] Wang K C, Jeng J Y, Shen P S, et al. p-type mesoscopic nickel oxide/organometallic perovskite heterojunction solar cells. Sci. Rep. , 2014, 4 (1): 1-8.

[48] Zhu Z, Bai Y, Zhang T, et al. High-performance hole-extraction layer of sol-gel-processed NiO nanocrystals for inverted planar perovskite solar cells. Angew. Chem. Int. Ed. , 2014, 53 (46): 12571-12575.

[49] Chen W, Wu Y Z, Liu J, et al. Hybrid interfacial layer leads to solid performance improvement of inverted perovskite solar cells. Energy Environ. Sci. , 2015, 8 (2): 629-640.

[50] Mali S S, Kim H, Kim H H, et al. Nanoporous p-type NiO_x electrode for p-i-n inverted perovskite solar cell toward air stability. Mater. Today, 2018, 21 (5): 483-500.

[51] Lee J H, Noh Y W, Jin I S, et al. A solution-processed cobalt-doped nickel oxide for high efficiency inverted type perovskite solar cells. J. Power Sources, 2019, 412: 425-432.

[52] Bao H, Du M, Wang H, et al. Samarium-doped nickel oxide for superior inverted perovskite solar cells: insight into doping effect for electronic applications. Adv. Funct. Mater., 2021: 2102452.

[53] Fu Q, Xiao S, Tang X, et al. High-performance inverted planar perovskite solar cells based on solution-processed rubidium-doped nickel oxide hole-transporting layer. Org. Electron., 2019, 69: 34-41.

[54] Teo S, Guo Z, Xu Z, et al. The role of lanthanum in a nickel oxide-based inverted perovskite solar cell for efficiency and stability improvement. ChemSusChem, 2019, 12 (2): 518-526.

[55] Chen W, Liu F Z, Feng X Y, et al. Cesium doped NiO_x as an efficient hole extraction layer for inverted planar perovskite solar cells. Adv. Energy Mater., 2017, 7 (19): 1700722.

[56] Jung J W, Chueh C C, Jen A K Y. A low-temperature, solution-processable, Cu-doped nickel oxide hole-transporting layer via the combustion method for high-performance thin-film perovskite solar cells. Adv. Mater., 2015, 27 (47): 7874-7880.

[57] Yao K, Li F, He Q, et al. A copper-doped nickel oxide bilayer for enhancing efficiency and stability of hysteresis-free inverted mesoporous perovskite solar cells. Nano Energy, 2017, 40: 155-162.

[58] Chen W, Wu Y, Fan J, et al. Understanding the doping effect on NiO: toward high-performance inverted perovskite solar cells. Adv. Energy Mater., 2018, 8 (19): 1703519.

[59] Chen W, Wu Y, Yue Y, et al. Efficient and stable large-area perovskite solar cells with inorganic charge extraction layers. Science, 2015, 350 (6263): 944-948.

[60] Subbiah A S, Halder A, Ghosh S, et al. Inorganic hole conducting layers for perovskite-based solar cells. J. Phys. Chem. Lett., 2014, 5 (10): 1748-1753.

[61] Wang H, Yu Z, Jiang X, et al. Efficient and stable inverted planar perovskite solar cells employing CuI as hole-transporting layer prepared by solid-gas transformation. Energy Technology, 2017, 5 (10): 1836-1843.

[62] Yu W, Li F, Wang H, et al. Ultrathin Cu_2O as an efficient inorganic hole transporting material for perovskite solar cells. Nanoscale, 2016, 8 (11): 6173-6179.

[63] Wang H, Yu Z, Lai J, et al. One plus one greater than two: high-performance inverted planar perovskite solar cells based on a composite CuI/CuSCN hole-transporting layer. J. Mater. Chem. A, 2018, 6 (43): 21435-21444.

[64] Ye S, Sun W, Li Y, et al. CuSCN-based inverted planar perovskite solar cell with an average PCE of 15.6%. Nano lett., 2015, 15 (6): 3723-3728.

[65] Sun W, Li Y, Ye S, et al. High-performance inverted planar heterojunction perovskite solar cells based on a solution-processed CuO_x hole transport layer. Nanoscale, 2016, 8 (20): 10806-10813.

[66] Rao H, Sun W, Ye S, et al. Solution-processed CuS NPs as an inorganic hole-selective contact material for inverted planar perovskite solar cells. ACS Appl. Mater. Interfaces, 2016, 8 (12): 7800-7805.

［67］ Sun W, Ye S, Rao H, et al. Room-temperature and solution-processed copper iodide as the hole transport layer for inverted planar perovskite solar cells. Nanoscale, 2016, 8 (35): 15954-15960.

［68］ Bian H, Bai D, Jin Z, et al. Graded bandgap $CsPbI_{2+x}Br_{1-x}$ perovskite solar cells with a stabilized efficiency of 14.4%. Joule, 2018, 2 (8): 1500-1510.

［69］ Andreas Elschner S K, Lovenich Wilfried, Merker Udo, et al. PEDOT principles and applications of an intrinsically conductive polymer. Boca Raton: CRC Press, 2010.

［70］ Yang Z, Zhang X, Yang W, et al. Tin-lead alloying for efficient and stable all-inorganic perovskite solar cells. Chem. Mater. , 2020, 32 (7): 2782-2794.

［71］ Parida B, Ryu J, Yoon S, et al. Two-step growth of $CsPbI_{3-x}Br_x$ films employing dynamic CsBr treatment: toward all-inorganic perovskite photovoltaics with enhanced stability. J Mater. Chem. A, 2019, 7 (31): 18488-18498.

［72］ Li M H, Liu S C, Qiu F Z, et al. High-efficiency $CsPbI_2Br$ perovskite solar cells with dopant-free poly (3-hexylthiophene) hole transporting layers. Adv. Energy Mater. , 2020, 10 (21): 2000501.

［73］ Liu Y, He B, Duan J, et al. Poly (3-hexylthiophene) /zinc phthalocyanine composites for advanced interface engineering of 10.03%-efficiency $CsPbBr_3$ perovskite solar cells. J. Mater. Chem. A, 2019, 7 (20): 12635-12644.

［74］ Yuan J, Ling X, Yang D, et al. Band-aligned polymeric hole transport materials for extremely low energy loss α-$CsPbI_3$ perovskite nanocrystal solar cells. Joule, 2018, 2 (11): 2450-2463.

［75］ Jiang K, Wang J, Wu F, et al. Dopant-free organichole-transporting material for efficient and stable inverted all-inorganic and hybrid perovskite solar cells. Adv. Mater. , 2020, 32 (16): 1908011.

［76］ Xiao Q, Tian J, Xue Q, et al. Dopant-free squaraine-based polymeric hole-transporting, materials with comprehensive passivation effects for efficient all-inorganic perovskite solar cells. Angew Chem. Int. Ed. , 2019, 58 (49): 17724-17730.

［77］ Liu Z, Sun B, Liu X, et al. Efficient carbon-based $CsPbBr_3$ inorganic perovskite solar cells by using Cu-phthalocyanine as hole transport material. Nano-Micro Letters, 2018, 10 (2): 1-13.

［78］ Chen W, Zhang S, Liu Z, et al. A tailored nickel oxide hole-transporting layer to improve the long-term thermal stability of inorganic perovskite solar cells. Sol. RRL, 2019, 3 (11): 1900346.

［79］ Zhang S, Chen W, Wu S, et al. A general strategy to prepare high-quality inorganic charge-transporting layers for efficient and stable all-layer-inorganic perovskite solar cells. J. Mater. Chem. A, 2019, 7 (31): 18603-18611.

［80］ Zhou Z J D, Zhang Yue Qing, Kou Pan-Pan, et al. Cu_2ZnSnS_4 quantum dots as hole transport material for enhanced charge extraction and stability in all-inorganic $CsPbBr_3$ perovskite solar cells. Sol. RRL, 2019, 3 (4): 1800354.

［81］ Liu Y, Zhao X, Yang Z, et al. $Cu_{12}Sb_4S_{13}$ quantum dots with ligand exchange as hole transport materials in all-inorganic perovskite $CsPbI_3$ quantum dot solar cells. ACS Appl. Energy Mater. ,

2020, 3 (4): 3521-3529.

[82] Fu L, Nie Y, Li B, et al. Bismuth telluride interlayer for all-inorganic perovskite solar cells with enhanced efficiency and stability. Sol. RRL, 2019, 3 (12): 1900233.

[83] Zhou Y, Zhang X, Lu X, et al. Promoting the hole extraction with Co_3O_4 nanomaterials for efficient carbon-based $CsPbI_2Br$ perovskite solar cells. Sol. RRL, 2019, 3 (4): 1800315.

[84] Taotao Chen G T, Xu Enze, Li Huan, et al. Accelerating hole extraction by inserting 2D Ti_3C_2- MXene interlayer to all inorganic perovskite solar cells with long-term stability. J. Mater. Chem. A. , 2019, 7: 20597-20603.

[85] Xu W, He F, Zhang M, et al. Minimizing voltage loss in efficient all-inorganic $CsPbI_2Br$ perovskite solar cells through energy level alignment. ACS Energy Lett. , 2019, 4 (10): 2491-2499.

[86] Zong Z, He B, Zhu J, et al. Boosted hole extraction in all-inorganic $CsPbBr_3$ perovskite solar cells by interface engineering using MoO_2/N-doped carbon nanospheres composite. Sol. Energy Mater Sol. Cells, 2020, 209: 110460.

[87] Xiang W, Pan J, Chen Q. *In situ* formation of NiO_x interlayer for efficient n-i-p inorganic perovskite solar cells. ACS Appl. Energy Mater. , 2020, 3 (6): 5977-5983.

[88] Li R, Wang P, Chen B, et al. NiO_x/spiro hole transport bilayers for stable perovskite solar cells with efficiency exceeding 21%. ACS Energy Lett. , 2019, 5 (1): 79-86.

[89] Hong J A, Jung E D, Yu J C, et al. Improved efficiency of perovskite solar cells using a nitrogen-doped graphene-oxide-treated tin oxide layer. ACS Appl. Mater. Interfaces, 2020, 12 (2): 2417-2423.

[90] Liu Z, Wu S, Yang X, et al. The dual interfacial modification of 2D g-C_3N_4 for high-efficiency and stable planar perovskite solar cells. Nanoscale, 2020, 2 (11): 5396-5402.

[91] Gong X, Guan L, Li Q, et al. Black phosphorus quantum dots in inorganic perovskite thin films for efficient photovoltaic application. Sci. Adv. , 2020, 6 (15): eaay5661.

[92] Tang Q, Zhou Q, Duan J, et al. Interfacial strain release from WS_2/$CsPbBr_3$ van der Waals heterostructure for 1. 7 V-Voltage all-inorganic perovskite solar cells. Angew Chem. Int. Ed. , 2020, 132 (49): 22181-22185.

[93] Agresti A, Pazniak A, Pescetelli S, et al. Titanium-carbide MXenes for work function and interface engineering in perovskite solar cells. Nat. Mater. , 2019, 18 (11): 1228-1234.

[94] Yang L, Kan D, Dall'Agnese C, et al. Performance improvement of MXene-based perovskite solar cells upon property transition from metallic to semiconductive by oxidation of $Ti_3C_2T_x$ in air. J. Mater. Chem. A, 2021, 9 (8): 5016-5025.

[95] Zhang B J, Su J, Guo X, et al. NiO/perovskite heterojunction contact engineering for highly efficient and stable perovskite solar cells. Adv. Sci. , 2020, 7 (11): 1903044. .

[96] Zhen C, Wu T, Chen R, et al. Strategies for modifying TiO_2 based electron transport layers to boost perovskite solar cells. ACS Sustain. Chem. Eng. , 2019, 7 (5): 4586-4618.

[97] Hu W, Yang S. Surface modification of TiO_2 for perovskite solar cells. Trends Analyt Chem. ,

2020, 2 (2): 148-162.

[98] Xiong L, Guo Y, Wen J, et al. Review on the application of SnO_2 in perovskite solar cells. Adv. Funct. Mater. , 2018, 28 (35): 1802757.

[99] An Q, Fassl P, Hofstetter Y J, et al. High performance planar perovskite solar cells by ZnO electron transport layer engineering. Nano Energy, 2017, 39: 400-408.

[100] Jung K, Lee J, Im C, et al. Highly efficient amorphous Zn_2SnO_4 electron-selective layers yielding over 20% efficiency in $FAMAPbI_3$-based planar solar cells. ACS Energy Lett. , 2018, 3 (10): 2410-2417.

[101] Ali F, Pham N D, Fan L, et al. Low hysteresis perovskite solar cells using an electron-Beam evaporated WO_{3-x} thin film as the electron transport layer. ACS Appl. Energy Mater. , 2019, 2 (8): 5456-5464.

[102] Qin M, Ma J, Ke W, et al. Perovskite solar cells based on low-temperature processed indium oxide electron selective layers. ACS Appl. Mater. Interfaces, 2016, 8 (13): 8460-8466.

[103] Bera A, Wu K, Sheikh A, et al. Perovskite oxide $SrTiO_3$ as an efficient electron transporter for hybrid perovskite solar cells. J. Phys. Chem. C, 2014, 118 (49): 28494-28501.

[104] Ling X, Yuan J, Liu D, et al. Room-temperature processed Nb_2O_5 as the electron-transporting layer for efficient planar perovskite solar cells. ACS Appl. Mater. Interfaces, 2017, 9 (27): 23181-23188.

[105] Wang X, Deng L L, Wang L Y, et al. Cerium oxide standing out as an electron transport layer for efficient and stable perovskite solar cells processed at low temperature. J. Mater. Chem. A, 2017, 5 (4): 1706-1712.

[106] Myung C W, Lee G, Kim K S. La-doped $BaSnO_3$ electron transport layer for perovskite solar cells. J. Mater. Chem. A, 2018, 6 (45): 23071-23077.

[107] Ji, J Liu X, Jiang H, et al. Two-stage ultraviolet degradation of perovskite solar cells Induced by the oxygen vacancy-Ti^{4+} states. Science, 2020, 23 (4): 101013.

[108] Jiang Q, Zhang L Q, Wang H L, et al. Enhanced electron extraction using SnO_2 for high-efficiency planar-structure $HC(NH_2)_2PbI_3$-based perovskite solar cells. Nat. Energy, 2017, 2 (1): 1-7.

[109] Smith J A, Game O S, Bishop J E, et al. Rapid scalable processing of tin oxide transport layers for perovskite solar cells. ACS Appl. Energy Mater. , 2020, 3 (6): 5552-5562.

[110] Ye Q, Zhao Y, Mu S, et al. Cesium lead inorganic solar cell with efficiency beyond 18% via reduced charge recombination. Adv. Mater. , 2019, 31 (49): 1905143.

[111] Zhuang J, Mao P, Luan Y G, et al. Rubidium fluoride modified SnO_2 for planar n-i-p perovskite solar cells. Adv. Funct. Mater. , 2021, 31 (17): 2010385.

[112] Guo Z, Jena A K, Takei I, et al. V_{OC} over 1.4 V for amorphous tin-oxide-based dopant-free $CsPbI_2Br$ perovskite solar cells. J. Am. Chem. Soc. , 2020, 142 (21): 9725-9734.

[113] Xiong L, Qin M, Chen C, et al. Fully high-temperature-processed SnO_2 as blocking layer and scaffold for efficient, stable, and hysteresis-free mesoporous perovskite solar cells. Adv.

Funct. Mater. , 2018, 28 (10): 1706276.

[114] Yang G, Lei H, Tao H, et al. Reducing hysteresis and enhancing performance of perovskite solar cells using low-temperature processed Y-doped SnO₂ nanosheets as electron selective layers. Small, 2017, 13 (2): 1601769.

[115] Zhu N, Qi X, Zhang Y, et al. High efficiency (18.53%) of flexible perovskite solar cells via the insertion of potassium chloride between SnO₂ and CH₃NH₃PbI₃ layers. ACS Appl. Energy Mater. , 2019, 2 (5): 3676-3682.

[116] X Ren, Yang D, Yang Z, et al. Solution-processed Nb : SnO₂ electron transport layer for efficient planar perovskite solar cells. ACS Appl. Mater. Interfaces, 2017, 9 (3): 2421-2429.

[117] Shin S S, Yeom E J, Yang W S, et al. Colloidally prepared La-doped BaSnO₃ electrodes for efficient, photostable perovskite solar cells. Science, 2017, 356 (6334): 167-171.

[118] Chi D, Qu S, Wang Z, et al. High efficiency P3HT: PCBM solar cells with an inserted PCBM layer. J. Mater. Chem. C, 2014, 2 (22): 4383-4387.

[119] Kadem B, Hassan A, Cranton W. Efficient P3HT: PCBM bulk heterojunction organic solar cells: effect of post deposition thermal treatment. J. Mater. Sci. : Mater. Electron. , 2016, 27 (7): 7038-7048.

[120] You J, Hong Z, Yang Y, et al. Low-temperature solution-processed perovskite solar cells with high efficiency and flexibility. ACS Nano, 2014, 8 (2): 1674-1680.

[121] Seo J, Park S, Kim Y C, et al. Benefits of very thin PCBM and LiF layers for solution-processed p-i-n perovskite solar cells. Energy Environ. Sci. , 2014, 7 (8): 2642-2646.

[122] Chiang C H, Wu C G. Bulk heterojunction perovskite-PCBM solar cells with high fill factor. Nat. Photonics, 2016, 10 (3): 196-200.

[123] Jiang X Y, Wang F, Wei Q, et al. Ultra-high open-circuit voltage of tin perovskite solar cells via an electron transporting layer design. Nat. Commun. , 2020, 11 (1): 1-7.

[124] Jiang Q, Zhang X, You J. SnO₂: a wonderful electron transport layer for perovskite solar cells. Small, 2018, 14 (31): 1801154.

[125] Ye Q, Zhao Y, Mu S, et al. Cesium lead inorganic solar cell with efficiency beyond 18% via reduced charge recombination. Adv. Mater. , 2019: e1905143.

[126] Chen C, Wu C, Ding X, et al. Constructing binary electron transport layer with cascade energy level alignment for efficient CsPbI₂Br solar cells. Nano Energy, 2020, 71: 104604.

[127] Zhou Q, Du J, Duan J, et al. Photoactivated transition metal dichalcogenides to boost electron extraction for all-inorganic tri-brominated planar perovskite solar cells. J. Mater. Chem. A, 2020, 8 (16): 7784-7791.

[128] Shen E C, Chen J D, Tian Y, et al. Interfacial energy level tuning for efficient and thermostable CsPbI₂Br perovskite solar cells. Adv. Sci. , 2019, 7 (1): 1901952.

[129] Mali S S, Patil J V, Hong C K. Simultaneous improved performance and thermal stability of planar metal ion incorporated CsPbI₂Br all-inorganic perovskite solar cells based on MgZnO

nanocrystalline electron transporting layer. Adv. Sci. , 2020, 10 (3): 1902708.

[130] Zhang S, Chen W, Wu S, et al. Hybrid inorganic electron-transporting layer coupled with a halogen-resistant electrode in CsPbI$_2$Br-based perovskite solar cells to achieve robust long-term stability. ACS Appl. Mater. Interfaces, 2019, 11 (46): 43303-43311.

[131] Chai W, Zhu W, Chen D, et al. Combustion-processed NiO/ALD TiO$_2$ bilayer as a novel low-temperature electron transporting material for efficient all-inorganic CsPbIBr$_2$ solar cell. Sol. Energy, 2020, 203: 10-18.

[132] Yang B, Wang M, Hu X, et al. Highly efficient semitransparent CsPbIBr$_2$ perovskite solar cells via low-temperature processed In$_2$S$_3$ as electron-transport-layer. Nano Energy, 2019, 57: 718-727.

[133] Ngo T T, Barea E M, Tena Zaera R, et al. Spray-pyrolyzed ZnO as electron selective contact for long-term stable planar CH$_3$NH$_3$PbI$_3$ perovskite solar cells. ACS Appl. Energy Mater. , 2018, 1 (8): 4057-4064.

[134] Wang C, Zhang J, Jiang L, et al. All-inorganic, hole-transporting-layer-free, carbon-based CsPbIBr$_2$ planar solar cells with ZnO as electron-transporting materials. J. Alloys Compd. , 2020, 817: 152768.

[135] Li Z, Wang P, Ma C, et al. Single-layered MXene nanosheets doping TiO$_2$ for efficient and stable double perovskite solar cells. J. Am. Chem. Soc. , 2021, 143 (6): 2593-2600.

[136] Kim M, Jeong J, Lu H, et al. Conformal quantum dot-SnO$_2$ layers as electron transporters for efficient perovskite solar cells. Science, 2022, 375 (6578): 302-306.

[137] Wang P Y, Li R J, Chen B B, et al. Gradient energy alignment engineering for planar perovskite solar cells with efficiency over 23%. Adv. Mater. , 2020, 32 (6): 1905766.

[138] Tavakoli M M, Yadav P, Tavakoli R, et al. Surface engineering of TiO$_2$ ETL for highly efficient and hysteresis-less planar perovskite solar cell (21.4%) with enhanced open-circuit voltage and stability. Adv. Energy Mater. , 2018, 8 (23): 1800794.

[139] Chen R H, Cao J, Duan Y, et al. High-efficiency, hysteresis-less, UV-stable perovskite solar cells with cascade ZnO-ZnS electron transport layer. J. Am. Chem. Soc. , 2019, 141 (1): 541-547.

[140] Agresti, A Pazniak A, Pescetelli S, et al. Titanium-carbide MXenes for work function and interface engineering in perovskite solar cells. Nat. Mater. , 2019, 18 (11): 1228-1234.

[141] Qingwei Zhou J D, Yang Xiya, Duan Yanyan, et al. Interfacial strain release from the WS$_2$/CsPbBr$_3$ van der Waals heterostructure for 1.7V voltage all-inorganic perovskite solar cells. Angew. Chem. Int. Ed. , 2020, 59: 1-6.

[142] Ma J J, Yang G, Qin M C, et al. MgO nanoparticle modified anode for highly efficient SnO$_2$-based planar perovskite solar cells. Adv. Sci. , 2017, 4 (9): 1700031.

[143] Li Y W, Zhao Y, Chen Q, et al. Multifunctional fullerene derivative for interface engineering in perovskite solar cells. J. Am. Chem. Soc. , 2015, 137 (49): 15540-15547.

[144] Peng J, Wu Y, Ye W, et al. Interface passivation using ultrathin polymer-fullerene films for

high-efficiency perovskite solar cells with negligible hysteresis. Energy Environ. Sci. , 2017, 10 (8): 1792-1800.

[145] Xiang W, Wang Z, Kubicki D J, et al. Europium-doped CsPbI$_2$Br for stable and highly efficient inorganic perovskite solar cells. Joule, 2019, 3 (1): 205-214.

[146] Xiang W, Wang Z, Kubicki D J, et al. Ba-induced phase segregation and band gap reduction in mixed-halide inorganic perovskite solar cells. Nat. Commun. , 2019, 10 (1): 1-8.

[147] Peña Camargo F, Caprioglio P, Zu F, et al. Halide segregation versus interfacial recombination in bromide-rich wide-gap perovskite solar cells. ACS Energy Lett. , 2020, 5 (8): 2728-2736.

[148] Kang D H, Park N G. On the current-voltage hysteresis in perovskite solar cells: dependence on perovskite composition and methods to remove hysteresis. Adv. Mater. , 2019, 31 (34): 1805214.

[149] Chowdhury M S, Shahahmadi S A, Chelvanathan P, et al. Effect of deep-level defect density of the absorber layer and n/i interface in perovskite solar cells by SCAPS-1D. Results Phys. , 2020, 16: 102839.

[150] Sherkar T S, Momblona C, Gil-Escrig L, et al. Recombination in perovskite solar cells: significance of grain Boundaries, interface traps, and defect ions. ACS Energy Lett. , 2017, 2 (5): 1214-1222.

[151] Yoo J J, Wieghold S, Sponseller M C, et al. An interface stabilized perovskite solar cell with high stabilized efficiency and low voltage loss. Energy Environ. Sci. , 2019, 12 (7): 2192-2199.

[152] Bu T, Li J, Zheng F, et al. Universal passivation strategy to slot-die printed SnO$_2$ for hysteresis-free efficient flexible perovskite solar module. Nat. Commun. , 2018, 9 (1): 1-10.

[153] Son D Y, Kim S G, Seo J Y, et al. Universal approach toward hysteresis-free perovskite solar cell via defect engineering. J. Am. Chem. Soc. , 2018, 140 (4): 1358-1364.

[154] Zheng F, Chen W, Bu T, et al. Triggering the passivation effect of potassium doping in mixed-cation mxed-halide perovskite by light illumination. Adv. Energy Mater. , 2019, 9 (24): 1901016.

[155] Zhu P C, Gu S, Luo X, et al. Simultaneous contact and grain-boundary passivation in planar perovskite solar cells using SnO$_2$-KCl composite electron transport layer. Adv. Energy Mater. , 2020, 10 (3): 1903083.

[156] Min H, Lee D, Kim J, et al. Perovskite solar cells with atomically coherent interlayers on SnO$_2$ electrodes. Nature, 2021, 598 (7881): 444-450.

[157] Li W Z, Zhang W, van Reenen S, et al. Enhanced UV-light stability of planar heterojunction perovskite solar cells with caesium bromide interface modification. Energy Environ. Sci. , 2016, 9 (2): 490-498.

[158] Gao Z W, Wang Y, Ouyang D, et al. Triple interface passivation strategy-enabled efficient

and stable inverted perovskite solar cells. Small Methods, 2020, 4 (12): 2000478.

[159] Hu M, Chen M, Guo P, et al. Sub-1. 4eV bandgap inorganic perovskite solar cells with long-term stability. Nat. Commun. , 2020, 11 (1): 1-10.

[160] Chen Q, Wang W, Xiao S, et al. Improved performance of planar perovskite solar cells using an amino-terminated multifunctional fullerene derivative as the passivation layer. ACS Appl. Mater. Interfaces, 2019, 11 (30): 27145-27152.

[161] Ren J Z, Kan Z P. Soft-Matter Thin Film Solar Cells. New York: AIP Publishing, 2020.

[162] Yang Y, hamN D P, Yao D, et al. Interface engineering to eliminate hysteresis of carbon-based planar heterojunction perovskite solar cells via CuSCN incorporation. ACS Appl. Mater. Interfaces. , 2019, 11 (31): 28431-28441.

[163] Wang C, Xiao C, Yu Y, et al. Understanding and eliminating hysteresis for highly efficient planar perovskite solar cells. Adv. Energy Mater. , 2017, 7 (17): 1700414.

[164] Li Y, Wang Y, Zhang T, et al. Li dopant induces moisture sensitive phase degradation of an all-inorganic CsPbI$_2$Br perovskite. Chem. Comm. , 2018, 54 (70): 9809-9812.

[165] Yu Z, Sun L. Inorganic hole-transporting materials for perovskite solar cells. Small Methods, 2018, 2 (2): 1700280.

[166] Chen J, Park N G . Inorganic hole transporting materials for stable and high efficiency perovskite solar cells. J. Phys. Chem. C, 2018, 122 (25): 14039-14063.

[167] Jeong G, Koo D, Seo J, et al. Suppressed interdiffusion and degradation in flexible and transparent metal electrode-based perovskite solar cells with a graphene interlayer. Nano lett. , 2020, 20 (5): 3718-3727.

[168] Wei D, Wang T, Ji J, et al. Photo-induced degradation of lead halide perovskite solar cells caused by the hole transport layer/metal electrode interface. J. Mater. Chem. A, 2016, 4 (5): 1991-1998.

[169] Kim M, Motti S G, Sorrentino R, et al. Enhanced solar cell stability by hygroscopic polymer passivation of metal halide perovskite thin film. Energy Environ. Sci. , 2018, 11 (9): 2609-2619.

[170] Dai Z H, Yadavalli S K, Chen M, et al. Interfacial toughening with self-assembled monolayers enhances perovskite solar cell reliability. Science, 2021, 372 (6542): 618-622.

[171] Liu Z H, Qiu L B, Ono L K, et al. A holistic approach to interface stabilization for efficient perovskite solar modules with over 2000-hour operational stability. Nat. Energy, 2020, 5 (8): 596-604.

[172] Ke W J, Fang G J, Wan J W, et al. Efficient hole-blocking layer-free planar halide perovskite thin-film solar cells. Nat. Commun. , 2015, 6 (1): 1-7.

[173] Wu W Q, Liao J F, Zhong J X, et al. Suppressing interfacial charge recombination in electron-transport-layer-free perovskite solar cells to give an efficiency exceeding 21%. Angew. Chem. Int. Ed. , 2020, 59 (47): 20980-20987.

[174] Mei A, Li X, Liu L, et al. A hole-conductor-free, fully printable mesoscopic perovskite solar

cell with high stability. Science, 2014, 345 (6194): 295-298.

[175] Ding J, Duan J, Guo C, et al. Toward charge extraction in all-inorganic perovskite solar cells by interfacial engineering. J. Mater. Chem. A, 2018, 6 (44): 21999-22004.

[176] Ding Y, He B, Zhu J, et al. Advanced modification of perovskite surfaces for defect passivation and efficient charge extraction in air-stable CsPbBr$_3$ perovskite solar cells. ACS Sustain. Chem. Eng. , 2019, 7 (23): 19286-19294.

[177] Bu F, He B, Ding Y, et al. Enhanced energy level alignment and hole extraction of carbon electrode for air-stable hole-transporting material-free CsPbBr$_3$ perovskite solar cells. Sol. Energy Mater Sol. Cells, 2020, 205: 110267.

[178] Zhang W, Liu X, He B, et al. Interface engineering of imidazolium ionic liquids toward efficient and stable CsPbBr$_3$ perovskite solar cells. ACS Appl. Mater. Interfaces, 2020, 12 (4): 4540-4548.

[179] Wu Z F, Liu Z H, Hu Z H, et al. Highly efficient and stable perovskite solar cells via modification of energy levels at the perovskite/carbon electrode interface. Adv. Mater. , 2019, 31 (11): 1804284.

第6章 印刷制备钙钛矿太阳电池研究进展

预计到2050年，全世界能耗将将增长10TW，意味着在现有能源格局不变的情况下，需要重建444个三峡电站才能满足人类对能源的需求（注：三峡装机容量：22.5GW）。现如今在实验室条件下小面积制备钙钛矿太阳电池器件的方法已经比较完善，小面积器件的制备可以说是对效率极限的一种探索，但面对未来商业化应用和太阳电池巨大产能需求，钙钛矿太阳电池必须要从实验室走向工业化制备。如何采用工艺化手段制备无针孔、致密、均匀连续的钙钛矿薄膜变得非常关键。本章介绍目前钙钛矿太阳电池的几种印刷工艺，以及基于印刷工艺的钙钛矿太阳电池研究进展，最后归纳分析钙钛矿太阳电池印刷制备仍然存在的问题和可能的解决手段。

6.1 丝网印刷钙钛矿太阳电池

丝网印刷是一种成本低廉、印刷适应性强、操作简单、方便批量处理的一种大面积印刷方式，现在已经广泛应用于各个领域。基本原理是丝网印版中，设计的图案部分的网状孔可以透过溶液，而非图案部分的网状孔洞不能透过溶液。在丝网印刷时，我们将溶液供应到印版的一端，刮印刮板从油墨注入的一端向另一端运动，油墨在刮板的运动过程中，透过印版被挤压到承印物上，由于溶液具有一定的黏性，并且在印刷过程中刮板始终和丝网印版和承印物呈线性接触，使得印刷的精准度得到了保障。我们可以通过控制溶液的剂量和设计印版的图案来得到想要的成品。丝网印刷不受承印物的大小和形状限制，可在各种成型物上实现有效印刷；制备过程简单，价格低廉易于推广和发展。以晶体硅电池的生产过程为例：丝网印刷是生产晶体硅电池重要的工序之一，它的主要目的是在硅片的表面制备出精细的电路，收集光生载流子并导出电池，也就是形成太阳电池的正负极。

钙钛矿太阳电池结构由染料敏化太阳电池发展而来，因此染料敏化太阳电池的比较成熟的丝网印刷工艺最早应用到钙钛矿太阳电池的制备。华中科技大学的韩宏伟教授课题组率先采用丝网印刷工艺来制备钙钛矿太阳电池[1]。丝网印刷制备出 TiO_2 和 ZrO_2 的电子传输层，然后滴涂上钙钛矿溶液，钙钛矿类似于染料对 TiO_2 和 ZrO_2 进行填充，再印刷上碳电极。其中特别注意的是在钙钛矿溶液中引入了氨基戊酸来增加钙钛矿的填充和结晶。电池取得了12.5%的光电转化效率和出色的稳定性。

如何增加钙钛矿的填充和结晶是此类介观碳电极电池的关键，这可以从两个方面进行：①钙钛矿的组分工程；②添加剂工程。钙钛矿的组分调控包括卤素阴离子的调控和有机阳离子的调控。比如卤素碘离子和 BF_4 阴离子尺寸相似，BF_4 阴离子的电负性更大，因此当碘离子被 BF_4 阴离子局部取代后，有利于提高钙钛矿光电性质，因此基于 $MAPbI_{3-x}(BF_4)_x$ 的光电转化效率被提升到 13.24%[2]。引入双功能共轭有机分子 4-（氨基甲基）苯甲酸氢碘化物（AB）被设计和用作有机阳离子中的有机–无机卤化物钙钛矿材料。与单功能相比，阳离子苄胺氢碘酸盐（BA）和非共轭双官能团有机分子 5-戊酸铵，基于 AB-$MAPbI_3$ 的装置表现出良好的稳定性和 15.6% 的卓越功率转换效率，短路电流为 23.4mA/cm^2，开路电压为 0.94V，填充因子为 0.71。双功能共轭阳离子不仅有利于钙钛矿晶体在介孔网络中的生长，但也有利于电荷传输。本次调查有助于探索钙钛矿新型有机阳离子合理设计的新方法材料[3]。

添加剂是影响钙钛矿结晶生长的关键策略，当氯化铵（NH_4Cl）添加剂被引入钙钛矿中时，NH_4Cl 能够延缓 $CH_3NH_3PbI_3$ 的结晶并充当黏合剂以互联分离 $CH_3NH_3PbI_3$ 晶体。然而，动力学这个过程的背后仍然是未知数。研究发现 NH_4Cl 和水分的协同作用延续钙钛矿 $CH_3NH_3PbI_3$ 的结晶。通过形成一个 CH_3NH_3X-NH_4-$PbX_3(H_2O)_2$（X=I 或 Cl）的中间体，$CH_3NH_3PbI_3$ 的结晶首先被延缓。空气中的水汽加速了铵的去除，因此诱导中间相转变为钙钛矿相。制造的器件在环境条件下显示 15.6% 的效率，并且环境空气使用寿命超过 130 天，性能保持 96.7% 的初始值[4]。

从上述研究进展看来，通过引入添加剂和钙钛矿组分工程对钙钛矿在电子传输层里的填充和结晶都有一定的效果，基于高质量钙钛矿晶体，采用丝网印刷的方式制备钙钛矿太阳电池大面积模组就变得相对容易。因此，万度光能公司已经实现了 110m^2 印刷介观钙钛矿太阳电池系统，相关结果 2018 年 9 月在《科学》上进行了报道[5]（图 6-1）。

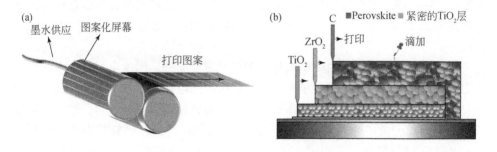

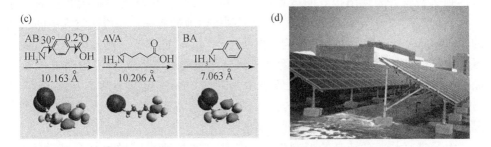

图 6-1　(a) 丝网印刷示意图，(b) 介观印刷钙钛矿结构示意图[1]，
(c) 导电玻璃基底上的 PbI_2、A 位阳离子工程调控钙钛矿结晶[3]，
(d) 万度光能制备的室外光伏组件[5]

6.2　刮涂法制备太阳电池

刮涂法是目前制备大面积钙钛矿太阳电池的一种重要和比较成熟的方法。将前驱体溶液滴加到刮刀与基底的狭缝中，前驱体溶液会在刮刀与基底狭缝处形成一个"弯月面"（meniscus），通过调节刮刀与基底的距离以及调节刮刀移动的速度等参数，在弯月面和刮刀的共同作用下将前驱体溶液涂布在基底上以形成湿薄膜。在此过程中，可以通过改变基底温度或者引入空气流等调控成膜动力学行为。实验室小面积旋涂溶液时，各部分所受的向心力不均匀从而导致薄膜的厚度与成膜质量不均匀，因此随着薄膜制备面积的增大，这个缺点会被不断放大。而刮涂法则可以制备均一厚度大面积的薄膜，且前驱体溶液的利用率可以提升到95% 以上。因此，刮涂法已经成为一种重要的适用于制备大面积钙钛矿薄膜的制备方法，并且可以进一步脱离苛刻的制备环境，在开放的室内条件下进行薄膜的有效制备。然而刮涂法也存在一定的缺陷需要改进，例如无法持续供应前驱体溶液而导致无法连续制备大面积薄膜。采用刮涂法制备薄膜时，影响薄膜质量的主要因素有：基底温度、前驱体溶液的计量、前驱体溶液的浓度、刮刀与基底的距离以及刮刀的涂布速度。当然还有很重要的一点是对于涂布后湿薄膜的后处理过程。通常情况下，我们需要控制这些参数来制备高质量的薄膜。

钙钛矿在大气环境下印刷制备，其中一个关键影响因素就是空气中的水汽对结晶的干扰作用。Alex K. - Y. Jen 在 2014 年采用刮涂法在空气中制备钙钛矿 $CH_3NH_3PbI_{3-x}Cl_x$ 薄膜，并基于刮涂钙钛矿活性层和 PEDOT：PSS 和 PC61BM 作为电荷传输层组装了平面异质结钙钛矿太阳电池。研究发现，如果刮涂后的溶液干燥比较缓慢，成核数量相对比较少，钙钛矿倾向于形成更大的晶粒。晶粒尺寸变大有利于提高钙钛矿的光电性质和在大气中的稳定性，因此器件的光电转化效率达到 9.52% 并表现出很好的稳定性[6]。相比之下，在空气中旋涂制备的电池只有 1.30% 的效率，远低于在惰性环境下制备电池的效率，这说明空气中的水汽的确对结晶过程产生了巨大的影响。然而在空气中印刷制备，空气中的水汽是不可避免的。研究发现大气中的湿度严重影响了钙钛矿在结晶过程中的成核和结晶。扫描电子显微镜（SEM）图像显示当环境中的湿度从 60% ~ 70% 降低到15% ~ 25% 时，空气中刮涂制备的钙钛矿薄膜覆盖率和均匀性显著提高。而在高湿度条件下，钙钛矿倾向于形成针状晶体[7]。

为了减少水汽对结晶的抑制作用，加热基底加速成膜过程有个有效策略。2015 年黄劲松课题组将基底温度升到 145℃，在制备过程中不但加速了溶剂挥发[8]，而且可以有效减少 $FA_xMA_{1-x}PbI_3$ 基钙钛矿薄膜中 δ 相，得到了效率超过18% 的器件，已经和当时旋涂的器件效率相当[9]。而 MACl 作为添加剂可以有效促使晶粒的二次生长，薄膜晶粒尺寸增大到微米级别以上，因而效率进一步增加到 19%[10]。朱凯课题组详细研究了 MACl 添加剂在刮涂成膜结晶过程中的作用，他们发现 MACl 能有效延长结晶动力学窗口，因而可增加刮涂操作的容错率，器件效率也到了 19.06%[11]。赵奎和 Aram Amassian 合作采用原位广角掠入射 X 射线散射（GIWAXS）探究和分析了在刮涂印刷过程中 $MAPbI_3$ 结晶动力学机制。结果表明刮涂工艺条件对薄膜的结晶过程影响很大：类似旋涂过程滴加反溶剂，刮涂快速抽取溶剂减少钙钛矿和溶剂强络合导致的溶剂化中间相，促使直接结晶过程发生。因而在溶剂化中间相相对较少的薄膜制备的器件效率更高[12,13]。2019年黄劲松课题组在常规溶剂 DMSO 中引入 ACN 和低沸点溶剂 2- Me，减少 DMSO和钙钛矿的络合作用促使钙钛矿快速成核，因此可以在相对较低的基底温度下实现 21.3% 的效率[14]。基于快速成核的思想，刮涂印刷可以和气刀联用快速干燥薄膜，钙钛矿湿薄膜快速形核，极大提升了成膜质量。这也是与旋涂工艺中滴加反溶剂的办法有异曲同工之妙，最终实现了超 20% 的器件效率[15]。2021 年 Seok团队进一步优化了溶剂体系，在传统溶剂中引入正环己基-2-吡咯烷酮（CHP）溶剂，确保了前驱体溶液在成膜过程中需要的快速形核和晶体缓慢生长之间的平衡，最终在 $31cm^2$ 组件上实现了 20.4% 的高效率[16]。2021 黄劲松课题组针对DMSO 挥发之后容易在钙钛矿薄膜留下孔洞导致薄膜在光照下的降解这个问题，在前驱体溶液中引入少量不挥发的固态卡酰肼，延长成膜动力学并减少孔洞，最终在小面积器件上实现了 23.6% 的效率[17]。

添加剂工程是实现钙钛矿薄膜均匀印刷的一个重要策略。由于印刷过程Marangoni（马兰戈尼）对流的影响，印刷过程可能会导致三相线形成破坏钙钛矿薄膜的均匀性。为了解决这个问题，2018 年黄劲松课题组在钙钛矿前驱体溶液中引入了双性表面活性剂卵磷脂分子，有效提高了钙钛矿前驱体溶液在疏水性表面的附着力与浸润性，改变了前驱体溶液在干燥过程中的动力学。在原位显微镜下观察发现，形核过程中的溶液向晶核方向急剧汇集的趋势得到了有效抑制，因而促进了形核致密性。少量的双性表面活性剂的加入对薄膜相貌有很好的优化作用，表面极其光滑和致密。制备的小面积器件效率可超过 20%，57.2cm² 大面积组件可实现 14.6% 的效率[18]。同年黄劲松课题组再次在 MAPbI₃ 中引入双胺分子，锚定单层双边氨基，从而钝化了钙钛矿表面缺陷，并且通过连接暴露的疏水烷基链来增强钙钛矿的稳定性，并且能够在一定程度上抵抗机械弯曲[19]。2020年黄劲松课题组在钙钛矿前驱体溶液中引入有机卤盐，成功刮涂出较纯相且结晶度高的掺杂一定比例 MA、Cs、FA 基钙钛矿薄膜，OH 分子调节晶体生长，增强相稳定性，钝化表面和晶界的离子缺陷，增强钙钛矿抵抗水分的能力[20]。2020年李刚课题组在刮涂中引入十四烷基二甲基（3-磺丙基）铵的两性盐，促进了钙钛矿致密薄膜的充分覆盖，调节了钙钛矿的结晶动力学和取向，钝化了电荷缺陷，并在钙钛矿上表面自发地自组装了一个抵御水分侵蚀屏障，并且沿用气刀法来促进快速形核，最终实现了 22% 的器件效率[21]。

相对有机–无机钙钛矿，全无机钙钛矿更容易受到水汽抑制导致高质量钙钛矿晶相形成困难，因此在大气环境下刮涂印刷全无机钙钛矿需要精确控制工艺条件和理解结晶的动力学过程。2019 年赵奎课题组首次在空气中刮涂制备全无机钙钛矿 CsPbI₂Br 太阳电池，通过控制刮涂的基底和退火温度，有效地抵消了水分侵蚀和 Marangoni 对流对成膜的消极影响，并且通过原位的 GIWAXS 进一步分析了结晶过程，揭示了在前驱体溶液中随着卤化物组成的变化而连续结晶，这有利于提高薄膜结晶度、抑制薄膜中缺陷的形成[22]。快速成膜过程导致的缺陷可以通过添加剂工程来钝化。2020 年赵奎课题组在前驱体溶液中引入低浓度的 $Zn(C_6F_5)_2$ 添加剂钝化界面缺陷，添加剂在钙钛矿/SnO₂ 界面附近优先聚集，并且在钙钛矿表面有很强的化学吸附，形成了能级梯度，不但有效抑制了界面的缺陷而且提升了界面电荷提取[23]。在此基础上赵奎和刘生忠课题组在钙钛矿体相中进一步引入 EMIMHSO₄ 离子液体钝化体缺陷，在快速成核基础上有效延长钙钛矿生长。薄膜表征发现：钙钛矿缺陷得到有效的钝化，晶格应力也得到有效的释放，因而全无机钙钛矿电池在标准光强下实现了 20.01% 的器件效率，并表现了很好的室内光伏的性能（1000lux，365W/cm² 下功率转换效率高达 37.24%）（图6-2）[24]。

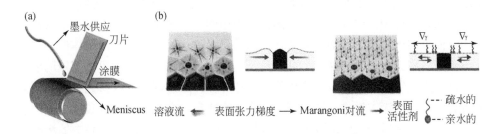

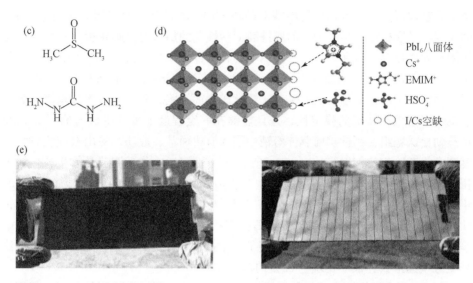

图6-2　（a）刮涂印刷示意图，（b）钙钛矿溶液中引入双性表面活性剂卵磷脂分子的
添加剂工程提高钙钛矿薄膜均匀性[19]，（c）固态卡酰肼替代部分 DMSO 的溶剂工程
减少钙钛矿孔洞的形成[18]，（d）钙钛矿溶液中引入离子液体的添加剂工程减少钙钛
矿的缺陷密度[24]，（e）大气环境下刮涂印刷的大面积钙钛矿太阳电池模组[19]

综上所述，在空气中均匀、低缺陷刮涂印刷大面积钙钛矿薄膜需要从添加剂工
程、溶剂工程、辅助结晶策略等方面继续努力。目前刮涂印刷钙钛矿薄膜主要是
基于 MA 体系钙钛矿，虽然 FA 体系钙钛矿理论效率更高，但 FA 体系比 MA 体系
钙钛矿更容易受到水汽侵蚀导致结晶度低和 α 相不稳定等问题，这也是刮涂印刷
稳定高效钙钛矿下一步需要攻克的主要目标！

6.3　狭缝涂布

　　狭缝涂布是当下最具有工业化前景的一种通用涂布方式之一。狭缝涂布是利
用刮刀与基底之间的半月面来控制前驱体溶液的涂布，结构如图所示 6-3（a）
所示。与刮涂法不同的是，它具有一个持续供应前驱体溶液的储备器和供应管，
可以在涂布过程中，将前驱体溶液通过刮刀中间狭缝源源不断地供应到半月面位
置，从而涂布到基底上。而且具有比刮涂法更多的可控制参数：前驱体溶液的流
速与流量、刮刀头的涂布速度、基底温度、刮涂角度，甚至是前驱体溶液的温度
都可以得到控制与调节。我们可以像刮涂法一样，通过调节各种参数来适应不同
的前驱体溶液的涂布需求。紧随刮刀头之后往往有一个氮气流萃取装置，这个装
置可以在涂布之后的湿润薄膜上进行气体辅助结晶，从而使湿润薄膜中的溶剂更

快地挥发,从而达到快速形核的目的,并且由于狭缝涂布对于各种参数的控制更加方便和精准,使得制备出的薄膜重现性更好。狭缝涂布的一个大优点是可以在柔性基底上进行卷到卷涂布,从而制备出大面积柔性的薄膜。当然,狭缝涂布也存在一个缺点,每次涂布需要前驱体溶液的剂量较大,不利于初期的实验探究,而我们可以通过将刮涂法与狭缝涂布方法联系起来,用刮涂法来探究实验条件,然后再将较为成熟的实验方案应用到狭缝涂布中,做到一个很好的衔接。

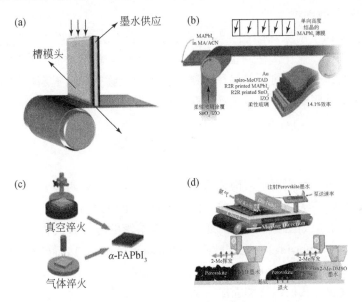

图 6-3　(a) 狭缝涂布印刷示意图,(b) 全印刷功能层示意图[27],(c) 抽气装置
示意图[29],(d) 狭缝涂布 2-Me 和 2-Me-DMSO 溶液示意图[30]

　　Doojin Vak 团队于 2015 年最先采用狭缝涂布来制备钙钛矿薄膜。制备工艺采取了两步法:先印刷 PbI$_2$ 层,再印刷一层 MAI 进行反应结晶。为了加速 PbI$_2$ 的干燥,Doojin Vak 在狭缝涂布的刀头后面安装了气刀,最终实现了 10.14% 的器件效率[25]。Trystan Watson 团队于 2017 年发表了用狭缝涂布一步法制备钙钛矿薄膜的工作,他们分别对不同基底温度梯度下薄膜结晶行为进行了分析,最后通过协调基底温度和气刀辅助干燥的策略实现了光滑致密的钙钛矿薄膜的制备[26]。Maikel F. A. M. van Hest 首次报道了基于狭缝涂布的钙钛矿电池全印刷制备[27]。他们采取了卷到卷的工艺,分别对电池功能层材料实现印刷,成功在柔性基底上实现了 14.1% 的效率。

　　添加剂工程、辅助结晶策略、溶剂工程等措施是印刷低缺陷、高质量的钙钛矿薄膜的有效策略。2019 年 Doojin Vak & Dong-Yu Kim 团队通过在钙钛矿前驱体溶液中引入 0.2 wt% 的 PEO 聚合物,有效提升了钙钛矿成膜过程中和成膜后对水

分的抵抗能力，在 55% 湿度下成功实现钙钛矿薄膜的制备[28]。刘生忠团队于
2020 年在狭缝涂布中引入了抽气装置，加速溶剂挥发，促进快速形核。并且在
钙钛矿层上旋涂离子液体来锚定晶界，钝化钙钛矿薄膜中的缺陷。最终在小面积
器件上实现了 22.7% 的光电转化效率[29]。Eva Unger 团队调整了溶剂组成，低沸
点溶剂 2-Me 中引入 DMSO 溶剂，溶剂中的 DMSO 避免了纯 2-Me 溶剂相的形成同
时触发了 $MAPbI_3$ 和 DMSO 溶剂相的形成，促进钙钛矿晶粒的形成。最终实现了
20.83% 的器件效率[30]。

　　综上，相比于刮涂法印刷，狭缝涂布技术中人为因素更少，因此重现性更
好，更加有利于产业化。在制备过程中引入气刀法来辅助结晶、在溶剂工程中引
入低沸点溶剂，是一个可行且易用控制的手段，能够有效地提高形核速率，在一
定程度上降低基底温度，这也为产业化生产降低了难度，节省了成本。

6.4　喷　涂　法

　　喷涂法是另一种应用于大面积薄膜制备的方法，与前两种大面积制备方法最
大的不同点是喷涂法是通过喷头将溶液分散成一个个微小的液滴，然后将这些液
滴喷涂到基底上。如图 6-4 所示。通过喷头对溶液的分散方式将喷涂法分为气动
喷涂（pneumatic spraying）、超声喷涂（ultrasonic spraying）、静电喷涂（electros-
praying）。分别是通过气体的快速流动、超声振动、静电排斥来将溶液分散成一
个个微小的液滴。我们以气动喷涂为例来介绍喷涂法的一般工艺，首先在喷头中
借助空气或者氮气的快速流动来将溶液分散成微小的液滴，然后再注入低压的气
流将液滴喷涂在基底上，使得液滴在基底上均匀分布，最后通过蒸发溶液中的溶
剂来促进湿润的薄膜形核结晶。在喷涂工艺中有很多需要注意的参数：喷头距离
基底的高度、喷头喷涂的角度与速度、喷头在基底上的扫描速度与距离、溶液的
成分、溶液的浓度、基底温度等。特别是溶液的成分，在制备薄膜过程中要着重

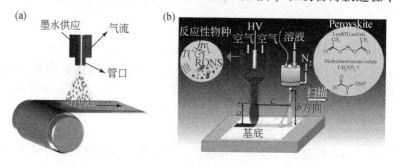

图 6-4　（a）喷涂法印刷示意图，（b）用于钙钛矿薄膜合成的大气等离子体沉积系统[34]

把握溶剂的沸点与基底温度之间的平衡关系。喷涂法也是可以应用到开放的室内环境中进行薄膜制备,并且可以依照人们的意愿实现简单的图案化喷涂,但是与狭缝涂布一样,喷涂法对溶液剂量的要求很大,每次喷涂都需较多的溶液持续供应。

喷涂法制备钙钛矿薄膜在 2014 年已经被报道,David G. Lidzey 探索了衬底温度对喷涂薄膜的覆盖率之间的关系,最终基于 $MAPbI_{3-x}Cl_x$ 钙钛矿溶液在衬底温度为 87℃时制备出覆盖率超过 85% 的钙钛矿薄膜,将薄膜应用到太阳电池器件中可实现 11% 的器件效率[31]。2015 年丁建宁课题组通过改变前驱体浓度以及喷墨打印扫描次数,调控薄膜的形貌和厚度,在 50% 湿度环境中无需任何退火处理,制备出具有微米级的晶粒尺寸的钙钛矿薄膜,并且实现了完整的表面覆盖。优化后的钙钛矿薄膜应用到平面异质结太阳电池中,可实现 7.89% 的光电转化效率[32]。2016 年 David G. Lidzey 进一步使用喷涂法在大气环境下制备了 PEDOT 层、钙钛矿层、PCBM 层,制备的电池光电转化效率可达 9.9%[33]。2018 年 Reinhold H. Dauskardt 团队使用等离子气体干燥薄膜的策略快速有效地固化钙钛矿薄膜,促进快速形核,最终制备出均一致密的钙钛矿薄膜和 15.4% 的太阳电池[34]。

基于现在的研究进展来看,相比广泛使用的狭缝涂布和刮涂法,喷涂法制备钙钛矿的工艺还存在很多不足,但是许多优化方法都是可以互相借鉴和使用的,例如溶剂工程里在溶剂中引入低沸点溶剂,接上气刀或者抽气装置来辅助结晶,促进形核。而喷涂法特有的一些参数例如扫描速率、喷涂间隙等都需要进一步优化和调整,这也是今后还需进一步探索和优化的方向。

6.5　喷墨打印和转移打印

喷墨打印和转移打印技术在印刷制备钙钛矿太阳电池的研究才刚起步(图 6-5)。喷墨打印基本结构类似于喷涂法制备薄膜,相比于喷涂法,喷墨打印设备具有多个喷头。在喷头处利用压电转化装置或者电阻加热器产生压力,驱动溶液喷射到打印喷头处,喷头处进一步平衡溶液的流体惯性与表面张力,形成液滴。在操作系统的控制之下,这些液滴被可控地图案化涂布到基底上。喷墨打印有以下重要参数:溶液的成分和浓度、溶液的黏度(影响液滴的形成)、液滴在基底上的浸润性、基底的粗糙度、基底温度等。通过严格调控这些参数,可以得到致密均匀的光滑薄膜。转移打印是一种新兴的从供体基底到受主基体组装转移纳米/纳米物体材料的一种技术,其对要求异质性无机电子材料与软质基体结合的柔性电子发展有很大的意义。典型的打印过程包括拾取和打印,在拾取步骤中,首先将预先制造在供体衬底上的功能器件组件(如微/纳米膜、带、纳米线、纳米管等）拾取到压膜上，在印刷步骤中，使着墨的印章与接收器接触，然后移走印章，以将设备组件印到接收基板上。成功的拾取步骤要求在印模/设备界面处的黏合强度大于在设备/供体界面处的黏合强度，从而导致在设备/供体界面处发生分层，从而将功能性设备转移到弹性体印模上。在打印过程中，设备/接收器界面处的黏附强度比在印模/设备界面处的黏附强度强，因此可以实现印刷。转印适用于二维、三维布局的微米和纳米材料组装，也适用于大型组件。

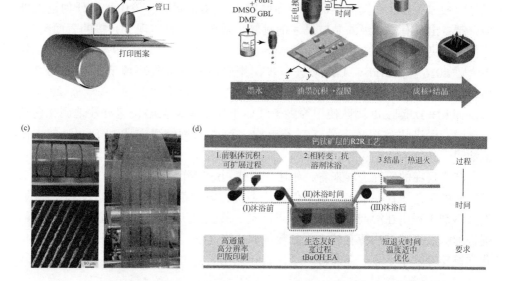

图 6-5　（a）喷墨打印示意图，（b）喷墨打印的液滴用抽气装置处理快速成核结晶[36]，（c）转移打印实物图[37]，（d）卷对卷转移打印钙钛矿薄膜时用不同反溶剂处理钙钛矿薄膜[38]

　　2018 年 Sylvain Vedraine 团队基于喷墨打印技术成功在大气环境低于 90℃ 的条件下制备 $CH_3NH_3PbI_{3-x}Cl_x$ 钙钛矿薄膜、电子传输层 WO_x 和空穴传输层 spiro。Cl 离子的引入大大提升了钙钛矿前驱体溶液在基底的浸润性，基于全喷墨打印技术制备的电池效率达到 6.4%[35]。喷墨打印过程中同样可以加入抽气装置来促进前驱体溶液中晶粒的快速形核，从而提高成膜质量。Ulrich W. Paetzold 团队展示了喷墨打印和抽气装置联用的印刷策略，制备了致密均一的钙钛矿薄膜，得到了 21.6% 的器件效率[36]。

　　2016 年阳军亮等采用了转移打印技术制备了大面积高度取向的纳米纤维[37]，随后 Jangwon Seo 等成功转移打印了可用于太阳电池的均匀钙钛矿薄膜。该团队借鉴了旋涂工艺的反溶剂法促使快速形核的方法，在卷对卷转移印刷工程中将钙钛矿湿膜快速浸泡于环境友好的反溶剂中促使快速形核。通过对比异丙醇、叔丁醇等溶剂作为反溶剂促进形核的效果，最终确定了叔丁醇绿色溶剂作为最佳反溶剂，得到了 21.7% 的效率太阳电池[38]。

6.6　展　　望

在面向未来钙钛矿太阳电池高产能低成本工业化生产的巨大需求下，钙钛矿的印刷制备方面的研究已经全面展开。目前采用印刷法制备钙钛矿的主流技术包括丝网印刷、狭缝涂布、刮涂、喷墨打印、喷涂、转移打印等。通过对印刷工艺和溶液配方等参数的精细研究和调控，钙钛矿大面积高质量印刷取得了巨大的进步：基于印刷法的小面积钙钛矿太阳电池效率最高可达 23.6%，$15cm^2$ 以上的模组效率突破了 21%，$1×2m^2$ 的组件效率也突破了 18%。然而我们仍然要看到，印刷法制备电池的效率仍然落后于旋涂法制备的电池最高效率（25.7%），这要求我们在印刷制备钙钛矿太阳电池时，仍然要把钙钛矿旋涂制备过程中的结晶机制和结晶调控策略有效转移到印刷过程中，减少旋涂和印刷法制备时的结晶质量差距。因此必须在溶液配方、印刷工艺、结晶机制和动力学调控等方面进一步投入研发力量，深入理解结晶机制并开发行之有效的动力学调控手段，为大面积钙钛矿薄膜均匀高质量结晶提供理论基础和技术手段。

参 考 文 献

[1] Mei A, Li X, Liu L, et al. A hole-conductor-free, fully printable mesoscopic perovskite solar cell with high stability. Science, 2014, 345 (6194): 295-298.

[2] Chen J, Rong Y, Mei A, et al. Hole-conductor-free fully printable mesoscopic solar cell with mixed-anion perovskite $CH_3NH_3PbI_{(3-x)}(BF_4)_x$. Adv. Energy Mater., 2016, 6 (5): 1502009.

[3] Hu Y, Zhang Z, Mei A, et al. Improved performance of printable perovskite solar cells with bi-functional conjugated organic molecule. Adv Mater., 2018, 30 (11): 1705786.

[4] Rong Y, Hou X, Hu Y, et al. Synergy of ammonium chloride and moisture on perovskite crystallization for efficient printable mesoscopic solar cells. Nat Commun., 2017, 8 (1): 1-8.

[5] Rong Y, Hu Y, Mei A, et al. Challenges for commercializing perovskite solar cells. Science, 2018, 361 (6408): 1214.

[6] Kim J H, Williams S T, Cho N, et al. Enhanced environmental stability of planar heterojunction perovskite solar cells based on blade-coating. Adv. Energy Mater., 2015, 5 (4): 1401229.

[7] Yang Z, Chueh C-C, Zuo F, et al. High-performance fully printable perovskite solar cells via blade-coating technique under the ambient condition. Adv. Energy Mater., 2015, 5 (13): 1500328.

[8] Dai X, Deng Y, van Brackle C H, et al. Scalable fabrication of efficient perovskite solar modules on flexible glass substrates. Adv. Energy Mater., 2019, 10 (1): 1903108.

[9] Deng Y, Dong Q, Bi C, et al. Air-stable, efficient mixed-cation perovskite solar cells with Cu

electrode by scalable fabrication of active layer. Adv. Energy Mater. , 2016, 6 (11): 1600372.

[10] Tang S, Deng Y, Zheng X, et al. Composition engineering in doctor-blading of perovskite solar cells. Adv. Energy Mater. , 2017, 7 (18): 1700302.

[11] Yang M, Li Z, Reese M O, et al. Perovskite ink with wide processing window for scalable high-efficiency solar cells. Nat. Energy, 2017, 2 (5): 1-9.

[12] Zhong Y, Munir R, Li J, et al. Blade-coated hybrid perovskite solar cells with efficiency > 17%: an *in situ* investigation. ACS Energy Lett. , 2018, 3 (5): 1078-1085.

[13] Li J, Munir R, Fan Y, et al. Phase transition control for high-performance blade-coated perovskite solar cells. Joule, 2018, 2 (7): 1313-1330.

[14] Deng Y, Brackle C H V, Dai X, et al. Tailoring solvent coordination for high-speed, room-temperature blading of perovskite photovoltaic films. Sci. Adv. , 2019, 5 (12): 1-8.

[15] Wu W-Q, Yang Z, Rudd P N, et al. Bilateral alkylamine for suppressing charge recombination and improving stability in blade-coated perovskite solar cells. Sci. Adv. , 2019, 5 (3): 1-9.

[16] Ding J, Han Q, Ge Q-Q, et al. Fully air-bladed high-efficiency perovskite photovoltaics. Joule, 2019, 3 (2): 402-416.

[17] Yoo J W, Jang J, Kim U, et al. Efficient perovskite solar mini-modules fabricated via bar-coating using 2-methoxyethanol-based formamidinium lead tri-iodide precursor solution. Joule, 2021, 5 (9): 2420-2436.

[18] Chen S, Dai X, Xu S, et al. Stabilizing perovskite-substrate interfaces for high-performance perovskite modules. Science, 2021, 373 (6557): 902-907.

[19] Deng Y, Zheng X, Bai Y, et al. Surfactant-controlled ink drying enables high-speed deposition of perovskite films for efficient photovoltaic modules. Nat. Energy, 2018, 3 (7): 560-566.

[20] Wu W Q, Rudd P N, Wang Q, et al. Blading phase-pure formamidinium-alloyed perovskites for high-efficiency solar cells with low photovoltage deficit and improved stability. Adv. Mater. , 2020, 32 (28): 2000995.

[21] Liu K, Liang Q, Qin M, et al. Zwitterionic-surfactant-assisted room-temperature coating of efficient perovskite solar cells. Joule, 2020, 4 (11): 2404-2425.

[22] Fan Y, Fang J, Chang X, et al. Scalable ambient fabrication of high-performance $CsPbI_2Br$ solar cells. Joule, 2019, 3 (10): 2485-2502.

[23] Chang X, Fang J, Fan Y, et al. Printable $CsPbI_3$ perovskite solar cells with PCE of 19% via an additive strategy. Adv Mater. , 2020, 32 (40): 2001243.

[24] Du Y, Tian Q, Chang X, et al. Ionic liquid treatment for highest-efficiency ambient printed stable all-inorganic $CsPbI_3$ perovskite solar cells. Adv Mater. , 2022, 34 (10): 2106750.

[25] Hwang K, Jung Y S, Heo Y J, et al. Toward large scale roll-to-roll production of fully printed perovskite solar cells. Adv Mater. , 2015, 27 (7): 1241-1247.

[26] Cotella G, Baker J, Worsley D, et al. One-step deposition by slot-die coating of mixed lead halide perovskite for photovoltaic applications. Sol. Energy Mater. Sol. Cells, 2017, 159: 362-369.

［27］ Dou B, Whitaker J B, Bruening K, et al. Roll-to-roll printing of perovskite solar cells. ACS Energy Lett. , 2018, 3 (10): 2558-2565.

［28］ Kim J E, Kim S S, Zuo C, et al. Humidity-tolerant roll-to-roll fabrication of perovskite solar cells via polymer-additive-assisted hot slot die deposition. Adv. Funct. Mater. , 2019, 29 (26): 1809194.

［29］ Du M, Zhu X, Wang L, et al. High-pressure nitrogen-extraction and effective passivation to attain highest large-area perovskite solar module efficiency. Adv. Mater. , 2020, 32 (47): 2004979.

［30］ Li J, Dagar J, Shargaieva O, et al. 20.8% slot-die coated MAPbI$_3$ perovskite solar cells by optimal DMSO-content and age of 2-Me based precursor inks. Adv. Energy Mater. , 2021, 11 (10): 2003460.

［31］ Barrows A T, Pearson A J, Kwak C K, et al. Efficient planar heterojunction mixed-halide perovskite solar cells deposited via spray-deposition. Energy Environ. Sci. , 2014, 7 (9): 2944-2950.

［32］ Liang Z, Zhang S, Xu X, et al. A large grain size perovskite thin film with a dense structure for planar heterojunction solar cells via spray deposition under ambient conditions. RSC Adv. , 2015, 5 (74): 60562-60569.

［33］ Mohamad D K, Griffin J, Bracher C, et al. Spray-cast multilayer organometal perovskite solar cells fabricated in air. Adv. Energy Mater. , 2016, 6 (22): 1600994.

［34］ Hilt F, Hovish M Q, Rolston N, et al. Rapid route to efficient, scalable, and robust perovskite photovoltaics in air. Energy Environ. Sci. , 2018, 11 (8): 2102-2113.

［35］ Gheno A, Huang Y, Bouclé J, et al. Toward highly efficient ink jet-printed perovskite solar cells fully processed under ambient conditions and at low temperature. Sol. RRL. , 2018, 2 (11): 1800191.

［36］ Eggers H, Schackmar F, Abziehier T, et al. Ink jet-printed micrometer-thick perovskite solar cells with large columnar grains. Adv. Energy Mater. , 2019, 10 (6): 1903184.

［37］ Hu Q, Wu H, Sun J, et al. Large-area perovskite nanowire arrays fabricated by large-scale roll-to-roll micro-gravure printing and doctor blading. Nanoscale, 2016, 8 (9): 5350-5357.

［38］ Kim Y Y, Yang T Y, Suhonen R, et al. Roll-to-roll gravure-printed flexible perovskite solar cells using eco-friendly antisolvent bathing with wide processing window. Nat. Commun. , 2020, 11 (1): 1-11.

第7章　钙钛矿太阳电池的干法制备技术

7.1　真空蒸镀应用介绍

前面重点讨论了钙钛矿太阳电池的结构设计以及缺陷钝化、界面优化等；钙钛矿薄膜有优异光、电学特性，通过对薄膜制备改进、结晶优化和缺陷钝化能够得到高质量的太阳电池活性层材料。

无论是在太阳电池加工制备，还是 organic light-emitting diode（OLED）显示屏领域，真空沉积薄膜是生产过程中必不可少的一项技术。真空沉积主要分为热蒸镀和磁控溅射两种方式。其中，热蒸镀可分为电阻加热（thermal evaporation）方式和电子束（e-beam evaporation）方式：电阻加热顾名思义通过加热钨丝或钨舟使得材料融化蒸发到衬底表面。因钨丝受本身材质限制，能够提供的融化温度有限，所以热蒸发主要用于蒸发低沸点金属、氧化物或者有机物。电子束方式热蒸发是利用高能电子束流轰击水冷坩埚中的材料使其融化达到饱和蒸气压后沉积到衬底表面。因粒子束流具有非常高的能量，温度可以升至 3000～6000℃，所以可以融化大部分的金属及金属氧化物。另一种真空沉积是磁控溅射方式，利用阴极发射的电子在电场作用下与 Ar 原子发生碰撞使其分离成 Ar^+ 和新的电子，在电场和磁场的作用下 Ar^+ 飞向靶材轰击靶材发生溅射后沉积到衬底表面的过程。磁控溅射在半导体工业上是非常重要的制备方法，其设备简单、易操作、薄膜附着力强和容易实现大面积等很多的优势。

溶液法制备钙钛矿太阳电池从方法上非常简单、易操作，但是存在问题不能忽略。首先是溶剂残留问题，用溶剂作为载体制备钙钛矿薄膜的过程中，虽然需要反溶剂、抽真空或升温退火等方式除去薄膜中的溶剂，但是在一定程度上，溶剂很难处理完全。残留溶剂更加容易吸水吸氧后进一步腐蚀结晶后的钙钛矿薄膜，进而影响钙钛矿器件的稳定性。其次是重复性差，钙钛矿薄膜结晶质量的高低取决于前驱体溶液中溶剂挥发速度的快慢。这样很容易导致薄膜在结晶过程中的随机性增加，实验室小面积制备过程很容易避免薄膜缺陷区域后得到转化效率高的器件，但是在薄膜放大的过程中，薄膜孔洞、薄膜断裂、薄膜均匀性等问题相继出现，严重限制了钙钛矿太阳电池产业化的应用。

本章将从钙钛矿太阳电池制备方法上进行讨论，包括电荷传输层的真空沉积以及讨论干法制备钙钛矿太阳电池的优缺点和薄膜生长的过程特性。电荷传输层的制备主要是采用一系列的真空沉积设备获得不同特性的电子或空穴传输层材料；钙钛矿薄膜的干法制备按其成膜过程，分为铺粉熏蒸和真空蒸镀两种方式。铺粉熏蒸方法简单、过程简单、易于操作，主要分为两步：一是将无机层，在这里指的是碘化铅（PbI_2）、氯化铅、溴化铅、碘化铯和溴化铯等材料先在真空腔室内加热蒸发，得到均匀、致密无机层薄膜；二是将有机材料、甲基碘化铵粉末或碘甲脒粉末研磨铺平，然后加热有机粉末气化熏蒸到无机薄膜表面，最后将反应后的样品转移到热台之上退火完全结晶；真空蒸镀制备钙钛矿太阳电池工艺流程简单、重复性高，主要分为单源蒸发、双源蒸发和多源蒸发等；通过将前驱体材料在不同蒸发源中进行依次或分批次蒸发后退火即可。

7.2　器件电荷传输层材料的选择和制备

从结构上，可以将钙钛矿太阳电池分为正式和反式两种，如图 7-1 所示。

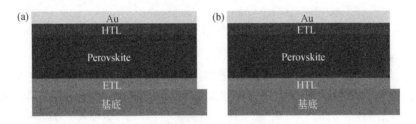

图 7-1　钙钛矿太阳电池结构示意图
(a) 正式结构，(b) 反式结构

　　钙钛矿太阳电池结构呈三明治夹层结构，钙钛矿活性层在电子传输层和空穴传输层之间。太阳光从电子传输层开始入射，为正式结构，如图 7-1（a）所示；太阳光从空穴层方向入射，为反式结构，如图 7-1（b）所示。

　　从入射光线进入钙钛矿器件开始就要发生不同程度的折射和反射，所以作为窗口层的材料，无论是电子传输层、空穴传输层都需控制其薄膜厚度进而获得较高的透光率。图 7-2 为二氧化钛在 FTO 衬底上沉积之后的透光率图。从图中可以观察到，沉积 TiO_2 之后的衬底透光率有所提高。透光率增加意味着有更多的太阳光可以进入光活性层，更多的光子被转化成电子。

　　从钙钛矿太阳电池被发现到效率迅速提升的整个过程中，电池的三层结构一直是高转化效率的基础。真空沉积的办法实现电荷传输层的制备，主要包括以下几种办法：

　　磁控溅射（magnetron sputtering），其工作原理如图 7-3 所示，是指电子在电

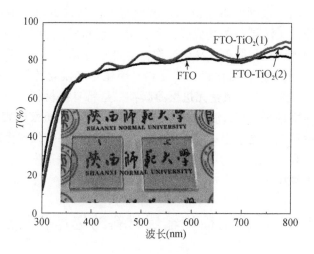

图 7-2　二氧化钛透光率

场 E 的作用下，在飞向基片过程中与氩原子发生碰撞，使其电离产生出 Ar⁺ 和新的电子；新电子飞向基片，Ar⁺ 在电场作用下加速飞向阴极靶，并以高能量轰击靶表面，使靶材发生溅射。在溅射粒子中，中性的靶原子或分子沉积在基片上形成薄膜，而产生的二次电子会受到电场和磁场作用，产生 E（电场）×B（磁场）所指的方向漂移，简称 E×B 漂移，其运动轨迹近似于一条摆线。若为环形磁场，则电子就以近似摆线形式在靶表面做圆周运动，它们的运动路径不仅很长，而且被束缚在靠近靶表面的等离子体区域内，并且在该区域中电离出大量的 Ar⁺ 来轰击靶材，从而实现了高的沉积速率。随着碰撞次数的增加，二次电子的能量消耗殆尽，逐渐远离靶表面，并在电场 E 的作用下最终沉积在基片上。由于该电子的能量很低，传递给基片的能量很小，致使基片温升较低。

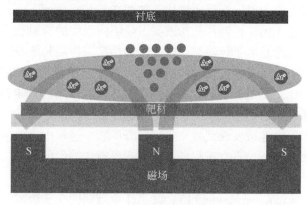

图 7-3　磁控溅射示意图

　　磁控溅射二氧化钛作为钙钛矿太阳电池电子传输层能够实现低温制备，能够很好地避免电子传输层需要高温退火这一过程。如图 7-4 所示，2015 年文献报道利用磁控溅射制备致密的二氧化钛层并将其应用到柔性导电衬底表面，获得柔性钙钛矿太阳电池相对较高的转化效率。钙钛矿太阳电池从开始到获得高转换效率过程中，介孔二氧化钛传输层需要近 500℃ 的高温退火，平面型二氧化钛（TiO₂）大多采用化学浴（chemical bath deposition）沉积的方法制备，且需要 200℃ 退火处理。高转化效率的电池大多采用二氧化锡作为电子传输层，也需要近 200℃ 的退火处理。因此，寻找一种高性能的电荷传输层且可以在低温下制备成为钙钛矿太阳电池，特别是柔性钙钛矿太阳电池研究的重点。

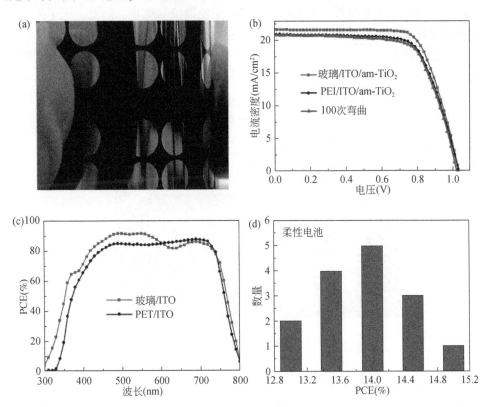

图 7-4　（a）柔性钙钛矿器件图，（b）刚性/柔性/柔性太阳电池弯曲 100 次后的钙钛矿太阳电池 J-V 曲线图，（c）刚性/柔性钙钛矿太阳电池量子效率转化曲线图，（d）柔性钙钛矿太阳电池效率分步柱状图

　　另外，氧化镍作为反式电池空穴传输层的窗口材料，其性能一直影响着反式钙钛矿太阳电池转化效率，目前反式钙钛矿太阳电池的转化效率已至 25.0%。磁

控溅射氧化镍作为高性能钙钛矿器件空穴传输层材料，尽管在转换效率上仍然有一定的差距，但是对大面积制备却有自身的优势，例如，薄膜均匀、厚度可控、性能可调等。另外，磁控溅射作为一种制备方法，对高通量大面积制备具有成熟的工艺优势。现阶段，磁控溅射 TCO 在显示行业已经普遍被应用。对于绝大多数的金属氧化物都可以用磁控溅射的办法实现薄膜沉积，这对于薄膜钙钛矿太阳电池的应用及产业化推广都有非常重要的意义。

电子束蒸发（e-beam evaporation）。如图 7-5 所示电子束蒸发的原理是在真空条件下利用电子束进行直接加热蒸发材料，使蒸发材料气化并向基板输运，在基底上凝结形成薄膜的方法。在电子束加热装置中，被加热的物质放置于水冷的坩埚中，可避免蒸发材料与坩埚壁发生反应影响薄膜的质量，因此，电子束蒸发沉积法可以制备高纯薄膜，同时在同一蒸发沉积装置中可以安置多个坩埚，实现同时或分别蒸发，沉积多种不同的物质。通过电子束蒸发，任何材料都可以被蒸发。电子束蒸发可以蒸发高熔点材料，比一般电阻加热蒸发热效率高、束流密度大、蒸发速度快，制成的薄膜纯度高、质量好，厚度可以较准确地控制，可以广泛应用于制备高纯薄膜和导电玻璃等各种光学材料薄膜。

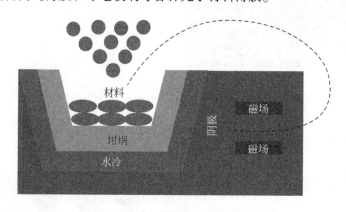

图 7-5　电子束蒸发工作示意图

电子束蒸发在钙钛矿太阳电池领域应用也非常广泛，电子束蒸发二氧化锡、二氧化钛、五氧化二铌、三氧化钨等都可以作为钙钛矿太阳电池电子传输层材料；电子束蒸发氧化镍可以作为钙钛矿电池空穴传输层材料。2017 年刘生忠课题组利用电子束蒸发五氧化二铌作为钙钛矿太阳电池电子传输层材料，分别在刚性衬底和柔性衬底表面得到相对较高的转化效率，首次实现了五氧化二铌作为柔性钙钛矿太阳电池电子传输层的应用。电子束制备的电子传输层无需高温退火处理、无需 UVO 处理就可以直接旋涂钙钛矿薄膜，这样不仅可以得到高质量的电荷传输层材料，还可以减少钙钛矿太阳电池制备工序来降低能耗。

热蒸发（thermal evaporation），在高真空下，采用电阻式蒸发原理，利用大电流在蒸发舟上加热所蒸镀材料，使其在高温下熔化蒸发，从而在样品上沉积所需要的薄膜。通过调节所加电流的大小，可以方便地控制镀膜材料的蒸发速率。通常适合熔点低于 1500℃的金属薄膜的制备（图 7-6）。

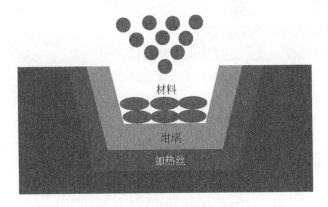

图 7-6　热蒸发工作示意图

相比于磁控溅射和电子束蒸发，热蒸发制备钙钛矿太阳电池电荷传输层虽然受限于蒸发温度，但是部分材料因为无法实现靶材制备和质量过轻无法承受高能电子束流的轰击。例如，有机材料 NPB、BCP、PTTh 等很难制作成靶材而实现磁控溅射；三氧化钼、C_{60} 等沸点低、质量轻无法实现电子束的轰击等。此类材料就可以通过简单热蒸发实现薄膜的制备。

原子层沉积（atomic layer deposition），其工作原理如图 7-7 所示，是一种基于有序、表面自饱和反应的化学气相薄膜沉积方法。通俗来说，可以将一层层亚纳米厚的薄膜均匀地铺展在物体表面。这种能够将各种功能材料在亚纳米尺度上实现均匀包覆的技术，很好地解决了目前功能器件中的缺陷和均匀性的问题。ALD 最大的特点是将传统的化学气相反应有效地分解成两个半反应，当我们的目标成分是 AB 时，先向腔体内部通入一种前驱体 A，它会与基底的表面基团反应从而均匀地吸附在基底表面。由于 A、B 两种物质相互反应，因此在 A 完全吸附在表面后，需要用惰性气体将多余的 A 吹走。之后再通入另一种前驱体 B，与表面的一层 A 反应，同样需要惰性气体将 B 吹走，这些过程构成一个生长循环，从而形成一层均匀的薄膜，而每个循环生长的薄膜厚度一致，可以通过对生长循环数的控制，以实现对薄膜厚度的精确控制。因此，原子层沉积是一种精确可控的薄膜生长技术。

为了让太阳光更多地被吸收转化成电能，突破单结太阳电池的极限效率，钙钛矿-晶硅叠层太阳电池的研究日益得到科研工作者们的重视。目前钙钛矿-晶

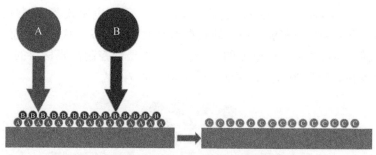

图 7-7　原子层沉积示意图

硅叠层太阳电池的实验室转化效率已至 33.2%，根据叠层太阳电池的特点，设计宽带隙（1.68eV）的钙钛矿吸收层，用于吸收短波长的太阳光，让波长较长的太阳光穿透钙钛矿薄膜层到达晶硅电池层被吸收。

7.3　热蒸发制备钙钛矿太阳电池

2013 年，双源共蒸发制备钙钛矿太阳电池在 *Nature* 上一亮相就受到科研工作者的青睐。刘明侦等利用双源共蒸发的办法将氯化铅（PbCl$_2$）和 MAI 加热沉积到二氧化钛表面制备得到 p-i-n 电池后得到 15.4% 的光电转化效率。虽然相比于溶液法制备的太阳电池，热蒸发制备的钙钛矿太阳电池效率还比较低，但是这种方法的成功实现标志着钙钛矿太阳电池可以将现有成熟的真空镀膜技术相结合。既可以解决大面积制备困难的问题，又可以实现高质量活性层的制备。如图 7-8（a）所示，将所需前驱体原料分别装入不同的陶瓷坩埚之中，利用热电偶加热将其蒸发出来，再利用各自膜厚控制仪检测各膜层的蒸发量，通过合理的组分配比调节最终得到热蒸镀的钙钛矿薄膜。图 7-8（b）是对溶液法和气相沉积法制备的钙钛矿薄膜分别测试 XRD，从图中可以明显看到得到的钙钛矿薄膜峰位置与溶液法得到的完全一致，少量的碘化铅对晶界有一定的钝化作用。

随着热蒸镀钙钛矿薄膜的成功实现，紧接着科研工作者通过对蒸发源数量的增加、改进和改变腔体真空度等办法实现了高稳定和高效率的钙钛矿太阳电池。Lin Haowu 等通过衬底附近的压强变化监测有机组分及钙钛矿薄膜的厚度。该方法的成功有效解决了无机层在热蒸发过程中速率监测困难的问题，通过改变压强来提高钙钛矿薄膜的生长过程，提高结晶质量。如图 7-9 所示，腔体 A 适合无机材料卤化铅和电荷传输层材料的蒸发，此类化合物的热蒸发过程简单，容易得到质量好的薄膜；腔体 B 适用于有机卤化物材料的蒸发，从图中可以观察到需要通过真空调控来对腔体压强进行准确地控制以实现对钙钛矿薄膜质量的改善和调节。

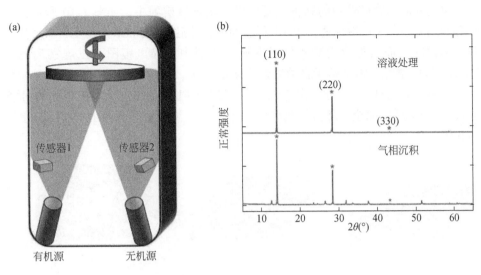

图 7-8　（a）双源共蒸发示意图，（b）溶液法与气相沉积法的 XRD 图

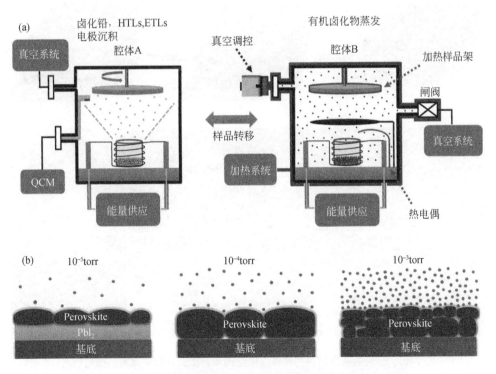

图 7-9　（a）热蒸发制备钙钛矿太阳电池各层的真空腔体示意图，
（b）不同真空度下钙钛矿薄膜生长示意图

　　早期针对钙钛矿薄膜的制备主要以甲氨基钙钛矿为主，如图 7-10 所示，杨栋等利用分层蒸发的办法先蒸 $PbCl_2$ 再蒸 MAI，然后蒸发 $PbCl_2$ 再蒸发 MAI，分层蒸发到衬底表面后退火得到钙钛矿薄膜。从图中扫描电镜图可以观察到随着 $PbCl_2$ 厚度的增加，钙钛矿薄膜的质量受影响较大，当厚度超过 100nm 后，薄膜出现很明显的孔洞。这主要归因于随着无机层 $PbCl_2$ 量的增加，有机组分 MAI 不能够和 $PbCl_2$ 反应完全，随着加热有机组分很容易从薄膜表面逸出从而形成很大的孔洞。

图 7-10　分层热蒸发制备钙钛矿太阳电池示意图及钙钛矿薄膜扫描电镜图

　　因甲氨基钙钛矿存在稳定性差、光电转化效率不高等问题。英国牛津大学 Michael B. Johnston 等利用双源共蒸发将 PbI_2 和 FAI 沉积到以 C_{60} 为电子传输层的衬底上, 从图 7-11 上可以观察到薄膜的厚度在 330 ~ 370nm。因甲脒基钙钛矿太阳电池可以获得更窄带隙的吸光层薄膜, 热蒸发甲脒基钙钛矿薄膜成功制备, 针对高转化效率、高稳定性的钙钛矿薄膜开始得到快速的发展。

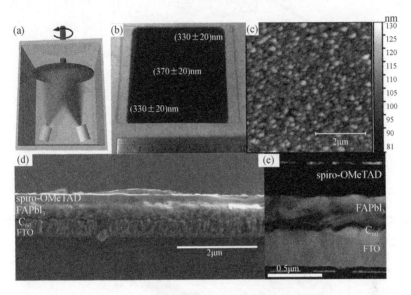

图 7-11　蒸发示意图和大面积薄膜电镜图片

接着, 多源热蒸发制备不同带隙的钙钛矿薄膜得到研究, Karlstad 大学 Henk J. Bolink 等通过四源蒸发实现了宽带隙钙钛矿薄膜的调控制备。通过不同组分的调控, 可以得到不同带隙的钙钛矿薄膜, 这是金属卤化物钙钛矿薄膜得以发展的优势。如图 7-12 所示, 蒸发源分别为 PbI_2、FAI、CsI、$PbBr_2$, 随着溴元素量的增加, 薄膜带隙逐渐趋向于高能级, 最终得到带隙 $E_g = 1.75eV$ 时, 得到光电转化效率 16.8% 的器件。宽带隙钙钛矿薄膜主要吸收太阳光短波区间的太阳光, 主要应用于叠层太阳电池顶电池的设计。

一直以来, 钙钛矿太阳电池的高效率制备大多数只是停留在实验室阶段; 钙钛矿太阳电池的大面积还停留在 $1cm^2$ 大小。在大面积放大和高通量制备上仍然存在很多问题, 特别是在由小放大钙钛矿薄膜的过程中, 不可避免的孔洞、薄膜不均一、断裂等现象经常发生。真空沉积能有效解决以上问题, 在真空蒸镀大面积钙钛矿太阳电池研究方面, 如图 7-13 所示, 刘生忠团队采用真空沉积法并结合低温退火策略制备了 $400cm^2$ 刚性和 $300cm^2$ 柔性高质量甲脒基钙钛矿薄膜。此方法避免了钙钛矿薄膜在结晶过程中因接触空气中的水、氧产生不可逆的缺陷, 故而采用了低真空下低温退火的方法, 可以得到高质量的钙钛矿薄膜。低真空下, 相对较低的退火结晶温度可以在很大程度上降低薄膜中孔洞的发生概率, 另

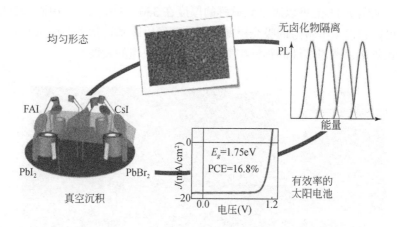

图 7-12　多源蒸发制备宽带隙钙钛矿太阳电池

外低温制备可以将此方法应用到柔性衬底表面制备钙钛矿薄膜，进而为高通量卷到卷制备钙钛矿太阳电池提供参考。

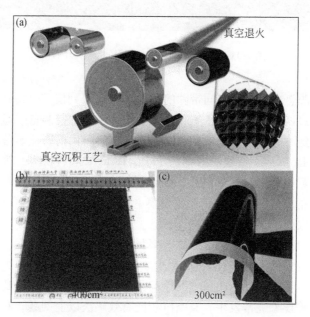

图 7-13　真空蒸镀制备钙钛矿太阳电池（a）示意图，大面积
钙钛矿薄膜（b）刚性 $400cm^2$ 和（c）柔性 $300cm^2$

另外，北京大学邹德春课题组利用磁控溅射的方法成功制备出 MA-基钙钛矿太阳电池，这在真空制备钙钛矿太阳电池研究方法上具有重要的意义，如图 7-14 所示，图 7-14（a）是电池制备的过程示意图，将 MA-基的钙钛矿粉末压成片状的钙钛矿靶材，然后将其安装在磁控溅射的设备上，经过 Ar⁺ 轰击得到薄膜钙钛矿。图 7-14（b）~（f）是制备过程，可以观察到制备的钙钛矿薄膜和晶粒尺寸。虽然此方法得到的钙钛矿电池效率只有 15.52%，但是却提供了一种很好的研究思路，对将来钙钛矿太阳电池产业化发展有指导意义。

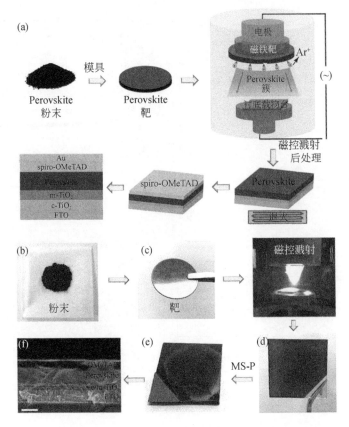

图 7-14　磁控溅射制备钙钛矿太阳电池示意图（a）及过程（b）~（f）

7.4　钙钛矿太阳电池干法制备的稳定性

钙钛矿太阳电池发展至今，虽然光电转化效率在不断地提高，但是其稳定性差的问题仍旧没有得到很好的解决。究其原因，主要是表面缺陷、晶界离子迁移造成的缺陷是钙钛矿太阳电池效率损失的主要原因，然而对于缺陷的类型、缺陷的空间分布及其产生的原因还有待于进一步深入认识和研究。对于现阶段所认识的钙钛矿薄膜，其缺陷的形成主要是薄膜在结晶过程中发生，尤其是溶液法制备钙钛矿薄膜的过程中，溶剂的挥发速率、溶剂的极性、溶剂残留等问题都会成为影响钙钛矿薄膜稳定性的主要因素。相比钙钛矿薄膜的干法制备，其稳定性具有显著的优势。如图 7-15 所示，无论是光照稳定性还是环境稳定性，真空蒸镀制备的钙钛矿器件都有显著的优势。

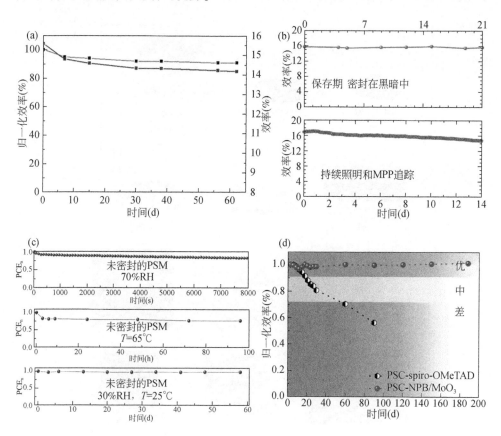

图 7-15　钙钛矿干法制备稳定性

第8章 新型绿色无铅钙钛矿材料在太阳电池领域的应用

随着传统的煤炭、石油、天然气的快速消耗，由此带来的环境污染和能源危机日益严峻，因而寻求清洁、绿色、可持续发展的新能源受到全世界前所未有的关注。太阳能被认为是一种清洁安全、取之不尽、用之不竭的理想的可再生能源。当前最有效的太阳能利用方式之一是太阳电池。近年来随着钙钛矿太阳电池研究的兴起，其最高光电转化效率在短短十几年内已经超过 26%。当前大部分高效的钙钛矿层都是使用含铅的材料制成，但是有机-无机混合材料是一种比较容易溶于水的物质，所以重金属铅外漏以后就会跟随外界的水分溶入外界产生污染甚至危及人类的健康，更严重地会引起许多疾病，同时也在很大程度上阻碍了它的商业化发展，所以寻找别的金属来替换铅金属制备没有铅的无污染钙钛矿是以后的研究重心。本章主要针对近几年出现的一些新型无铅钙钛矿进行了阐述。

8.1 双钙钛矿的研究

目前研究最为广泛的无铅钙钛矿结构为三维无铅双钙钛矿 $A_2B^IB^{III}X_6$，其中一价阳离子可以选择 Na^+、K^+、Cu^+、Ag^+、Au^+ 等，三价阳离子可以选择 Y^{3+}、Gd^{3+}、Au^{3+}、In^{3+}、Tl^{3+}、Sb^{3+}、Bi^{3+} 等，双钙钛矿材料的多样性选择使得其结构具有丰富的可调性。

针对双钙钛矿材料的稳定性，研究者采用第一性原理计算依次通过容忍因子预测、分解能计算、相图稳定性计算、声子谱计算研究了 64 种双钙钛矿的热稳定性及动力学稳定性。针对筛选出的稳定结构，研究者进一步研究了双钙钛矿的光电性能，通过带隙、载流子有效质量及激子结合能的进一步筛选出了具有潜在光伏应用的材料。基于理论计算的吸收光谱，研究者进一步预测了筛选出的双钙钛矿的理论效率极限，其中 $Cs_2InSbCl_6$ 和 $Rb_2CuInCl_6$ 的理论效率最高，可达 31%，如图 8-1 所示[1,2]。

进一步研究表明，双钙钛矿的光电性质中，除了上述提到的带隙、载流子有效质量及激子结合能等因素对材料的电池效率影响较大外，其吸收过程中的光吸收跃迁矩阵同样对其光伏性能起到重要的决定作用。在该研究中，研究者首先研究了 $CsGeI_3$、$CsSnI_3$、$CsPbI_3$ 钙钛矿的光吸收跃迁矩阵，表明其具有较高的跃迁

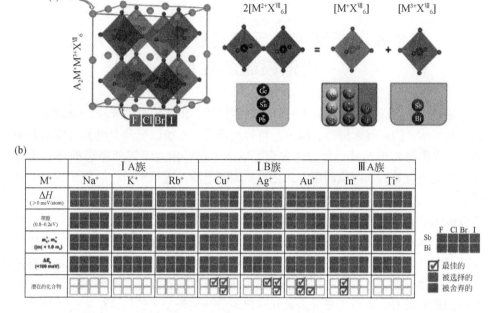

图 8-1　(a) 双钙钛矿的结构设计, (b) 双钙钛矿的筛选过程

概率。另外, 研究者还研究了其他非铅二价阳离子替代后所形成的无铅钙钛矿 $AB^{2+}X_3$ (其中 B^{2+} 为 Mg^{2+}、Ca^{2+}、Sr^{2+}、Ba^{2+}、Zn^{2+}、Cd^{2+} 等) 的能带结构和跃迁矩阵。研究发现, 大多数结构表现出间接带隙, 不适合于太阳电池应用。然而, 在双钙钛矿中, 尽管某些材料表现出直接带隙的特性, 但由于具有反对称性结构的特点, 其在导带和价带边极值点附近表现出较低的跃迁概率。针对不同类型的双钙钛矿结构, 计算得到的吸收跃迁矩阵如表 8-1 所示[3]。

表 8-1　无铅双钙钛矿的带隙与跃迁禁阻情况

B⁺ ＼ B³⁺		3 族	13 族	15 族
		Sc、Y	Al、Ga、In (3⁺)、Tl (3⁺)	Sb (3⁺)、Bi (3⁺)
1 族	Na、K、Rb、Cs	直接带隙 (完全禁阻)	直接带隙 (完全禁阻)	大部分直接带隙 (弱跃迁)
11 族	Cu、Ag、Au	间接带隙	直接带隙 部分禁阻	间接带隙
13 族	In (1⁺)、Tl (1⁺)	直接带隙 弱跃迁	间接带隙	直接带隙 强跃迁

上述提到的部分双钙钛矿表现为间接带隙，其主要原因为 B^+ 位阳离子价电子结构与 Pb^{2+} 的价电子结构不同，例如在 $Cs_2AgBiCl_6$ 中，Ag 的价电子结构为 Ag 4d5s，Bi 的价电子结构为 6s6p 型。导致其价带顶组成主要由 Ag 4d 轨道组成，导带底主要由 Bi 6p 轨道组成，而由于 Ag 4d 轨道成键时具有方向性选择的特性，导致其价带顶和导带底的位置位于不同的高对称点。因此，研究者提出采用具有类似 Pb^{2+} 价电子结构的元素来替代 Ag 的位置可以得到具有直接带隙的双钙钛矿结构。在其中一项研究中，研究者采用 Tl 替代了 $Cs_2AgBiCl_6$ 中的 Ag，由于 Tl 的价电子结构与 Bi 的价电子结构类似，因此，通过 Tl 掺杂后的 $Cs_2AgBiCl_6$ 表现出直接带隙的特性，并且带隙进一步降低，如图 8-2 所示。该方法表明采用相似价电子结果掺杂双钙钛矿可以有效改善双钙钛矿太阳电池的效率。

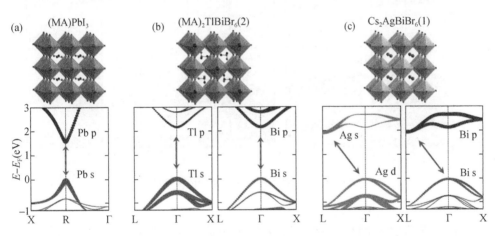

图 8-2　（a）$MAPbI_3$，（b）$MA_2TlBiBr_6$ 和（c）$Cs_2AgBiBr_6$ 的能带结构[4]

另一方面，有研究提出可以通过降低双钙钛矿材料维度来获得间接带隙到直接带隙的转变。Connor 等通过合成层状低维度（BA）$_4AgBiBr_8$ 和（BA）$_2CsAgBiBr_7$，并与 $Cs_2AgBiBr_6$ 进行对比研究发现（BA）$_4AgBiBr_8$ 表现直接带隙的特性，这主要是因为层状结构阻止了 Ag 和 Bi 轨道在特定方向上的耦合，导致了（BA）$_4AgBiBr_8$ 中价带顶几乎全部由 Ag 4d 轨道和 I 5p 轨道的耦合形成，去除了 Bi s 轨道对价带顶的贡献，而导带底几乎全部由 Bi 6p 轨道和 I 5p 轨道耦合形成，去除了 Ag s 轨道对导带底的贡献。由之前研究可知，价带顶和导带底附近处 Ag 和 Bi 的轨道耦合是引起 $Cs_2AgBiBr_6$ 间接带隙的主要原因。而随着无机层层数的增加，层状双钙钛矿的带隙又回到间接带隙，例如当无机层层数为 2 时，（BA）$_2CsAgBiBr_7$ 表现为间接带隙。因此，维度降低是一种可实现双钙钛矿间接带隙到直接带隙转变的有效方式。目前实验上已经成功合成了多种低维度双钙钛矿结构，其中多数表现为直接带隙。值得注意的是，Mao 等合成了多款层状双钙钛矿，但发现这些层状双钙钛矿并没有表现出明显的直接带隙，如图 8-3 所示。但其指出，通过采用 DJ 型层状钙钛矿结构可以得到明显的直接带隙结构，这主要是因为在 DJ 型结构中可以引入有效的层间作用，从而进一步降低材料在 Z 点处的带隙[5,6]。

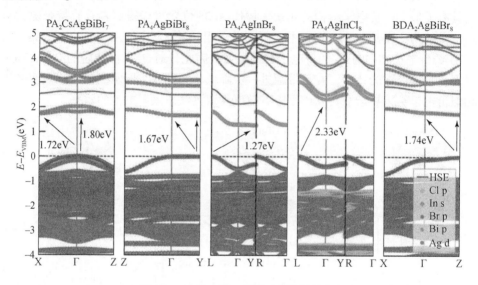

图 8-3　几种二维双钙钛矿的能带结构

硫族双钙钛矿同样引起了研究者的兴趣，Sun 等根据卤化物双钙钛矿 $A_2B^IB^{II}IX_6$ 的结构设计了硫族双钙钛矿 $A_2M^{(III)}M^{(V)}X_6$ [$A = Ca^{2+}$、Sr^{2+}、Ba^{2+}；$M(III) = Bi^{3+}$ 或 Sb^{3+}；$M(V) = V^{5+}$、Nb^{5+}、Ta^{5+}；$X = S^{2-}$、Se^{2-}]，并研究了其稳定性和光电性质。经过第一性原理计算，得到所设计结构的带隙、载流子有效质量、吸收光谱、理论极限效率。并最终筛选出 9 种具有优异光电性质的稳定的硫族双钙钛矿，如图 8-4 所示。由于价带顶和导带底都具有较强的反键特性，该结构表现出直接的带隙、平衡的空穴和电子有效质量、较强的光吸收。然而，热稳定性计算中，得到化合物的分解能显示其难以形成稳定的薄膜结构[7]。

下面介绍<1 1 1>取向的低维钙钛矿。

与其他层状钙钛矿不同，在<1 1 1>取向的层状钙钛矿中，分层是通过引入空位而不是通过引入大的有机阳离子产生的。该单金属和低 n 值（$n=2$）的钙钛矿族研究相对较早，首次报道可追溯到 20 世纪 30 年代。此外，在这类材料中，$Cs_3Sb_2I_9$ 和 $Cs_3Bi_2Cl_9$ 已成功应用于太阳电池和 X 射线光电探测器。然而，直到 2017 年才报道了第一个<1 1 1>取向的混合金属低维度钙钛矿（LDP）材料

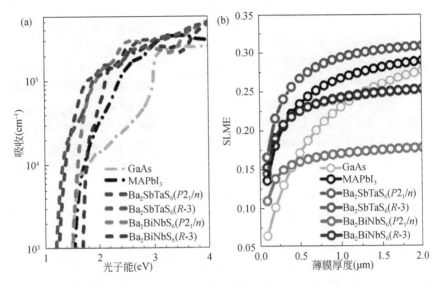

图 8-4　硫族双钙钛矿 Ba_2SbTaS_6（$P2_1/n$）、Ba_2SbTaS_6（R-3）、Ba_2BiNbS_6（$P2_1/n$）、Ba_2BiNbS_6（R-3）以及 $CH_3NH_3PbI_3$ 和 GaAs（a）光吸收谱和（b）理论效率极限

$Cs_4CuSb_2Cl_{12}$。该材料为 $A_3B_2^{III}X_9$ 的<1 1 1>取向钙钛矿的扩展结构，其中在 $SbCl_6$ 八面体层之间插入了 $CuCl_6$ 八面体的附加层，以形成 3 个八面体厚的无机层［图 8-5（b）、（c）］。<1 1 1>取向的混合 LDP，也称为四元钙钛矿，衍生自三维双钙钛矿（$A_2B^IB^{III}X_6$），其中 B^I 被 B^{II} 和空位（□）取代［图 8-5（a）］，并具有通式 $A_4□B^IB_2^{III}X_{12}$。其中 $Cs_4CuSb_2Cl_{12}$ 具有 1.0eV 的较小带隙。$Cs_4CuSb_2Cl_{12}$ 除了具有适合光伏应用的带隙外，还表现出显著的稳定性，并且易于合成。目前，通过不同的方法已合成不同形式的该种结构，例如单晶、微晶粉末、薄膜以及纳米晶体。

　　$Cs_4CuSb_2Cl_{12}$ 的发现激发了研究者对更多<1 1 1>的 LDP 的研究。通常，预测稳定的<1 1 1>取向 LDPs 的方法包括两个步骤：第一，针对这类材料的经验扩展 Goldschmidt 参数；第二，DFT 计算以评价它们相对于已知分解产物的稳定性。后

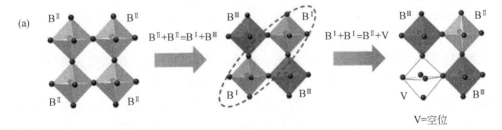

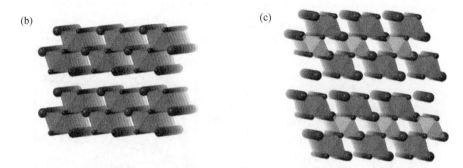

图 8-5　（a）B 阳离子嬗变示意图，（b）α-$Cs_3Sb_2Cl_9$和（c）$Cs_4CuSb_2Cl_{12}$晶体结构；Cl 原子和 Cs 原子分别表示为小的和大的球体；Sb 和 Cu 的配位多面体用深灰色和浅灰色表示

者定义了材料的热力学稳定性，而前者通过有效容忍因子 t_{eff} 和有效八面体因子 μ_{eff} [$0.81 < t_{eff} < 1.11$ 和 $0.41 < \mu_{eff} < 0.90$] 的经验统计定义了钙钛矿结构稳定性的极限。针对于 $A_4B^{II}B_2^{III}X_{12}$ 类型的钙钛矿，扩展的 Goldschmidt 参数（t_{eff} 和 μ_{eff}）应满足式（8-1）和式（8-2）：

$$t_{eff} = \frac{R_A + R_X}{\sqrt{2\left\{\frac{(R_{BII} + R_{BIII})}{3} + R_X\right\}}} \tag{8-1}$$

$$\mu_{eff} = (R_{BII} + R_{BIII})/3\,R_X \tag{8-2}$$

其中，R_A、R_{BII}、R_{BIII} 和 R_X 分别表示 A、B^{II}、B^{III} 和 X 离子的香农离子半径。该方法已成功用于加速 <1 1 1>-LDPs 的发现。

Xu 等通过第一性原理计算对新型 $Cs_4M^{2+}B_2^{3+}X_{12}^{VII}$ 化合物进行了高通量计算。通过元素替换，研究者构建了 54 种 $Cs_4M^{2+}B_2^{3+}X_{12}^{VII}$ 化合物，其中 A = Cs^+，M^{2+} = $Mg^{2+}/Ca^{2+}/Sr^{2+}/Zn^{2+}/Cd^{2+}/Sn^{2+}$，$B^{3+}$ = $Sb^{3+}/In^{3+}/Bi^{3+}$，X^{VII} = $Cl^-/Br^-/I^-$。研究者首先采用容忍因子和八面体因子预测了结构的稳定性、通过计算分解能进一步筛选出具有热稳定性的结构，通过带隙和有效质量的筛选最终获得了 $Cs_4ZnSb_2Cl_{12}$、$Cs_4CdSb_2Cl_{12}$、$Cs_4CdSb_2Br_{12}$、$Cs_4ZnBi_2Cl_{12}$、$Cs_4ZnBi_2Br_{12}$、$Cs_4CdBi_2Cl_{12}$ 以及 $Cs_4CdBi_2Br_{12}$ 这 7 种本征的 p 型半导体。该工作筛选过程如图 8-6 所示[8]。

在另一项工作中，Vargas 等通过高通量计算和实验的方法成功筛选出并合成了 5 种新的 $A_4M^{II}M_2^{III}X_{12}$ 化合物。首先，研究者构建了 90 个新型层状 $A_4M^{II}M_2^{III}X_{12}$ 化合物 $A_4M^{II}M_2^{III}X_{12}$（A = Rb^+ 和 Cs^+；M^{II} = Ti^{2+}、V^{2+}、Cr^{2+}、Mn^{2+}、Fe^{2+}、Co^{2+}、Ni^{2+}、Cu^{2+}、Zn^{2+} 和 Cd^{2+}；M^{III} = Sb^{3+} 和 Bi^{3+}；X^- = Cl^-、Br^- 和 I^-）。研究者首先采用容忍因子和八面体因子预测了结构的稳定性，研究发现只有 Cl 基化合物大多

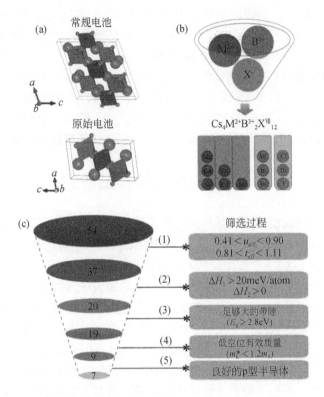

图 8-6　$Cs_4 M^{2+} B_2^{3+} X_{12}^{VII}$ 型 p 型半导体的筛选过程

数满足容忍因子和八面体因子的要求。通过计算分解能进一步筛选出具有热稳定性的结构，研究显示其中只有 9 种材料可能具有稳定的结构。根据计算得到的化合物范围研究者最终成功合成了五种 $A_4 MB_2 Cl_{12}$ 化合物，即 $Cs_4 CdSb_2 Cl_{12}$、$Rb_4 MnSb_2 Cl_{12}$、$Rb_4 CuSb_2 Cl_{12}$、$Cs_4 MnBi_2 Cl_{12}$ 和 $Cs_4 CdBi_2 Cl_{12}$。在这些合成出的化合物中，除了 $Rb_4 CuSb_2 Cl_{12}$ 外，其他化合物的带隙都较大，而 $Rb_4 CuSb_2 Cl_{12}$ 为黑色样品，其带隙为 0.9eV，与 $Cs_4 CuSb_2 Cl_{12}$ 相当[9]。

　　<1 1 1>取向的 LDPs 的合成主要通过从浓盐酸溶液中沉淀或通过化学反应来实现。原料通常是间位卤化物或氧化物。例如，$Cs_4 CuSb_2 Cl_{12}$ 钙钛矿是通过沉淀 $Sb_2 O_3$、CsCl 和 $CuCl_2$ 的盐酸溶液合成的，产率为 90.8%。相同的钙钛矿可以通过室温下的化学反应获得，研磨 $SbCl_3$、CsCl 和 $CuCl_2$ 的盐，转化率几乎为 100%。另一种方法是合成胶体纳米颗粒（NPs），Chen 及其同事展示了 $Cs_4 CuSb_2 Cl_{12}$ 胶体纳米颗粒的合成，他们使用热注射法合成了平均直径为 12.5nm ±1.9nm 的球形纳米颗粒[10]。Wang 等通过使用表面活性剂和超声浴剥离的方法获得了 $Cs_4 CuSb_2 Cl_{12}$ 的较大微晶[11]。

　　该种 LDPs 的化学和结构多样性赋予了它们新的和有趣的物理和光电性质。即使在 LDPs 发展的早期阶段，一些材料显示出的特性允许它们被应用在光电探测器的设备中，而其他一些材料可能对 LED 的应用具有吸引力，另外部分材料还可用于太阳电池和铁电体。此外，研究者还提出了一些其他的应用，并通过计算方法进行了研究。LDPs 最吸引人的应用之一是作为太阳电池中的吸收体；特别是 $Cs_4CuSb_2Cl_{12}$ 与 $1.0eV$ 的带隙和显著的稳定性。然而，这种钙钛矿还没有在太阳电池中实现，部分原因是生产相关材料的高质量薄膜比较困难。

8.2　无铅反钙钛矿的研究

　　金属卤化物钙钛矿因其优异的光电性能和低成本加工的可能性受到人们的注意，这些材料具有化学通式 ABX_3（$A = CH_3NH_3^+$、$(H_2N)_2CH^+$、Cs^+；$B = Pb^{2+}$、Sn^{2+}；$X = I^-$、Br^-、Cl^-），其优异的光电特性很大程度上归因于 3D 钙钛矿结构的高对称性以及高电子维度，高的吸收系数和低的载流子有效质量以及长的载流子寿命。但其不稳定性和 Pb 的毒性严重限制了其发展。在过去几年里卤化物双钙钛矿 $A_2B^{(I)}B^{(III)}X_6$ 也被测试于光电应用中，但是它通常表现为相对缩减的电子维度（0D/1D），由于 B(I) 和 B(III) 阳离子以 rock-salt 顺序排列，导致它们之间的能量不匹配或对称性不匹配。因此，卤化物双钙钛矿通常表现出较大的带隙和较大的有效质量，不利于载流子的产生和传输。同时，这些卤化物双钙钛矿由于 B(I) 阳离子容易氧化而显示出严重的不稳定性问题，并且由于容易形成 B 位阳离子反位点而导致缺陷不耐受，这使得它们不适合实际的光电应用。目前实验报道的大部分卤化物双钙钛矿表现为以下特征：间接带隙、带隙值过大（> 1.9eV）、存在光学禁止跃迁，使得其不适宜用作太阳电池的吸收层。当下卤化物双钙钛矿太阳电池的最高效率仅为 6.37%，远低于 $MAPbI_3$ 的效率。即使使用元素替换以及阳离子演化，其性能仍无法与 $MAPbI_3$ 相媲美。

　　研究者通过离子类型反转并结合在钙钛矿晶格中进行阴离子规则排列的方法，在理论上设计了两类四元反钙钛矿：X_6B_2AA' 和 $X_6BB'A_2$。在该工作中，研究者考虑了 48 种磷基四元反钙钛矿作为候选物 X_6B_2AA'（$B = N$；$AA' = PAs$、PSb、AsSb、PBi、AsBi、SbBi）、$X_6BB'A_2$（$BB' = NP$、NAs、PAs；$A = Sb$、Bi）。通过第一性原理计算，通过评估其结构稳定性 [容忍因子 $t \in (0.81, 1.11)$，八面体因子 $\mu \in (1.11, 2.27)$]、热力学稳定性、动力学稳定性、能带结构、介电性能以及是否符合作为光伏吸收材料的标准（载流子有效质量和激子结合能），最终筛选出 5 种稳定且光电性质良好的反钙钛矿氮族化合物（Ca_6N_2AsSb、Ca_6N_2PSb、Sr_6N_2AsSb、Sr_6N_2PSb 和 Ca_6NPSb_2）。

　　这些理论预测的反钙钛矿氮族化合物具有合适的直接带隙、小的载流子质量、低的激子结合能、高的光学吸收系数；理论上它们的最高光电转化效率可达 29%，与 MAPbI$_3$ 相当，结果如图 8-7 所示。此外，这 5 种四元反钙钛矿材料的介电常数较大（大于铅基卤化物钙钛矿），这意味着它们能够有效地屏蔽带电缺陷和杂质的影响，揭示了四元反钙钛矿潜在的良好的载流子传输性能[12]。

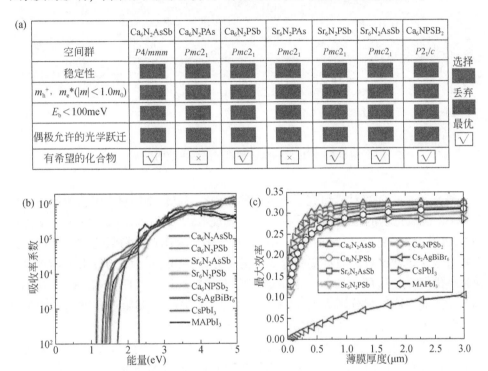

图 8-7　（a）光伏性能相关性质的材料筛选，（b）反双钙钛矿的理论吸收谱，（c）理论预测的最大伏电转换效率

　　在另外一个工作中，研究者采用了具有和卤化物钙钛矿类似的反钙钛矿结构，研究者根据 ABX$_3$ 的晶体结构，将 ABX$_3$ 中 A 位一价阳离子变为负一价阴离子，将 B 位的二价阳离子替换为负二价阴离子，将 X 位的负一价阴离子替换为正一价阳离子，从而形成 A$_3$BX 型反钙钛矿结构。在该工作中，研究者证实了反钙钛矿结构的轻微变形不会影响电子特性。因此，为简单起见，仅考虑了 54 种 A$_3$YX 反钙钛矿的立方结构，其中 A = Na$^+$、K$^+$、Rb$^+$、Cs$^+$、Cu$^+$、Ag$^+$，Y = O^{2-}、S^{2-}、Se^{2-}，X = Cl$^-$、Br$^-$、I$^-$，根据这些结构计算的带隙与晶格参数 α 的关系如图 8-8 所示[13]。

　　根据结果分析，反钙钛矿立方八面体空隙处的 X 卤素阴离子对能带边缘的贡献很小，因此，预计 X 位的元素替代对带隙的影响有限。并且，八面体角的 A

位阳离子对 A_3YX 反钙钛矿的导带底影响较大，这表明在反钙钛矿结构的 A 位点进行元素置换应该是设计反钙钛矿带隙的有效方法。

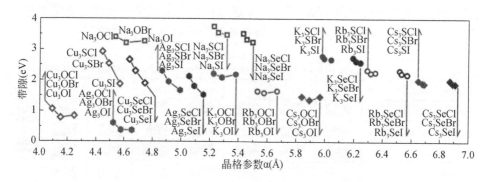

图 8-8　硫族反钙钛矿带隙与晶格参数的关系

研究者通过 DFT 计算研究了所考虑的 A_3OX 卤氧化物的热力学稳定性。通过对 A_3OX 卤氧化物的三元相图进行计算，发现 Na_3OCl、Na_3OBr、Na_3OI、K_3OBr 和 K_3OI 卤氧化物反钙钛矿出现在相应的相图中，表明这些卤氧化物反钙钛矿具有热力学稳定性，可以通过实验合成。另一方面，Rb_3OI、Cs_3OBr 和 Cs_3OI 卤氧化物也出现在相应的相图中，但稳定相为非钙钛矿相。并且，Na_3OCl、Na_3OBr 和 Na_3OI 的直接带隙分别为 4.00eV、3.81eV、3.95eV。实验观察到的带隙的 X 卤素阴离子依赖性与 DFT 预测的依赖性非常吻合。

值得注意的是，虽然热力学稳定性计算表明基于 Cu(I) 和 Ag(I) 的反钙钛矿都显示出不稳定性，但已经有关于成功合成 Ag_3SI 和 Ag_3SBr 反钙钛矿的实验报告。因此，值得进一步研究以更好地理解 DFT 预测与实际实验可合成性之间的关联。

该工作通过结合 DFT 计算、化学合成和材料表征探索了 A_3YX（A 为单价阳离子；Y＝O、S、Se；X＝Cl、Br、I）反钙钛矿的光电相关特性。特别是，该工作专注于带隙工程和这些卤氧化物及硫卤化物反钙钛矿的热力学稳定性。发现这些反钙钛矿的导带底之间主要分别由八面体角的阳离子和八面体中心的阴离子轨道贡献。相反，立方八面体空隙处的卤素阴离子对能带边缘的贡献很小。因此，八面体角和中心的元素替代可以有效地设计带隙，而立方八面体空隙处的元素替代对带隙的影响有限。此外，本书已经证明这些反钙钛矿的热力学稳定性强烈依赖于组成离子，例如，随着 Y 阴离子从 O 变为 S 和 Se，热力学稳定性显著降低。该研究结果为 A_3YX 卤氧化物和硫卤化物反钙钛矿的带隙特性和热力学稳定性提供了重要的见解，可用于潜在的光电应用。

另外，有研究者研究了 N 基反钙钛矿在光伏领域的应用，研究了无机反钙钛

矿 X_3NA（$X^{2+} = Mg^{2+}$、Ca^{2+}、Sr^{2+}；$A^{3-} = P^{3-}$、As^{3-}、Sb^{3-}、Bi^{3-}）的电子特性、静态介电常数和激子结合能，以建立结构–组成–属性关系。根据计算结果，揭示了公差因子与各种物理量之间的一般线性关系。在此基础上，对反钙钛矿氮化物和传统的卤化铅钙钛矿进行了综合比较。通过第一性原理计算了立方结构 $Pm3m$ 反钙钛矿带隙、介电常数、激子结合能，与卤化铅钙钛矿类似，X_3NA 具有合适的带隙（$\sim 1.5eV$）、小载流子有效质量（$0.26 \sim 0.98m_0$），小激子结合能（$4 \sim 65meV$），并允许在能带边缘发生光学跃迁。另一方面，与钙钛矿相比，X_3NA 表现出完全不同的带边特性。X 位和 A 位都可以有效地调节导带的位置，导致间接带隙特征和直接带隙特征之间的转变[14]。

此外，该工作揭示了容忍因子与包括带隙、△CBM、电子介电常数和杨氏模数在内的物理量之间的普遍关系。这种线性关系源于 X 位和 A 位元素的原子轨道能量。根据 6 种反钙钛矿氮化物 X_3NA 中已建立的结构–成分–性质关系，设计了合金 $Mg_3NAs_{0.5}Bi_{0.5}$，其最佳带隙为 $1.402eV$，可作为太阳电池吸收材料。

反钙钛矿在其他领域同样具有广泛的应用，例如锂离子电池、超导体、磁性材料、负热膨胀材料、LED、电催化等领域。反钙钛矿是目前很少被开发的一类材料，不仅得益于其钙钛矿型固有点位，还有其富含阳离子的特性。由于结构的灵活性，反钙钛矿的合成相对简单，这使得化学性质多样化，并增加了反钙钛矿作为功能材料的巨大可能性。

8.3　机器学习在发现新型无铅钙钛矿材料中的应用

在双钙钛矿研究方面，研究者开发了一种多步材料筛选方案，通过将高通量 DFT 计算与 ML 技术相结合，加速发现具有高性能太阳电池热稳定性的新型无铅双钙钛矿。选择稳定性、带隙和德拜温度作为三个目标特征，逐步筛选。作为全局搜索可能的无铅双钙钛矿候选者的基本步骤，首先从元素周期表中基于 32 个有机阳离子的元素组合的完整化学空间中筛选出包含 180038 个电中性化合物的数据库，然后使用结构稳定性条件来筛选出结构稳定的候选化合物。再次，针对多目标、多阶段筛选建立了不同的机器学习模型，准确率高，分析了相关特征对学习目标的重要性。基于 ML 预测的结果，一些用于光吸收应用的类正交有机–无机杂化双钙钛矿（HOIDP）候选者脱颖而出，并选择了 Br 基且环境友好的候选化合物进行进一步的 DFT 验证。最后，挑选出四种具有增强热稳定性的无铅双钙钛矿作为具有适当带隙和高德拜温度的有前途的太阳电池材料[15]。

设计框架为①构建回归模型以获得无铅双钙钛矿每个原子的形成能，来判断每种化合物的化学稳定性。②建立了三个回归模型来预测无铅双钙钛矿的带隙，以确保筛选的准确性，这可以帮助识别具有适当带隙的候选化合物。并行步骤中，建立另一个回归模型来挑选具有高德拜温度的候选者，以选择具有大热导率和良好热稳定性的候选者。在基于形成能、带隙和德拜温度模型的机器学习筛选之后，生成了一组更小的无铅双钙钛矿候化合物。③通过 DFT 计算进一步验证了预测小数据集的准确性，包括计算电子性质、形成能、德拜温度等性质用于筛选候选化合物。

经过一系列筛选，构建了映射 $A_2BB'_6$ 性质的结构–性质关系，预测结果与报道的实验结果接近。成功地筛选出四种具有良好稳定性、高德拜温度和合适带隙的实验可行候选物，并通过 DFT 计算进一步验证，其中预测的三种无铅候选物 $(CH_3NH_3)_2AgGaBr_6$、$(CH_3NH_3)_2AgInBr_6$ 和 $(C_2NH_6)_2AgInBr_6$ 效率分别达到 20.6%、19.9% 和 27.6%，由于它们超宽带吸收区域以及低至 10ps 的激子辐射组合率，具有类似于 $CH_3NH_3PbI_3$ 的大的或中等的极化子形成，计算出的热导率分别为 5.04W/(m·K)、4.39W/(m·K) 和 5.16W/(m·K)，德拜温度大于500K，有利于抑制非辐射组合和热致降解。

在寻找无铅 ABX_3 型钙钛矿材料中，Wang 团队基于 ML 技术和 DFT 计算开发了一种靶向驱动法用于发现稳定的无铅杂化钙钛矿。从 212 个已报道的杂化钙钛矿带隙值中训练 ML 模型，然后从 5158 种未开发的潜在杂化钙钛矿中筛选出 6 种具有适当太阳能带隙和室温热稳定性的正交无铅杂化钙钛矿，各位点所有元素选择如图 8-9 所示，其中两种在可见光区域具有直接带隙和优异的环境稳定性。之后，通过 ML 数据挖掘出了一种杂化钙钛矿带隙的紧密性结构–性质关系，发现影响理想杂化钙钛矿太阳电池性能的因素包括容忍因子、八面体因子、金属电负性以及有机分子的极化率[16]。

研究程序为：①输入杂化钙钛矿数据、ML 算法和 DFT 计算。作为一种常见的 ML 过程，为训练和测试 ML 模型，构建了一个杂化钙钛矿输入数据集，每个数据集都有特征描述。需要特征工程来去除冗余特征并建立结构–属性关系。之后，将训练好的 ML 模型应用于预测数据集。最后，进行 DFT 计算以研究从 ML 模拟中筛选出的杂化钙钛矿候选物的热稳定性和环境稳定性以及电子特性。②输入数据包含 346 个 HOIP，为了机器学习预测的数据一致性和准确性，只选择通过带隙计算 PBE 泛函的类正交晶体结构，最终选定了 212 种 HOIP。③特征工程：选择了 30 个初始特征，通过 GBR 算法对特征进行评估，最后使用末位淘汰法消除影响较小的特征，最终筛选出 14 个重要的特征，构成最优特征集。④模型评估：本文使用了 6 种 ML 回归算法：GBR、KRR、SVR、GR、DTR、MPR，每个训练模型都基于整个数据的一个子集，训练后该模型将用于预测其他新数据。为了评估每个 ML 模型的性能，选择三个指标来估计预测误差：决定系数（R^2）、皮尔逊系数（r）和均方误差（MSE）。通过对比三个指标，发现 GBR 算法比其

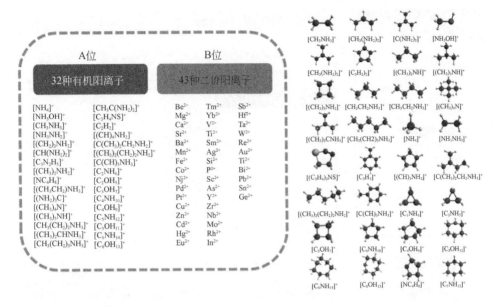

图 8-9　ABX$_3$ 型钙钛矿材料选取种类

他五种算法更优。⑤模型验证：在对 5158 种 HOIP 进行带隙预测后，根据结构稳定性 0.8<T_f<1.2、0.4<O_f<0.7，带隙 0.9<E_g<1.6eV，将 X 位限制在 Br 元素，以及元素不含毒性最终筛选出六种 HOIP，并将其与 DFT 计算结果对比。结果表明，ML 预测和 DFT 计算的带隙之间有极好的一致性（ΔE_g 小于 0.1eV），验证了当前 ML 技术的优势。通过对电子结构、热力学以及环境稳定性的评估，最终得到三种化合物：$C_2H_5OInBr_3$、$C_2H_5OSnBr_3$ 和 $C_2H_6NSnBr_3$。

　　Yin 团队提出了一种结合 ML 和第一性原理 DFT 计算的策略来设计稳定的卤化物双钙钛矿。选择 354 种双钙钛矿的 DFT 结果作为训练集，建立了钙钛矿稳定性和组成离子半径之间的 ML 映射，其表现出比容忍因子 t 描述符更好的性能。通过与不在 354 种 DFT 计算范围内的 246 种钙钛矿实验可成形性进行比较，验证了该 ML 模型，如图 8-10 所示。ML 模型预测的稳定性趋势与现有的实验数据非常一致，表明当前 ML 模型的普适化潜力。ML 模型还用于绘制混合钙钛矿的整体稳定性图集，并合理化该领域的各种实验结果。该工作表明基于 DFT 计算数据的 ML 方法可为调控合成稳定的钙钛矿提供指导[17]。

　　容忍因子 t 基于人类对立方几何的认知，已成为目前所流行的稳定性描述符，然而，它对可成形性和稳定性的定量准确性实际上不足以使 t 成为稳定卤化物钙钛矿精确工程的有效描述符。考虑到 t 仅描述一般结构框架的稳定性，即具有角共享八面体的立方 ABX$_3$ 的相，研究者通过考虑 BX$_6$ 八面体的稳定性提出了

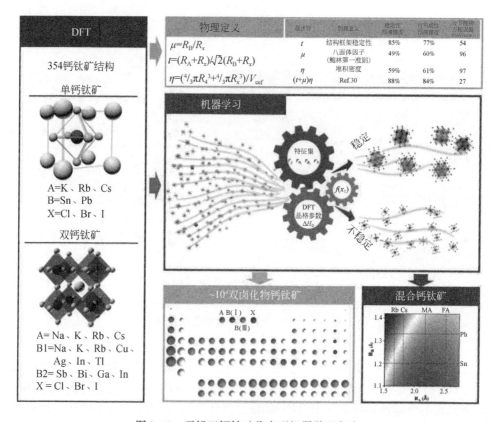

图 8-10　无铅双钙钛矿稳定型机器学习方法

一个新的稳定性描述符 $(\mu+t)\eta$，相对于 t 的精度它提高了 20%，Filip 和 Giustino 重新审视了钙钛矿的几何刚球模型，并提出了广义公差因子：

$$t = \frac{\dfrac{R_A}{R_B}+1}{\left[2\,(\bar{\mu}+1)^2+\Delta\mu^2\right]^{\frac{1}{2}}} \tag{8-3}$$

对于 $A_2BB'X_6$ 双钙钛矿，其中 $\bar{\mu}$ 和 $\Delta\mu$ 分别是平均八面体因子和八面体错配。

　　通过高通量 DFT 计算了 354 种卤化物钙钛矿的分解能 (ΔH_D)，然后采用用 ML 模型预测 14190 个 $A_2B^{(I)}B^{(III)}X_6$ 卤化物双钙钛矿的分解能，其中 A 元素 10 种，B (I) 元素 11 种，B (III) 元素 43 种和 3 种类型的 X 元素。在统计上，分别考虑 $R_{B(I)}$ 和 $R_{B(III)}$ 时，均方根误差及相对稳定性及成形能的预测精度都有所提高。因此，该工作选择了 R_A、$R_{B(I)}$、$R_{B(III)}$、R_X 作为 ML 模型中用于预测稳定钙钛矿的特征值。然后用 ML 模型预测 14190 个 $A_2B^{(I)}B^{(III)}X_6$ 卤化物双钙钛矿的分解能。通过预测，结果表明 $A_2B^{(I)}B^{(III)}X_6$ 最稳定的一类为 $AX = CsCl$，有 473 个，平均 ΔH_D 为 82. 7meV/atom，其次是 RbCl（473）种化合物（44. 6meV/atom）。在 A 位上具有 Li、Na、Cu、Ag、Hg 和 In 的其他钙钛矿是不稳定的。

参 考 文 献

[1] Zhao X G, Yang D, Sun Y, et al. Cu- In halide perovskite solar absorbers. J. Am. Chem. Soc. , 2017, 139（19）: 6718-6725.

[2] Zhao X G, Yang J H, Fu Y, et al. Design of lead- free inorganic halide perovskites for solar cells viacation-transmutation. J. Am. Chem. Soc. , 2017, 139（7）: 2630-2638.

[3] Meng W, Wang X, Xiao Z, et al. Parity- forbidden transitions and their impact on the optical absorption properties of lead- free metal halide perovskites and double perovskites. J. Phys. Chem. Lett. , 2017, 8（13）: 2999-3007.

[4] Slavney A H, Leppert L, Bartesaghi D, et al. Defect- induced band- edge reconstruction of a bismuth- halide double perovskite for visible- light absorption. J. Am. Chem. Soc. , 2017, 139（14）: 5015-5018.

[5] Connor B A, Leppert L, Smith M D, et al. Layered halide double perovskites: dimensional reduction of $Cs_2AgBiBr_6$. J. Am. Chem. Soc. , 2018, 140（15）: 5235-5240.

[6] Mao L, Teicher S M L, Stoumpos C C, et al. Chemical and structural diversity of hybrid layered double perovskite halides. J. Am. Chem. Soc. , 2019, 141（48）: 19099-19109.

[7] Sun Q, Chen H, Yin W J. Do chalcogenide double perovskites work as solar cell absorbers: a first-principles study. Chem. Mater. , 2018, 31（1）: 244-250.

[8] Xu J, Liu J B, Wang J, et al. Prediction of novel p- type transparent conductors in layered double perovskites: a first-principles study. Adv. Funct. Mater. , 2018, 28（26）: 1800332.

[9] Brenda V, Raúl T, Diana T R, et al. Chemical diversity in lead- free, layered double perovskites: a combined experimental and computational approach. Chem. Mater. , 2020, 32（1）: 424-429.

[10] Cai T, Shi W, Hwang S, et al. Lead- free $Cs_4CuSb_2Cl_{12}$ layered double perovskite nanocrystals. J. Am. Chem. Soc. , 2020, 142（27）: 11927-11936.

[11] Wang X D, Miao N H, Liao J F, et al. The top- down synthesis of single- layered $Cs_4CuSb_2Cl_{12}$ halide perovskite nanocrystals for photoelectrochemical application. Nanoscale, 2019, 11（12）: 5180-5187.

[12] Han D, Feng C, Du M H, et al. Design of high- performance lead- free quaternary antiperovskites for photovoltaics via ion type inversion and anion ordering. J. Am. Chem. Soc. , 2021, 143（31）: 12369-12379.

[13] Liu Z, Mi R, Ji G, et al. Bandgap engineering and thermodynamic stability of oxyhalide and-chalcohalide antiperovskites. Ceramics International, 2021, 47（23）: 32634-32640.

[14] Zhong H, Feng C, Wang H, et al. Structure- composition- property relationships in antiperovskite nitrides: guiding a rational alloy design. ACS Appl. Mater. Interfaces, 2021,

13 (41): 48516-48524.

[15] Cai X, Zhang Y, Shi Z, et al. Discovery of lead-free perovskites for high-performance solar cells via machine learning: ultrabroadband absorption, low radiative combination, and enhanced thermal conductivities. Adv. Sci., 2022, 9 (4): 2103648.

[16] Lu S, Zhou Q, Ouyang Y, et al. Accelerated discovery of stable lead-free hybrid organic-inorganic perovskites via machine learning. Nat. commun., 2018, 9 (1): 1-8.

[17] Li Z, Xu Q, Sun Q, et al. Thermodynamic stability landscape of halide double perovskites via high-throughput computing and machine learning. Adv. Funct. Mater., 2019, 29 (9): 1807280.

第9章 钙钛矿叠层太阳电池

  利用太阳能实现光电转换的太阳电池光伏技术在近 70 年得到飞速发展。目前广泛商业化的硅（Si）太阳电池认证的光电转换效率已达到 26.8%，薄膜太阳电池如铜铟镓硒（CIGS）、碲化镉（CdTe），效率也分别达到了 23.4% 和 22.1%。钙钛矿太阳电池作为光伏领域近十年来最闪耀的新星，其认证效率高达 25.7%，发展最为迅猛。降低太阳电池成本的最根本方法就是提高光电转换效率，但从美国国家可再生能源实验室公布的各类太阳电池效率记录表中可以看出，包括钙钛矿在内的各类太阳电池的效率提升速度已经明显放慢（图 9-1）[1]。为了进一步推动太阳电池的发展，突破肖克利–奎伊瑟（Shockley-Queisser）效率极限 [图 9-2（a）]，利用带隙互补的策略制备叠层太阳电池极有希望获得更高的光电转换效率[2-5]。

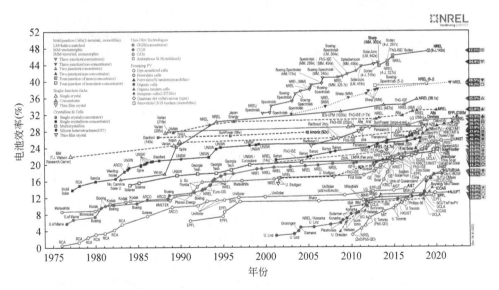

图 9-1 美国国家可再生能源实验室收录的各类太阳电池效率记录表[1]

  常见的硅、铜铟镓硒和钙钛矿的带隙分别为 1.1eV、1.0eV 和 1.5eV，当太阳光的光子能量大于吸光层材料的带隙时，尽管光子被吸收并产生电子–空穴对，但多余的能量会以热形式损失掉，即电子或空穴回落到导带底或价带顶的过程产生了热损耗 [图 9-2（b）][6]，且这一现象在硅和铜铟镓硒太阳电池中尤为明显。

根据 Shockley-Queisser（S-Q）效率极限理论，单结太阳电池无法吸收低于其吸光层材料带隙的光子，同时也无法利用超出其带隙的光子的额外能量。通过带隙互补策略制备叠层太阳电池可以实现对单结电池 S-Q 极限的超越，即利用宽带隙材料吸收短波光，窄带隙材料吸收长波光，从而实现对太阳光的充分利用，获得更高的光电转换效率。由于钙钛矿具有带隙连续可调的特性，使其成为叠层太阳电池中极具潜力的吸光层材料。目前钙钛矿/硅、钙钛矿/铜铟镓硒、全钙钛矿叠层的认证效率分别达到了 29.8%、24.2% 和 26.4%，分别超越了相应单结电池的光电转换效率，且仍有巨大的发展空间，因此钙钛矿基叠层太阳电池成为当前光伏领域的研究热点，吸引了越来越多的关注。

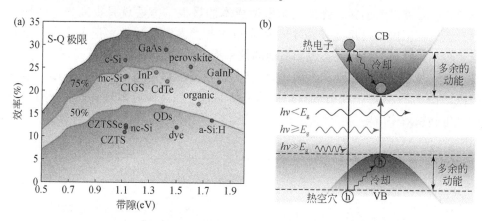

图 9-2　（a）各类太阳电池的 S-Q 极限[2]，（b）太阳电池中的热损失机制[6]

根据器件结构，叠层太阳电池可分为两端和两端结构（图 9-3）[2]。在四端器件中，顶电池和底电池相互独立，其中顶电池具有半透明器件结构。四端器件的效率等于半透明顶电池效率与底电池效率之和，测试底电池器件效率时，顶电池相当于滤光片。在两端器件中，宽带隙顶电池和窄带隙底电池通过中间电荷复合层串联在一起。从器件结构分析两种叠层电池的优缺点，可以总结如下：

①四端叠层的子电池机械叠加，制备工艺简单，两个子电池可独立优化；两端叠层的子电池紧密相连，任一子电池，或者中间复合层的损坏都会导致叠层器件失效，制备工艺比较复杂，子电池的制备应避免破坏另一子电池。

②子电池的带隙匹配对于两端叠层器件尤为重要，而在四端叠层中，对半透明顶电池的带隙容忍度较高。

③四端叠层器件包含更多的透明电极材料，导致额外的寄生吸收，同时器件成本也会增加。

以高效钙钛矿/硅叠层为例，两端叠层器件的光电转换效率高达 31.3%，而四端叠层器件效率为28.2% 。尽管四端叠层器件在制备工艺上相对简单，但目前科学家们对钙钛矿叠层太阳电池的研究更青睐于两端叠层器件。

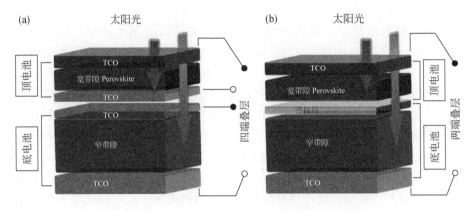

图 9-3　（a）四端和（b）两端叠层器件结构示意图[2]

9.1　钙钛矿材料的带隙调控

钙钛矿材料具有 ABX_3 型结构，其中 A 位为一价阳离子如 MA^+、FA^+ 和 Cs^+，B 位为二价 Pb^{2+} 和 Sn^{2+}，X 位为卤素阴离子 I^-、Br^- 和 Cl^-。通过组分调控，可以实现带隙连续可调，其影响规律如下：

①$MAPbCl_3$>$MAPbBr_3$>$MAPbI_3$。

②$CsPbI_3$>$MAPbI_3$>$FAPbI_3$。

③$MAPbI_3$>$MASnI_3$>$MAPb_{0.5}Sn_{0.5}I_3$。

其中，利用 Br 部分取代 I 是增大带隙最常见的手段，尽管 Cl 也可以增大带隙，但由于 Cl^- 离子半径较小，使其并不能较多地取代 I。$CsPbI_3$ 无机钙钛矿具有优异的热稳定性，其带隙 ~1.7eV，使其成为叠层器件的理想材料，但由于 Cs 离子半径较小，使其结构相稳定性较差，对湿度非常敏感。窄带隙钙钛矿材料通过 Sn 取代 Pb 而实现，铅锡钙钛矿材料的带隙甚至低于纯锡基钙钛矿。由于 FA 体系钙钛矿材料的热稳定性优于 MA 体系，使得无论是常规带隙，还是宽和窄带隙钙钛矿材料，都主要围绕 FA 体系展开。

9.2　四端钙钛矿叠层太阳电池

鉴于成熟的晶硅和铜铟镓硒太阳电池技术，四端钙钛矿叠层太阳电池的开发主要落于半透明钙钛矿太阳电池的制备。

9.2.1 透明电极

作为叠层电池的透明电极材料，其需要满足以下基本条件：①在 400 ~ 1200nm 宽光谱范围内具有高透过，以使入射太阳光能分别被钙钛矿顶电池和晶硅底电池有效吸收利用；②高电导率，以实现载流子的有效收集；③低损低温制备技术，以减少对钙钛矿电池性能的影响[7-9]。目前研究较多的透明电极包括透明导电氧化物、银纳米线、超薄金属、石墨烯等体系。溅射的透明导电氧化物薄膜是研究最为广泛的透明电极体系，主要以 ITO 薄膜为主。但溅射技术制备 ITO 会破坏有机电荷传输层如 spiro-OMeTAD 或富勒烯衍生物（C_{60} 和 PCBM 等），从而对电池填充因子有一定的影响。因此，目前需要在溅射透明导电氧化物前沉积一层缓冲层材料。理想的缓冲层材料应具有合适的能级、较宽的光学带隙和良好的化学稳定性，以及阻挡水分侵蚀和钙钛矿离子迁移等作用。对于 n-i-p 结构的钙钛矿电池，一般在空穴传输层上蒸镀氧化钼（MoO_x）或氧化钨（WO_x）材料[10-13]。而对于 p-i-n 结构的钙钛矿电池，一般在电子传输层上涂布氧化锌（ZnO）纳米颗粒或通过原子束沉积氧化锡（SnO_2）薄膜等材料[14-16]。超薄金属是另一类透明电极材料，要实现高透过、高电导的超薄金属薄膜，关键是降低三维生长模式转变为二维生长模式的阈值厚度，实现较低厚度（<10nm）薄膜的连续生长[17]。

9.2.2 半透明钙钛矿太阳电池

高效率且透光性好的半透明钙钛矿电池成为高效叠层器件的关键。常规钙钛矿太阳电池的金属电极如金（Au）、银（Ag）和铜（Cu）等厚度在 100nm 左右，除了完成电荷收集，如此厚度的金属电极可以反射入射的太阳光，减少光透射，增强钙钛矿光吸收。因此，简单地将金属电极减薄，就可以实现钙钛矿太阳电池的半透明化。2015 年，Bailie 等将 Ag 纳米线作为透明电极用于半透明钙钛矿太阳电池的制备，并与多晶硅电池组装四端叠层器件，实现了 17% 的光电转换效率[18]。然而，钙钛矿易溶于极性溶剂，限制 Ag 纳米线的成膜工艺，更为严重的是，由于 Ag 电极向钙钛矿层扩散，并与碘离子反应会造成器件衰退恶化，从而导致电池稳定性较差，这些都给 Ag 纳米线在钙钛矿电池中的应用带来了挑战。Cu 和 Au 的稳定性要由于 Ag，鉴于此，黄劲松课题组采用 Cu/Au 双薄层金属电极制备钙钛矿半透明电池。具体地，在反型钙钛矿器件中，首先蒸镀 1nm 的 Cu 电极，然后蒸镀 7nm 的 Au 电极，高表面能的 Cu 种子层有利于均匀 Au 薄层的生长。由此形成的双金属电极的透光性要明显由于 Cu 或 Au 单层电极 [图 9-4（a）、（b）]。基于 Cu/Au 电极的半透明电池获得了 16.5% 的效率，钙钛矿/硅四端叠层器件效率达到 23%[19]。刘生忠课题组采用 $MoO_3/Au/MoO_3$ 三明治电极结构制备正型半透明钙钛矿电池。在空穴传输层 spiro-OMeTAD 上通过蒸镀法制备的 Au 电极，其初期为岛状生长，无法形成均匀覆盖的 Au 薄层。为了解决这一问题，他们在 spiro-OMeTAD 上蒸镀 30nm MoO_3 层，借助于 MoO_3 较大的表面张力，Au 在 MoO_3 上的浸润性更好，从而实现了均匀致密的 Au 薄层（7nm）[图 9-4（c）、（d）]。此外，为了进一步减少光反射和增强光透过，他们在 Au 电极上又蒸镀了 80nm MoO_3 层，使得半透明器件效率达 18.3%，钙钛矿/硅四端叠层器件效率高达 27%[20]。类似地，该课题组构筑 Cr（1nm）/Au（7nm）双金属电极，并引入 MgF_2 减反层，将钙钛矿/硅四端叠层器件的光电转换效率进一步突破至 28.3%，这也是目前四端叠层的最高效率之一[21]。为了避免溅射导电氧

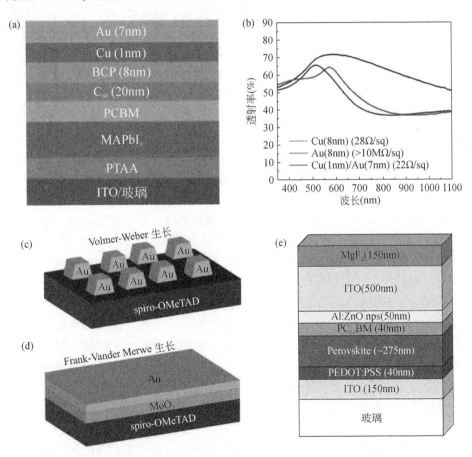

图 9-4　(a) Cu/Au 双金属透明电极结构，(b) 不同金属电极的透过率[19]，Au 的 (c) 岛状生长和 (d) 层状生长模式[20]，(e) 位于 $PC_{60}BM$ 和 ITO 之间的 AZO 缓冲层[16]

化物对有机电荷传输层的破坏，Bush 等在 PCBM 电子传输层上通过溶液法制备掺铝氧化锌（AZO）缓冲层，以此来保护 PCBM 在溅射 ITO 时不被破坏［图 9-4 (e)］[16]。Duong 等在 spiro-OMeTAD 上蒸镀 MoO_3 作缓冲层，并溅射 IZO（掺锌 ITO）作为透明电极，从而获得了 26.2% 的钙钛矿/硅四端叠层器件效率[22]。

　　除了透明电极的研究，开发均匀平整致密的钙钛矿薄膜也是高效半透明电池的关键。Werner 等首先蒸镀制备 PbI_2 层，再旋涂 MAI（异丙醇和二甲氧基乙醇作混合溶剂）溶液，最后通过热退火工艺获得了平整无孔洞的钙钛矿薄膜。基于 $1cm^2$ 和 $0.25cm^2$ 的钙钛矿/硅四端叠层器件效率分别达到了 23% 和 25.2%[23]。Duong 等将少量铷离子（Rb^+）引入 CsFAMA 三元钙钛矿体系中，实现了 1.73eV 的材料带隙。基于 RbCsFAMA 半透明钙钛矿太阳电池在 720～1100nm 展现出 84% 的高透过率，使得钙钛矿/硅四端叠层器件效率达到 26.4%[24]。为了兼顾半透明钙钛矿电池的高效率和高透光性，制备均匀平整的钙钛矿厚膜成为难点。Sargent 课题组在钙钛矿中引入路易斯碱尿素来降低钙钛矿薄膜的缺陷态密度，增强电子扩散长度，使得半透明钙钛矿电池效率高达 19.2%，同时实现了高达 85% 的近红外光透过率，钙钛矿/硅四端叠层器件效率达到 28.2%[25]。

　　四端叠层器件以钙钛矿/硅为例讲解，之后的内容主要围绕两端钙钛矿叠层器件展开。

9.3　两端钙钛矿/硅叠层太阳电池

　　两端叠层，又称串联叠层电池，由宽带隙顶电池、窄带隙底电池、中间电荷复合层、透明电极构成。在此结构中，宽带隙顶电池吸收短波光，提供高 V_{OC}；窄带隙底电池吸收长波光，拓宽光谱响应。顶电池产生的空穴和底电池产生的电子在中间层复合，其对应的电子和空穴则由电极收集形成回路，从而将两个子电池串联起来。根据基尔霍夫定律，两端叠层器件的开路电压（V_{OC}）等于两个子电池的 V_{OC} 之和，短路电流则受限于子电池中的最小电流。提高两端叠层太阳电池的光电转换效率，关键在于提高开路电压，短路电流和填充因子，减少光学和电学损失。其中，提高电池短路电流密度的方法主要是降低寄生吸收损耗及反射损耗，同时实现顶电池和底电池电流密度匹配；提高开路电压的方法主要是提高宽带隙钙钛矿电池的开路电压；最后提高填充因子的方法是减少电阻损耗及漏电击穿。

　　叠层电池的寄生吸收主要来自于载流子传输层、透明导电氧化物以及金属栅线阴影。由于传统高效钙钛矿电池是 n-i-p 结构，其中电子传输层采用 10nm TiO_2 或 SnO_2，空穴传输层采用 100nm spiro-OMeTAD。研究发现，当从 p 层进光时，spiro-OMeTAD 层中的寄生吸收高达 $2mA/cm^2$ 以上，特别是在 400nm 甚至更低波段的紫外区域。因此，有两个方案可以解决载流子传输层的寄生吸收问题。一是采用 p-i-n 结构的顶电池，其中空穴传输层采用 10 ~ 20nm NiO_x，电子传输层采用 10 ~ 50nm PCBM。研究发现，采用 p-i-n 结构的钙钛矿顶电池，能显著降低载流子传输层的寄生损失。目前，高效叠层电池基本采用 p-i-n 结构的钙钛矿顶电池。除了结构倒置，还可以替换 n-i-p 结构钙钛矿电池中的 spiro-OMeTAD，采用更薄且消光系数更低的空穴传输层材料，以降低载流子传输层的寄生吸收，但到目前为止还没有这种结构的高效钙钛矿电池[14,26]。

　　钙钛矿电池的透明导电氧化物以及相应的缓冲层也会造成一定的寄生吸收，采用低载流子浓度的 TCO 或者降低 TCO 厚度有助于降低寄生吸收，由此 TCO 方阻增加的问题可辅以金属栅线解决。此外，目前钙钛矿顶电池透明电极上都辅以金属栅线，以实现叠层电池的高 FF，但这会导致金属栅线阴影损耗。丝网印刷窄线宽的金属栅线可以降低上述阴影损耗。除了寄生损失外，叠层电池中多个界面上的反射损失也对电池的电流密度存在影响。以两端叠层电池为例，一般认为电池的反射损失主要来自 3 个部分：前表面反射 R1、两个电池界面反射 R2、后表面反射 R3。其中 R3 主要是透过钙钛矿及晶硅电池后未被吸收的 $\lambda > 950nm$ 的光子，R2 主要是指透过钙钛矿后未被吸收的 $\lambda > 700nm$ 的光子，前表面反射 R1 主要来自短波的光子。为了降低 R3，晶硅电池背面可采用绒面结构，在斜入射以及全内反的作用下，增加晶硅中的光程，从而提高了电池电流密度。这也是目前叠层电池最常用的结构。为了降低 R1，可以在前表面引入平整减反层或带结构的箔。为了降低 R2，可在两个电池界面引入折射率及厚度匹配的界面层，其中间层折射率需要介于钙钛矿载流子传输层及硅薄膜之间，才能有效降低界面反射，提高晶硅底电池的电流密度。理论模拟表明，折射率为 2.6 ~ 2.8 的材料能达到最优电流密度，而目前常用的中间层材料 TCO 和 nc-Si 薄膜的折射率都不是最优的。采用含纳米硅的 SiO_x 薄膜，相比 nc-Si 中间层的参比叠层电池，以 nc-SiO_x 为中间层的叠层电池可有效降低 700 ~ 1100nm 波段的反射率。

9.3.1　宽带隙钙钛矿太阳电池

1. 带隙匹配

　　在两端叠层器件中，由顶电池和底电池产生的电子或空穴到达中间层后复合掉，从而将两个子电池串联起来。当顶电池和底电池产生的电子或空穴数目不平衡时，多出的电荷就会损耗掉，无法转化成光电流，导致整个器件的 J_{sc} 受限于两个子电池中的最小电流。由于电荷的产生与光吸收直接相关，因此两个子电池的吸光层带隙匹配问题显得尤为重要。以钙钛矿/硅叠层为例，晶硅带隙 1.1eV，理论计算和实验证明当钙钛矿带隙在 1.68eV 左右时，可实现最佳电流匹配（图 9-5）[14]。

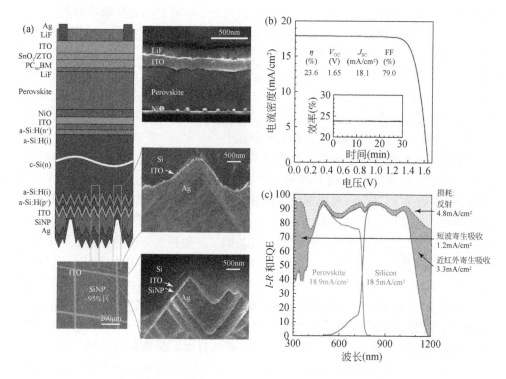

图 9-5　两端钙钛矿/硅叠层太阳电池的（a）器件结构及其截面 SEM 图，
（b）*J-V* 曲线和（c）EQE 曲线[14]

2. 性能优化

前面提到的改善钙钛矿太阳电池性能的策略也同样适用于宽带隙钙钛矿材料，如组分工程、添加剂工程、界面工程等。需要特别指出的是，由于宽带隙钙钛矿电池面临更大的 V_{OC} 损失，钙钛矿子电池的 V_{OC} 直接影响整个叠层电池的 V_{OC}。同时，由于宽带隙钙钛矿材料中含有更多的溴离子，使得光诱导碘-溴相分离问题更为突出。因此，减少宽带隙钙钛矿的 V_{OC} 损失，抑制光诱导卤素相分离问题成为高效稳定钙钛矿/硅叠层太阳电池的研究重点和难点。

结晶调控：作为钙钛矿太阳电池最重要的部分，钙钛矿薄膜的品质直接决定了器件性能。结晶性优异的钙钛矿薄膜具有更高的载流子迁移率，更长的载流子寿命，更低的缺陷态密度。组分优化，溶剂选取，以及添加剂等策略是调控钙钛矿结晶的重要方法。

电荷传输层优化：钙钛矿层与电荷传输层之间的能级匹配直接影响器件的 V_{OC}。通常，电子传输层的导带（或 LUMO）能级越接近钙钛矿导带，空穴传输层的价带（或 HOMO）能级越接近钙钛矿价带，有助于实现更高的 V_{OC}。

界面层优化：钙钛矿与电荷传输层界面以及电荷传输层与电极之间的界面同样会显著影响载流子的传输和提取。引入界面层（如 BCP、LiF 等）可以抑制界面处的电荷复合，增强器件内建电场，从而提高器件性能。

如图 9-6 所示，Amran Al-Ashouri 等设计了一种自组装分子（Me-4PACz）替代 PTAA 作空穴传输层，宽带隙钙钛矿薄膜在自组装分子上具有更大的准费米能级劈裂值，促进器件 V_{OC} 的提升，通过在钙钛矿和 C_{60} 电子传输层之间引入 LiF 修饰层，器件 V_{OC} 进一步提高，相应的叠层器件效率高达 29.15%[27]。

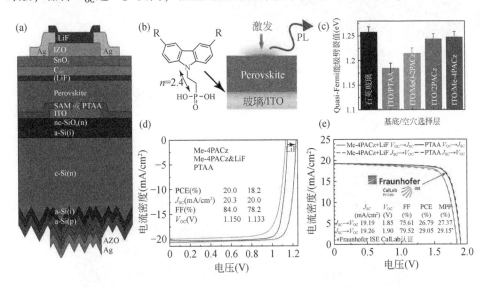

图 9-6　（a）钙钛矿/硅叠层电池器件结构，（b）自组装分子化学结构及 PL 测试示意图，（c）钙钛矿在玻璃基底和在不同空穴传输层基底上的准费米能级劈裂值，（d）单结钙钛矿电池 J-V 曲线，（e）钙钛矿/硅叠层电池 J-V 曲线[27]

抑制非辐射复合：钙钛矿太阳电池中的非辐射复合是诱发器件 V_{OC} 损失的关键因素。钙钛矿薄膜中的缺陷主要有卤素空位、阳离子空位、铅-碘反占位缺陷、金属铅等（图 9-7）[28]，这些缺陷在薄膜晶界和表面尤为明显。抑制缺陷诱导的非辐射电荷复合是降低能量损失的重要方法。如前所述，路易斯酸和路易斯碱添加剂可以通过配位和氢键等方式钝化缺陷。近年来，各类长链有机胺盐也被广泛应用于钝化钙钛矿表界面缺陷，从而抑制非辐射电荷复合，提高钙钛矿太阳电池性能。Stefaan De Wolf 课题组报道利用苯乙双胍盐酸盐进行宽带隙钙钛矿薄膜的体相和表面缺陷钝化，获得了 27.4% 叠层器件效率（图 9-8）[29]。

抑制光诱导相分离：宽带隙钙钛矿薄膜的光诱导相分离现象与薄膜品质息息

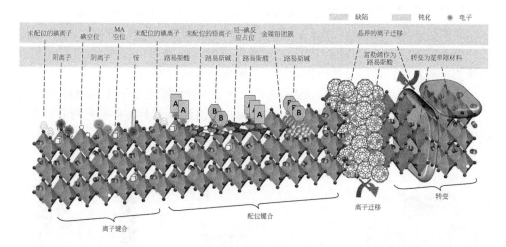

图9-7　钙钛矿薄膜中的各类缺陷及其钝化策略[28]

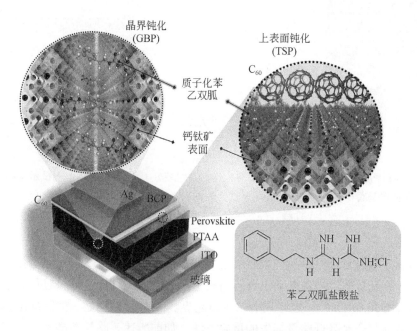

图9-8　苯乙双胍盐酸盐钝化宽带隙钙钛矿体相和表面缺陷[29]

相关。光诱导相分离现象通过离子迁移实现，薄膜的晶界和表面则是离子迁移的重要发起点。因此，提高薄膜结晶性，增大晶粒尺寸，减少结晶数目，调控钙钛矿薄膜中碘/溴的均匀分布是抑制光诱导相分离的关键。此外，通过添加剂的配位作用固定表界面的碘/溴离子，以及钝化晶界等方法也可以有效抑制离子迁移，从而提高薄膜光稳定性。徐集贤等采用三卤素（I/Br/Cl）策略制备 1.67eV 宽带隙钙钛矿电池，氯的引入可以减少溴的使用，从而显著提高了薄膜光照稳定性 [图 9-9 （a）]，并获得了转换效率为 27% 的钙钛矿/硅叠层太阳电池[30]。碘化钾（KI）被证明是抑制离子迁移的有效添加剂，研究发现，光照情况下 K^+ 与 Br^- 形成稳定的 KBr，从而抑制光诱导相分离现象 [图 9-9 （b）][31]。

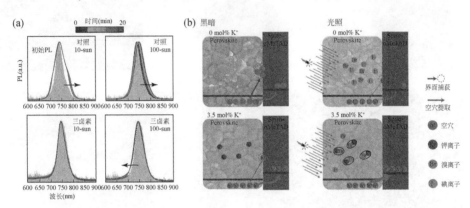

图 9-9　（a）不同光强下的钙钛矿薄膜 PL 谱[30]，（b）K^+ 抑制光诱导相分离示意图[31]

9.3.2　绒面硅和平面硅太阳电池

目前高效硅太阳电池大多采用绒面织构化结构达到减少发射、增加光吸收的目的。但是这种金字塔结构的高度通常达到 $1\mu m$ 以上，采用溶液法无法制备均匀覆盖的钙钛矿薄膜，导致漏电流的产生，极大地限制了器件性能的提升。利用真空蒸镀法则可以实现钙钛矿薄膜在硅电池金字塔结构上的保形制备，充分发挥硅电池的优势 [图 9-10 （a）~（e）][32]。为了实现钙钛矿薄膜带隙的精确调控，原材料的选取，以及各自蒸发速率的优化尤为重要。蒸镀法制备钙钛矿薄膜在工艺上相较于溶液法要复杂得多，但避免了溶剂的使用，薄膜质量会更加稳定。将绒面硅电池的金字塔高度降低到 $1\mu m$ 以下，则有望采用高浓度钙钛矿前驱体溶液和低转速旋涂的方法制备出完全覆盖的钙钛矿薄膜 [图 9-10 （f）~（i）][33]。目前绒面结构钙钛矿/硅叠层太阳电池最高效率为 28.2%[34]。相似地，钙钛矿与铜铟镓硒叠层器件也面临如何通过溶液法制备均匀致密钙钛矿薄膜的问题。由于铜铟镓硒薄膜的表面粗糙度较大，研究者发现通过将中间电荷复合层（ITO）进行化学机械抛光处理，使得 ITO 表面更加平整，有利于制备均匀覆盖的钙钛矿薄膜（图 9-11）[35]。

相较于绒面结构，在平面硅电池上制备均匀致密的钙钛矿薄膜则容易得多。

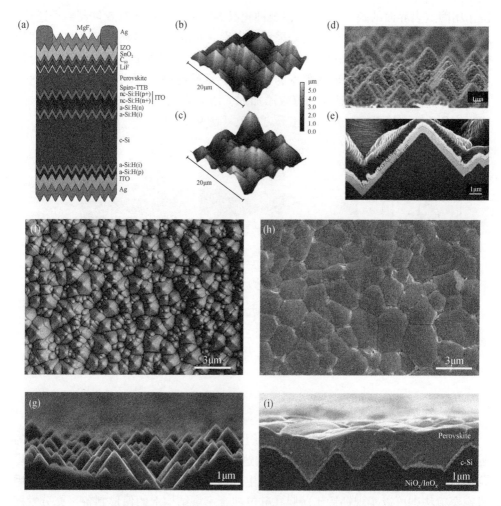

图 9-10 （a）全织构化钙钛矿/硅叠层器件结构示意图，（b）硅金字塔和（c）钙钛矿表面
AFM 高度图，（d）钙钛矿薄膜和（e）电池断面 SEM 图[32]，硅电池（f）表面和（g）断面
SEM 图，钙钛矿薄膜（h）表面和（i）断面 SEM 图[33]

目前报道的高效率钙钛矿/硅叠层太阳电池采用平面硅结构。在这种情况下，上
层钙钛矿子电池的制备与通常采用溶液法制备单结钙钛矿太阳电池的工艺无异。

9.3.3 中间电荷复合层

中间电荷复合层是两端叠层器件的关键部分。中间层的选取主要以下几点
要求：

①高横向电阻，低纵向电阻，形成欧姆接触，促进电荷高效复合；

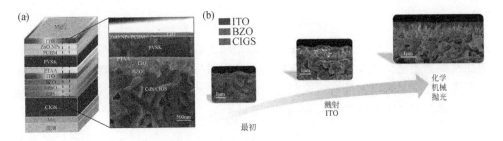

图9-11 （a）钙钛矿/铜铟镓硒叠层器件结构示意图和断面 SEM 图，
（b）化学机械抛光 ITO[35]

②高透过率，避免寄生吸收；

③保护底电池免受顶电池制备的影响。

ITO 是钙钛矿叠层器件中广泛采用的中间层材料。研究发现，ITO 中间层太厚会增加寄生吸收（出现在 800nm 以上），太薄则会导致串阻增大，不利于电荷传输。nc-Si：H 和 nc-SiO$_x$：H（n 型）材料具有成本低、各向异性导电性（纵向导电性高于横向导电性）、高透过率、寄生吸收小等优势，在钙钛矿/硅叠层太阳电池中作为中间层逐渐受到青睐（图9-12）。

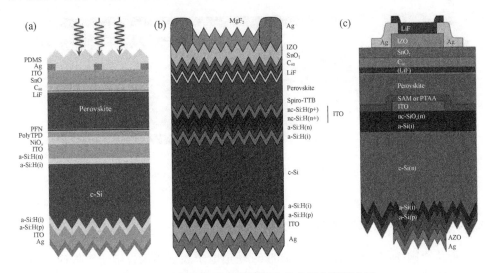

图9-12 钙钛矿/硅叠层器件中的中间电荷复合层
（a）ITO[30]，（b）nc-Si：H[32]和（c）nc-SiO$_x$：H（n 型）[27]

9.3.4　减反层

减反射膜，又称增透膜，其主要功能是减少或消除光学表面的反射光，从而增加这些透光量，减少或消除系统的杂散光。减少入射光反射是降低叠层器件光学损失，提高短路电流的有效途径，因此减反层的应用必不可少。常见的减反层材料主要有聚二甲基硅氧烷（PDMS）和 MgF_2 等。

9.4　两端全钙钛矿/硅叠层太阳电池

全钙钛矿太阳电池具有光电转换效率高、成本低、可溶液加工等优点，成为钙钛矿光伏领域的新星。目前全钙钛矿叠层太阳电池的认证效率已达28.0%，超过了单结电池的最高效率，展现出巨大潜力。全钙钛矿太阳电池由宽带隙和窄带隙铅锡钙钛矿电池，以及中间电荷复合层构成（图9-13）[36]。Pb-Sn 钙钛矿材料的带隙 ~1.25eV，与之相应匹配的顶电池钙钛矿的带隙则在 1.78eV 左右。与钙钛矿/硅叠层相似，全钙钛矿叠层中宽带隙顶电池的优化也是围绕减少 V_{OC} 损失、抑制相分离展开。但相比于 Pb 基钙钛矿，高品质 Pb-Sn 钙钛矿的制备更加具有挑战性，导致高效全钙钛矿叠层的关键点落于开发高效 Pb-Sn 钙钛矿子电池。

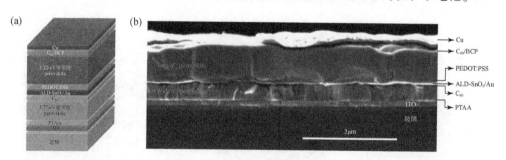

图 9-13　（a）全钙钛矿叠层太阳电池器件结构图和（b）断面 SEM 图[36]

9.4.1　高效 Pb-Sn 窄带隙钙钛矿太阳电池

得益于镧系收缩现象，Pb 原子的6s 轨道电子表现出惰性电子对效应，而 Sn 原子没有这一效应，导致其5s 轨道电子更加活泼（图9-14）[37]。因此，SnI_2 的路易斯酸性强于 PbI_2，导致其与 MAI 和 FAI 的反应比 PbI_2 更快，使得铅锡共混钙钛矿的结晶调控更具挑战。更重要的是，由于光吸收系数比 Pb 基钙钛矿低，载流扩散长度较短，高效 Pb-Sn 钙钛矿电池需要更厚的薄膜去吸收足够的入射光。因此制备高结晶度、均匀平整的 Pb-Sn 钙钛矿厚膜成为难点。同时，由于活泼的5s

轨道电子容易失去，Sn^{2+} 面临着极易氧化的问题，造成薄膜中 Sn 空位增加，形成 p 型自掺杂，薄膜缺陷增多，载流子寿命和扩散长度降低，极大地限制了器件性能的提升。

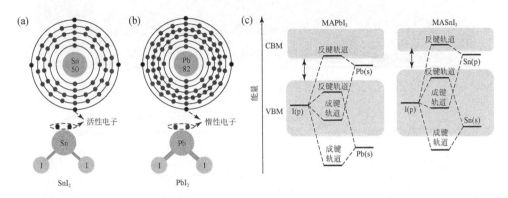

图 9-14　（a）Sn 原子核外电子和 SnI_2 价电子示意图，（b）Pb 原子核外电子和 PbI_2 价电子示意图，（c）$MAPbI_3$ 和 $MASnI_3$ 能带结构图[37]

添加剂工程是提高 Pb-Sn 钙钛矿薄膜的重要策略。2018 年，赵德威等在 Pb-Sn 钙钛矿前驱体溶液中引入氯（Cl）以达到减缓结晶、促进晶粒生长的作用，实现了 18.1% 的单结效率和 21% 的叠层效率[38]。黄劲松课题组发现，当 Pb-Sn 钙钛矿薄膜达到 580nm 后，器件性能开始降低，具体表现在短路电流和填充因子的急剧下降。当掺杂少量 Cd^{2+} 后，薄膜的结晶性显著提高，载流子扩散长度高达 $2.72\mu m \pm 0.15\mu m$，1000nm 的钙钛矿薄膜贡献出最优的器件效率，达到 20.2%（图 9-15）。全钙钛矿叠层器件效率也达到 22.7%[39]。南京大学谭海仁课题组在 Pb-Sn 钙钛矿前驱体溶液中加入金属锡粉来还原溶液中的 Sn^{4+} ［图 9-16（a）］，抑制 Sn^{2+} 氧化，基于此制备的 Pb-Sn 钙钛矿薄膜的载流子扩散长度高达 $3\mu m$。单结电池获得了 21.1% 的光电转换效率，全钙钛矿叠层器件的认证效率达到 24.8%（$0.049cm^2$）和 22.1%（$1.05cm^2$）[36]。之后，他们在钙钛矿溶液中加入甲脒亚磺酸（FSA）来进一步抑制 Sn^{2+} 氧化 ［图 9-16（b）］，将单结 Pb-Sn 器件效率提升至 21.7%，全钙钛矿叠层器件的认证效率提升至 25.6%，这在当时超越了单结 Pb 基钙钛矿太阳电池[40]。此外，一些具有还原性如肼、含肼基团的有机分子也被作为添加剂抑制 Sn^{2+} 氧化。香港理工大学严锋等还原剂 4-肼基苯甲酸（HBA）作为添加剂与 SnF_2 一起引入。研究发现 HBA 和 SnF_2 在晶界处络合，实现了更好的缺陷钝化和抑制 Sn^{2+} 氧化的效果，将单结 Pb-Sn 钙钛矿器件效率提升至 22.02%[41]。

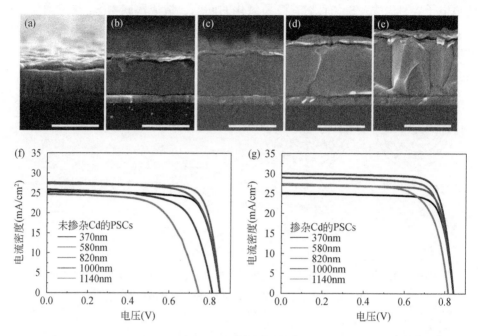

图 9-15 （a）~（e）不同厚度 Pb-Sn 钙钛矿薄膜的断面 SEM 图，（f）不同吸光层厚度的参比器件 J-V 曲线，（g）掺杂 Cd^{2+} 后不同吸光层厚度的器件 J-V 曲线[39]

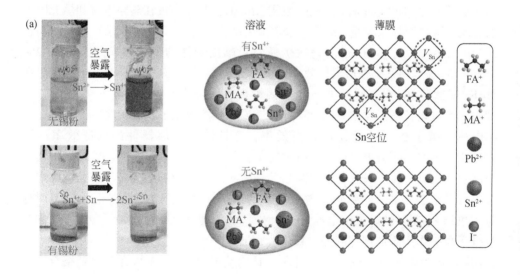

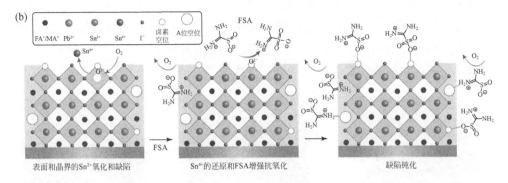

图 9-16 （a）锡粉还原 Sn^{4+}示意图[36]，（b）甲脒亚磺酸抑制 Sn^{2+}氧化和钝化缺陷示意图[40]

长链有机胺盐也被广泛应用于高效 Pb-Sn 钙钛矿太阳电池的制备，其在晶界和表面构筑二维钙钛矿可以有效抑制锡空位的扩散，并阻挡空气中的水、氧侵蚀，避免钙钛矿薄膜的进一步恶化。朱楷等引入硫氰酸胍（GuaSCN）添加剂以改善 Pb-Sn 钙钛矿薄膜的光电性质。Gua$^+$离子可以在晶界构筑二维结构，而 SCN$^-$离子则有利于大晶粒生长，基于此制备的钙钛矿薄膜具有更低的缺陷态密度、更大的载流子寿命（1232ns）和扩散长度（2.5μm），单结电池器件效率达到 20.5%[42]。除了构筑二维结构，长链有机胺盐也可直接钝化 Pb-Sn 钙钛矿表界面缺陷。肖正国等利用苯乙胺碘（PEAI）和乙胺碘（EAI）的混合溶液对 Pb-Sn 钙钛矿薄膜进行后处理。有趣的是，PEAI 和 EAI 分别选择性地钝化 PbI$_6$和 SnI$_6$八面体中的碘空位缺陷，有效抑制了非辐射电荷复合，将单结 Pb-Sn 钙钛矿的器件效率提升至 22.51%[43]。谭海仁课题组对比了苯乙胺（PEA）、苯胺（PA）和对三氟甲基苯胺（CF$_3$-PA）三种大阳离子对 Pb-Sn 钙钛矿薄膜的钝化效果。通过理论计算表明，PEA、PA 和 CF$_3$-PA 中的—NH$_3^+$的静电势依次增加。大静电势有利于分子在钙钛矿上的吸附作用，因此 CF$_3$-PA 能够更有效地钝化 A 位阳离子空位和碘离子空位，将 Pb-Sn 钙钛矿薄膜的载流子扩散长度提升至 5μm 以上。基于 CF$_3$-PA 钝化的 Pb-Sn 钙钛矿单结电池效率达到 22.2%，全钙钛矿叠层太阳电池认证效率达到 26.4%（0.049cm^2）[44]。

9.4.2 中间电荷复合层

溶液法制备全钙钛矿叠层太阳电池要求中间电荷复合层可以保护下层钙钛矿薄膜免受上层钙钛矿薄膜制备时溶剂的侵蚀。常见的中间电荷复合层有 Ag/MoO$_3$/ITO［图 9-17（a）］、ALD-SnO$_2$/ITO［图 9-17（b）］、ALD-SnO$_2$/Au（1nm）［图 9-17（c）］等结构。原子层沉积（ALD）方法广泛应用于叠层器件

中 SnO_2 的制备。黄劲松课题组发现调控 SnO_{2-x} 中的 Sn：O 比例为 1.76 时，$SnO_{1.76}$ 层具有双极性载流子传输性能，从而与 C_{60} 形成良好的欧姆接触。这种方法可以省略 ITO 的制备，简化中间层结构，降低制备成本。基于 $C_{60}/SnO_{1.76}$ 中间层的全钙钛矿叠层器件效率达到 24.4% ［图 9-17（d）、(e)]$^{[45]}$。

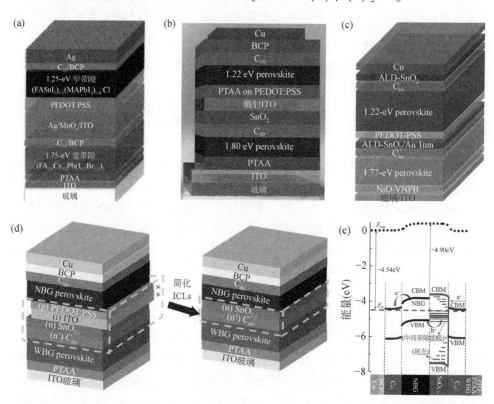

图 9-17　不同中间复合层：(a) $Ag/MoO_3/ITO^{[38]}$，(b) ALD- $SnO_2/ITO^{[39]}$，(c) ALD- $SnO_2/Au^{[40]}$，(d) $C_{60}/SnO_{1.76}$ 中间复合层，(e) $C_{60}/SnO_{1.76}$/窄带隙钙钛矿/C_{60} 能级图，Pb-Sn 钙钛矿产生的空穴通过 $SnO_{1.76}$ 的中间带隙能级注入$^{[45]}$

9.5　两端钙钛矿/有机叠层太阳电池

有机太阳电池具有轻便、可溶液加工、柔性等优势，在近几年获得广泛的研究$^{[46-48]}$。有机太阳电池光活性层的制备使用氯苯或氯仿做溶剂，不会破坏底层钙钛矿薄膜，因此钙钛矿/有机叠层器件的制备相对简单。此外，由于短波光照射不利于有机光活性层分子的稳定性，制备钙钛矿/有机叠层器件不仅能获得更高的光电转换效率，同时有利于提高有机太阳电池的稳定性。钙钛矿/有机叠层器件中的钙钛矿带隙更宽，达到 1.80eV 以上，因此有机-无机杂化钙钛矿和全无机 $CsPbI_{3-x}Br_x$ 钙钛矿在此类叠层器件中都得到广泛开发应用（图 9-18）[49-52]。

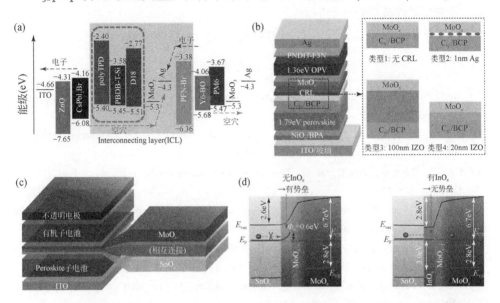

图 9-18　（a）钙钛矿/有机太阳叠层电池能级图[50]，（b）钙钛矿/有机太阳叠层电池器件结构图，以及 4 种不同中间层设计，（c）钙钛矿/有机太阳叠层电池器件结构图，（d）无 InO_x 和有 InO_x 中间层的能级结构图

钙钛矿/有机叠层器件中的中间电荷复合层主要有 MoO_3/Ag、MoO_3/Au 与导电金属氧化物等。侯毅等采用 4nm IZO（掺锌 ITO）替代金属电极，得益于 IZO 高导电率和透光性，实现了光电转换效率高达 23.6% 的钙钛矿/有机两端叠层太阳电池[51]。Brinkmann 等则引入 InO_x 作为中间层，将钙钛矿/有机两端叠层太阳电池进一步提升至 24.0%，这也是目前此类叠层器件的最高效率[52]。

9.6　总结与展望

综合效率和成本，钙钛矿叠层太阳电池将是钙钛矿光伏实现产业化的一个重要方向。随着研究的深入，各类钙钛矿叠层太阳电池的光电转换效率将进一步刷新。为了进一步推动钙钛矿叠层电池的发展，本书编者总结了以下思考：

①高品质宽窄钙钛矿薄膜的制备是高效稳定叠层器件的重中之重；

②改善钙钛矿稳定性问题是提高叠层器件稳定性的关键；

③优化电荷传输层和界面修饰层助力器件性能提升；

④合理的器件结构设计实现太阳光的充分利用；

⑤高效大面积叠层器件的开发迫在眉睫；

⑥开发柔性叠层器件的潜力；

⑦工业化标准测试和封装技术的应用。

参 考 文 献

［1］ NRELBest Research- Cell Efficiency Chart. https://www. nrel. gov/pv/cell- efficiency. html. Accessed June, 2022.

［2］ Zhang Z, Li Z, Meng L, et al. Perovskite-based tandem solar cells: get the most out of the sun. Adv. Funct. Mater. , 2020, 30 (38): 2001904.

［3］ Fang Z, Zeng Q, Zuo C, et al. Perovskite- based tandem solar cells. Sci. Bull. , 2021, 66 (6): 621-636.

［4］ Wang R, Huang T, Xue J, et al. Prospects for metal halide perovskite- based tandem solar cells. Nat. Photonics, 2021, 15 (6): 411-425.

［5］ Leijtens T, Bush K A, Prasanna R, et al. Opportunities and challenges for tandem solar cells using metal halide perovskite semiconductors. Nat. Energy, 2018, 3 (10): 828-838.

［6］ Wang K, Zheng L, Hou Y, et al. Overcoming Shockley- Queisser limit using halide perovskite platform? . Joule, 2022, 6 (4): 756-771.

［7］ Werner J, Dubuis G, Walter A, et al. Sputtered rear electrode with broad band transparency for perovskite solar cells. Sol. Energy Mater. Sol. Cells. , 2015, 141: 407-413.

［8］ Shen H, Peng J, Jacobs D, et al. Mechanically-stacked perovskite/CIGS tandem solar cells with efficiency of 23.9% and reduced oxygen sensitivity. Energy Environ. Sci. , 2018, 11 (2): 394-406.

［9］ Rowell M W, McGehee M D. Transparent electrode requirements for thin film solar cell modules. Energy Environ. Sci. , 2011, 4 (1): 131-134.

［10］ Albrecht S, Saliba M, Baena J P C, et al. Monolithic perovskite/silicon-heterojunction tandem solar cells processed at low temperature. Energy Environ. Sci. , 2016, 9 (1): 81-88.

［11］ Fu F, Feurer T, Jäger T, et al. Low- temperature- processed efficient semi- transparent planar perovskite solar cells for bifacial and tandem applications. Nat. Commun. , 2015, 6 (1): 1-9.

［12］ Werner J, Geissbühler J, Dabirian A, et al. Parasitic absorption reduction in metal oxide- based transparent electrodes: application in perovskite solar cells. ACS Appl. Mater. Interfaces, 2016, 8 (27): 17260-17267.

［13］ Werner J, Weng C H, Walter A, et al. Efficient monolithic perovskite/silicon tandem solar cell with cell area> 1 cm^2. J. Phys. Chem. Lett. , 2016, 7 (1): 161-166.

［14］ Bush K A, Palmstrom A F, Yu Z J, et al. 23.6% - efficient monolithic perovskite/silicon tandem solar cells with improved stability. Nat. Energy, 2017, 2 (4): 1-7.

[15] Fu F, Feurer T, Weiss T P, et al. High-efficiency inverted semi-transparent planar perovskite solar cells in substrate configuration. Nat. Energy, 2016, 2 (1): 1-9.

[16] Bush K A, Bailie C D, Chen Y, et al. Thermal and environmental stability of semi-transparent perovskite solar cells for tandems enabled by a solution-processed nanoparticle buffer layer and sputtered ITO electrode. Adv. Mater., 2016, 28 (20): 3937-3943.

[17] Bi Y G, Liu Y F, Zhang X L, et al. Ultrathin metal films as the transparent electrode in ITO-free organic optoelectronic devices. Adv. Opt. Mater., 2019, 7 (6): 1800778.

[18] Bailie C D, Christoforo M G, Mailoa J P, et al. Semi-transparent perovskite solar cells for tandems with silicon and CIGS. Energy Environ. Sci., 2015, 8 (3): 956-963.

[19] Chen B, Bai Y, Yu Z, et al. Efficient semitransparent perovskite solar cells for 23.0%-efficiency perovskite/silicon four-terminal tandem cells. Adv. Energy Mater., 2016, 6 (19): 1601128.

[20] Wang Z, Zhu X, Zuo S, et al. 27%-Efficiency four-terminal perovskite/silicon tandem solar cells by sandwiched gold nanomesh. Adv. Funct. Mater., 2020, 30 (4): 1908298.

[21] Yang D, Zhang X, Hou Y, et al. 28.3%-efficiency perovskite/silicon tandem solar cell by optimal transparent electrode forhigh efficient semitransparent top cell. Nano Energy, 2021, 84: 105934.

[22] Duong T, Pham H, Kho T C, et al. High efficiency perovskite-silicon tandem solarcells: effect of surface coating versus bulk incorporation of 2D perovskite. Adv. Energy Mater., 2020; 10 (9): 1903553.

[23] Werner J, Barraud L, Walter A, et al. Efficient near-infrared-transparent perovskite solar cells enabling direct comparison of 4-terminal and monolithic perovskite/Silicon tandem cells. ACS Energy Lett., 2016; 1 (2): 474-480.

[24] Duong T, Wu YL, Shen H, et al. Rubidium multication perovskite with optimized bandgap for perovskite-silicon tandem with over 26% efficiency. Adv. Energy Mater., 2017; 7 (14): 1700228.

[25] Chen B, Baek S-W, Hou Y, et al. Enhanced optical path and electron diffusion length enable high-efficiency perovskite tandems. Nat. Commun., 2020, 11 (1): 1-9.

[26] Jäger K, Korte L, Rech B, et al. Numerical optical optimization of monolithic planar perovskite-silicon tandem solar cells with regular and inverted device architectures. Opt. Express, 2017, 25 (12): A473-A482.

[27] Al-Ashouri A, Köhnen E, Li B, et al. Monolithic perovskite/silicon tandem solar cell with> 29% efficiency by enhanced hole extraction. Science, 2020, 370 (6522): 1300-1309.

[28] Chen B, Rudd P N, Yang S, et al. Imperfections and their passivation in halide perovskite solar cells. Chem Soc. Rev., 2019, 48 (14): 3842-3867.

[29] Isikgor F H, Furlan F, Liu J, et al. Concurrent cationic and anionic perovskite defect passivation enables 27.4% perovskite/silicon tandems with suppression of halide segregation. Joule, 2021, 5 (6): 1566-1586.

[30] Xu J, Boyd CC, Yu Z J, et al. Triple-halide wide-band gap perovskites with suppressed phase segregation for efficient tandems. Science, 2020, 367 (6482): 1097-1104.

[31] Zheng F, Chen W, Bu T, et al. Triggering the passivation effect of potassium doping in mixed-cation mixed- halide perovskite by light illumination. Adv. Energy Mater. , 2019, 9 (24): 1901016.

[32] Sahli F, Werner J, Kamino B A, et al. Fully textured monolithic perovskite/silicon tandem solar cells with 25. 2% power conversion efficiency. Nat. Mater. , 2018, 17 (9): 820-826.

[33] Hou Y, Aydin E, DeBastiani M, et al. Efficient tandem solar cells with solution- processed perovskite on textured crystalline silicon. Science, 2020, 367 (6482): 1135-1140.

[34] Liu J, Aydin E, Yin J, et al. 28. 2% -efficient, outdoor-stable perovskite/silicon tandem solar cell. Joule, 2021, 5 (12): 3169-3186.

[35] Han Q, Hsieh Y T, Meng L, et al. High- performance perovskite/Cu (In, Ga) Se$_2$ monolithic tandem solar cells. Science, 2018, 361 (6405): 904-908.

[36] Lin R, Xiao K, Qin Z, et al. Monolithic all- perovskite tandem solar cells with 24. 8% efficiency exploiting comproportionation to suppress Sn (II) oxidation in precursor ink. Nat. Energy, 2019, 4 (10): 864-873.

[37] Jiang X, Zang Z, Zhou Y, et al. Tin halide perovskite solar cells: an emerging thin-film photovoltaic technology. Acc. Mater. Res. , 2021, 2 (4): 210-219.

[38] Zhao D, Chen C, Wang C, et al. Efficient two- terminal all- perovskite tandem solar cells enabled by high- quality low- bandgap absorber layers. Nat. Energy, 2018, 3 (12): 1093-1100.

[39] Yang Z, Yu Z, Wei H, et al. Enhancing electron diffusion length in narrow- bandgap perovskites for efficient monolithic perovskite tandem solar cells. Nat. Commun. , 2019, 10 (1): 1-9.

[40] Xiao K, Lin R, Han Q, et al. All- perovskite tandem solar cells with 24. 2% certified efficiency and area over 1cm^2 using surface- anchoring zwitterionic antioxidant. Nat. Energy, 2020, 5 (11): 870-880.

[41] Cao J, Loi H L, Xu Y, et al. High- performance tin- lead mixed- perovskite solar cells with vertical compositional gradient. Adv. Mater. , 2022, 34 (6): 2107729.

[42] Tong J, Song Z, Kim D H, et al. Carrier lifetimes of >1μs in Sn- Pb perovskites enable efficient all-perovskite tandem solar cells. Science, 2019, 364 (6439): 475-479.

[43] Liang Z, Xu H, Zhang Y, et al. A selective targeting anchor strategy affords efficient and stable ideal-band gap perovskite solar cells. Adv. Mater. , 2022, 34 (18): 2110241.

[44] Lin R, Xu J, Wei M, et al. All-perovskite tandem solar cells with improved grain surface passivation. Nature, 2022, 603 (7899): 73-78.

[45] Yu Z, Yang Z, Ni Z, et al. Simplified interconnection structure based on C$_{60}$/SnO$_{2-x}$ for all-perovskite tandem solar cells. Nat. Energy, 2020, 5 (9): 657-665.

[46] Yuan J, Zhang Y, Zhou L, et al. Single-junction organic solar cell with over 15% efficiency

using fused-ring acceptor with electron-deficient core. Joule, 2019, 3 (4): 1140-1151.

[47] Liu Q, Jiang Y, Jin K, et al. 18% Efficiency organic solar cells. Sci. Bull. , 2020, 65 (4): 272-275.

[48] Zheng Z, Wang J, Bi P, et al. Tandem organic solar cell with 20.2% efficiency. Joule, 2022, 6 (1): 171-184.

[49] Xie S, Xia R, Chen Z, et al. Efficient monolithic perovskite/organic tandem solar cells and their efficiency potential. Nano Energy, 2020, 78: 105238.

[50] Wang P, Li W, Sandberg O J, et al. Tuning of the interconnecting layer for monolithic perovskite/organic tandem solar cells with record efficiency exceeding 21%. Nano Lett. , 2021, 21 (18): 7845-7854.

[51] Chen W, Zhu Y, Xiu J, et al. Monolithic perovskite/organic tandem solar cells with 23.6% efficiency enabled by reduced voltage losses and optimized interconnecting layer. Nat. Energy. , 2022, 7 (3): 229-237.

[52] Brinkmann K O, Becker T, Zimmermann F, et al. Perovskite-organic tandem solar cells with indium oxide interconnect. Nature, 2022, 604 (7905): 280-286.

第 10 章　杂化钙钛矿室内光伏器件

　　光伏发电是我国发展可再生能源应对未来能源短缺和环境问题长远战略规划中的重要组成部分，是未来能源供给的重要形式。近年来，低功耗消费电子产品、智能家居、家庭自动化及物联网开发如火如荼地展开。这些新兴电子设备都需要高效率且易于整合的能量收集装置以获得运行所需的电能，实现自驱动、可持续工作。在未来的几十年中，预计将有数百亿个低功耗室内应用的独立电子设备安装于室内环境中，对能量收集装置的市场需求巨大[1,2]。太阳能是清洁无污染的可再生能源，太阳电池不仅可以将高强度的太阳能转化成电能驱动大功率用电器[3-6]，而且可以将室内中低强度的光能转化成电能驱动低功耗电子设备，具有极大的应用前景[7-9]。因此，太阳电池的发展对缓解我国社会经济可持续发展中面临的能源短缺问题以及 2030 年实现"碳达峰"的战略目标具有重大意义，对智能化、低功耗室内电子设备的开发和应用也具有极大的推动作用。这些器件是以硅、染料、有机半导体材料、III～V 半导体材料以及卤化物钙钛矿为光吸收层的光伏器件（图 10-1），特别是钙钛矿光伏器件的研究，不仅在标准太阳光下具有优异的光电特性，而且在室内光下也展现出展现出巨大的应用潜力。高效率、高稳定性、环境友好的室内光伏设备是室内低功耗电子产品急需的能量获取装置。因此，环境友好型钙钛矿材料的开发是不可或缺。钙钛矿电池在制造成本、制备工艺以及光吸收性能以及带隙大范围可调方面具有非常大的优势，这些

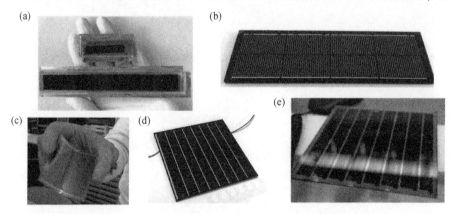

图 10-1　（a）染料敏化 IPV 电池，（b）III～V IPV 模块，（c）柔性 a-Si 模块，（d）玻璃上的 a-Si 模块，以及（e）有机 IPV 模块

优点将使钙钛矿光伏器件成为室内低功耗电子产品、智能家居等设备集成应用的理想选择[10,11]。

本章将围绕室内光伏器件的发展前景、研究现状、存在的问题、应对策略以及未来的发展方向进行叙述。

10.1　室内光伏的发展前景

10.1.1　室内光伏技术

室内和室外照明多采用经济和高效的 LED 灯，随着物联网技术的快速发展，越来越多的低功耗电子产品应用到室内环境中，这些新兴电子设备都需要高效率且易于整合的能量收集装置以获得运行所需的电能，实现自驱动、可持续工作[12]。因此，室内光能的收集、转化、利用也变得特别重要。室内 LED 灯的光谱范围一般为 400 ~ 780nm，强度在 1000lux 以下，不论光谱范围还是强度都与太阳光存在着非常大的差距，如图 10-2 （a）所示[13]。这种差异，反映到电池器件上，对吸光层的带隙就会有不同的要求。如图 10-2 （b）所示，理论计算显示，单结室内光伏器件中吸光层的最佳带隙为 1.9eV 时，理论转化效率可达 52%。而在标准光下，吸光层最佳带隙约为 1.33eV，光伏器件在两种场景中应用存在很大的区别[13]。

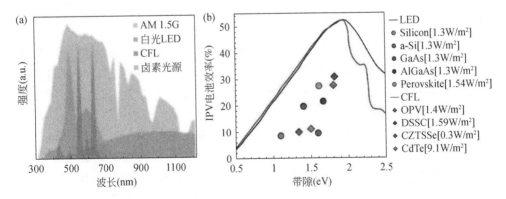

图 10-2　（a）不同光源的发光范围，包括标准太阳光谱（AM 1.5G）和白光 LED、荧光灯（CFL）和卤素光源的典型光谱，（b）根据理论计算得到的室内光伏器件效率和吸光层带隙的关系（实线），圆形代表 LED 灯下的实际测量值，菱形代表 CFL 照明下的实际测量值[13]

10.1.2　室内光伏设计

由于室内光源在光谱范围和强度上都与太阳光存在较大的区别，要将太阳电池应用于室内环境中并获得高的转化效率，室内光伏器件的设计就变得尤为重要。其中最重要的就是吸光层带隙的调节。目前大多数器件是按照标准太阳光电池设计制备的，带隙一般都较小，吸光范围较宽，这就导致吸光范围比 LED 光源的发光范围宽，会形成一定范围的非活性区域，带隙偏小使得理论 V_{oc} 也比较小，因而造成 V_{oc} 的损失[14]。因此，对光伏器件吸光层进行合理的设计是非常重要的。除此之外，室内光伏器件的测试设备也需要相应的设计，才能达到准确评估、全世界平行比较的目的。太阳电池表征时的光由有太阳光模拟器中氙灯发出的，太阳光模拟器经过光学调制使氙灯发出的发散光变成垂直光，国际上已经有一系列标准来规定光的品质，如光强的均匀性、稳定性，以及与太阳光的匹配度等都有具体的标准。而室内光源首先是发散光，目前还没有标准化的设备，这就导致光除了作用在有效面积上，还会通过散射、折射等过程被有效面积边缘的部分吸收而产生光生载流子，被电极收集，使得器件收集载流子的面积比电极面积大，这种现象被称作"边缘效应"，最终导致器件性能被高估。为准确评估太阳电池的转化效率，器件在太阳光模拟器下测试时需在器件光入射面加遮光板来规避"边缘效应"的影响。因此，对测试设备、电池夹具、电极形状也要进行设计，以便更准确地评估器件在弱光下的性能[15]。

10.1.3　室内光伏的未来市场

全球室内光伏市场正在快速增长，2019 年时，Mathews 等预测到 2022 年全球室内光伏市场将接近 100 亿美元 [图 10-3（a）][13]，而且逐年在随着无线（WS）传感器的增长而增长。同时也预测了光伏在建筑、通信、室内、遥感探测等领域的市场情况，如图 10-3（b）所示。其中室内光伏的增速最快，然后依次是光伏器件在通信领域和建筑领域的应用，表现也比较突出，遥感探测领域的市场相对比较平稳。这跟世界各国应对能源紧缺和环境污染的政策是相辅相成的，世界各国都在加快光伏为主的新能源产业比例，中国也不例外。我国在"十四五"规划中提出，要在 2025 年前，完成建筑的节能改造面积达到 3.5 亿 m^2，近零能耗建筑面积达到 0.5 亿 m^2，新增建筑太阳能发电达到 0.5 亿 kW·h 以上[16]。这些政策的出台都为光伏行业的发展应用提供了广阔的平台。

室内光伏的快速增长得益于物联网的飞速发展，物联网是通过射频识别（RFID）、红外感应器、全球定位系统、激光扫描器等信息传感设备按约定的协议把任何物品与互联网连接起来，进行信息交换和通信以实现智能化识别、定位、跟踪、监控和管理的一种网络。物联网的概念是在 1999 年提出的，即"物

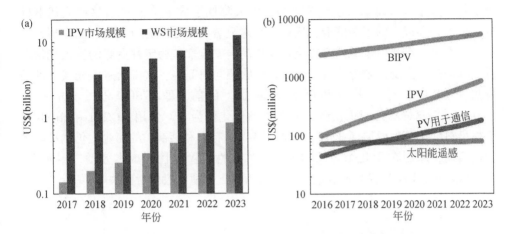

图 10-3　（a）无线传感器（WS）和室内光伏市场的预计规模为数十亿美元，
（b）从多个市场研究报告中收集到的未来几年光伏技术替代市场的预期规模

物相连的互联网"。这有两层意思：第一，物联网的核心和基础仍然是互联网，是在互联网基础上的延伸和扩展的网络；第二，其用户端延伸和扩展到了任何物品与物品之间，进行信息交换和通信。物联网把新一代 IT 技术充分运用在各行各业之中，具体地说，就是把感应器嵌入和装备到电网、铁路、桥梁、隧道、公路、建筑、供水系统、大坝、油气管道等各种物体中，然后将"物联网"与现有的互联网整合起来，实现人类社会与物理系统的整合，在这个整合的网络当中，存在能力超级强大的中心计算机群，能够对整合网络内的人员、机器、设备和基础设施实施实时的管理和控制。在此基础上，人类可以更加精细和动态的方式管理生产和生活，达到"智慧"状态，提高资源利用率和生产力水平，改善人与自然间的关系。随着科学技术的进步，人们生活中的小微型用电器已经得到了很大的技术革新，朝着微型化、轻量化、智能化、低功耗方向不断前进，同时功能变得越来越强大。离人们最近、感触最深的就是智能家居，如小米的智能家居，电视、空调、扫地机器人等都可以通过网络实现轻松互连，将来会有越来越多的低功耗的室内电子设备。要达到这种强大的网络互连，首先必须要解决的就是供电问题。这些设备的能耗很低，如果采用传统的供电方式无疑增加了成本，同时也对移动应用造成限制。因此，室内光伏器件就成为低功耗电子设备获得电能的理想选择。将二者集成到一起，光伏器件就可以将室内光吸收转化为电能供给电子设备，从而实现自供电，持续工作的目的，同时对于设备的移动应用也有了更多的可能性。

　　如图 10-4 所示，简单的小微型电子设备，例如计算器、手表、传感器等通过与商业化的晶硅、非晶硅等光伏器件的集成，在室内光下实现了可移动、自供电工作的效果，从而取代了传统电池，大大降低了成本[17]。随着这些光伏器件性能的提升和成本的不断降低，优势越来越显著。但是随着科技的不断发展，生活中还有更加重要的领域需要转化效率更高，安全性、稳定性更好的室内光伏器件，如医疗、安全、教育、自动化、情报收集与研究等，这就给室内光伏器件的发展创造了广阔的平台和巨大的前景。目前，像 WSL Solar、Solems 和 Powerfilm[18]这样的公司正在将 a-Si 模块商业化作为 IPV 使用，GCell 和 Ricoh 也已将染料敏化 IPV 模块商业化。然而，III-V、有机和钙钛矿的商业化仍然难以大规模实现，原因在于几个方面的考虑，如毒性、稳定性和成本效益。事实上，Alta Devices，III-IV 模块的制造商已经因为缺乏合适的投资者而关闭[19]。

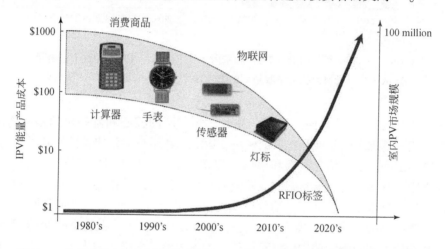

图 10-4　从多个地点，包括电子采购网站、爱好者网站和目录，以及 IPV 电池的市场规模，概述 IPV 驱动设备过去和未来的成本[13]

　　室内光伏商业化应用需要考虑的问题和太阳电池基本一致，主要是成本、稳定性、安全性。成本是光伏器件商业化应用的首要问题，除了国家层面的战略需求外，如果产品不能获利那就没有资本愿意投资，也就不会有商业化产品出现。然后就是稳定性，它与成本息息相关，使用寿命越长也就意味着成本越低。目前商业化晶硅电池的寿命能够达到 25～30 年，完全能够承受常规环境条件的冲击。但有机电池和钙钛矿电池以及染料敏化电池的表现还不够理想。再者就是安全性，薄膜电池中 CdTe 早已有大面积电池组件问世，且转化效率也达到 19% 以上[20]，但其吸收层所含的镉在很多国家是禁止大规模使用的，使得其商业化受到阻碍。同样钙钛矿电池中的铅也存在类似的问题，还需要科学家们继续开发新的高效、稳定、环保的吸光层材料。

　　综上所述，室内光伏器件未来的发展前景十分广阔，但也面临着各个方面的挑战。

10.2　室内光伏的研究现状

目前已经有商业化光伏器件应用于室内低照度条件下的低功耗电子设备,例如手表、计算器、传感器等。电池器件包括晶体硅、非晶硅、染料敏化电池等,但仍存在一些缺陷,需要进一步通过研究提高光电转换效率以适应更多的电子设备。

10.2.1　硅基光伏器件

截至目前,硅基光伏电池/组件占据95%的光伏市场,硅基电池又可以分为单晶硅、多晶硅和薄膜硅。标准太阳光下应用时,晶硅电池效率高、稳定性好,薄膜硅虽然性价比高,但其效率较低。再加上近年来晶硅电池性能的提升,其成本一直在下降,因此薄膜硅电池在太阳光下的应用基本失去了市场,95%的光伏市场基本都是被晶硅电池占据。晶硅是间接带隙半导体,对于光的吸收系数较小,一般需要采用200μm以上的厚度,才能将入射光全部吸收;而非晶硅是直接带隙材料,对于光的吸收较强,仅需要1~2μm的厚度就可以将入射光全部吸收,且带隙可调,对弱光的吸收性能好。因而使薄膜硅电池在室内光下的应用展现出比晶硅电池高的转化效率。在1000lux的LED灯下,晶硅的转化效率<15%[21,22],非晶硅电池的效率接近30%[8]。虽然非晶硅在弱光下的表现要比晶体硅好,但其距离理论极限效率52%还相差很远[13]。

10.2.2　染料敏化光伏器件

染料敏化电池的主要结构为两片沉积有电荷传输材料的导电玻璃以及染料组成,一片上沉积有致密氧化钛和介孔氧化钛,致密氧化钛传导电子并阻挡空穴,介孔氧化钛主要作为染料吸附的骨架;另一片沉积有空穴传输层,传导空穴阻挡电子,然后将两片基底扣在一起,将吸光染料分子通过小孔注入两片电极间,即可完成电池的制备。染料吸附在介孔 TiO_2 骨架上,光照产生的电子通过 TiO_2 导出,空穴一般从铂或 PEDOT 对电极导出,从而将光转换成电[9,23]。由于染料分子为有机分子,所以在能带和吸光范围上具有多变性。因此,在室内和室外应用时可根据应用场景来选择合适的染料分子。其制作工艺相对简单,也具备了商业化意义。到目前为止,染料敏化电池在标准太阳光下的效率为13%,室内光照下效率32%[9],可见,染料敏化电池在室内光下表现更好(图10-5)。

尽管染料敏化电池的制备工艺简单,但是电极制备时常要用到一些贵金属材料,在染料分子的合成中要用到钌等金属,提高了制备成本,如果能在不影响转

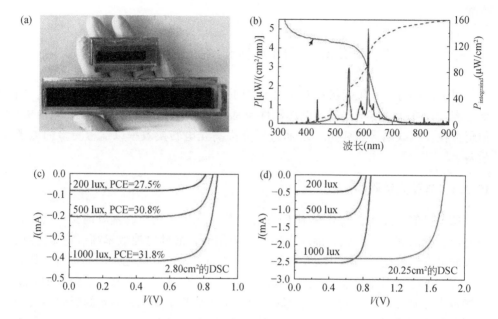

图10-5 （a）两个染料敏化电池的照片，光活性面积分别为2.80cm²和20.25cm²。器件采用
XY1b/Y123 和 Cu（Ⅱ）/共敏化介观 TiO₂/Cu（Ⅰ）的电解液 （b）欧司朗930暖白荧光灯的发
射功率密度谱（黑色虚线）。黑色虚线曲线是综合功率密度。箭头所指曲线为 XY1b/Y123 共
敏化介孔 TiO₂ 薄膜的紫外可见吸收曲线，（c）大小为 2.80cm²和 20.25cm²（d）的 DSC 在不
同室内光照强度下的电流-电压（I-V）曲线

换效率的前提下，找到廉价的代替材料，将会使染料敏化电池更具竞争力。

10.2.3　Ⅲ-V族化合物光伏器件

　　Ⅲ-V族化合物光伏器件的吸光层主要是以砷化镓为代表的化合物半导体材
料，其禁带宽度为~1.43eV，非常接近最佳的太阳电池材料带隙范围，单结砷化
镓电池的转化效率为29.1%，是标准太阳光照条件下转化效率最高的单结太阳电
池器件。通过调节组分还可达到调节带隙的目的，不同带隙的Ⅲ-V族化合物材
料所形成的多结太阳电池可增加吸光范围。目前，GaAs 基多结叠层太阳电池使
用的三种吸光材料分别为 GaInP、InGaAs 和 Ge，对应的带隙分别为 1.9eV、
1.4eV 和 0.66eV，吸光范围可达 1800nm，大大提高了电池的光利用率，制备的
多结太阳电池的转化效率可达44%[20]。其中 1.9eV 的 GaInP 半导体材料的带隙
与室内光伏理想的带隙值非常吻合，可很好地匹配室内光源的光谱范围，V_{OC} 的
损失最小。

Ⅲ-Ⅴ族化合物光伏器件在光电转换效率上具有绝对的优势，并且具有很好的耐温耐辐射的优点，可用于航天飞行器的能量收集装置。但是，其劣势也很明显。首先，砷化镓相较于硅在物理性质上要更脆，这一点使得其加工时比较容易碎裂，所以，常把其制成薄膜，并使用衬底［常为 Ge（锗）］来对抗其在这一方面的不利，但是也增加了技术的复杂度，同时也提高了制造成本。由于耐温性和耐辐照的优点，砷化镓光伏器件还可以发展聚光太阳电池来进一步提高转化效率，但聚光设备需要精度较高的光线探测器和电池的旋转设备，综合下来，成本仍然很高。

10.2.4　有机光伏器件

有机光伏器件是一种三明治结构的固态电池，吸光层一般由给体材料和受体材料组成，通常是两种到三种材料构成，吸光层被电子传输层和空穴传输层夹在中间，光照产生的光生载流子从两侧的传输层分离，经过电极导出形成电流。吸光层有小分子有机物、聚合物、富勒烯衍生物等。有机光伏器件一直是光伏领域的热点方向，由于有机吸光层材料的光电性质可通过分子设计进行调控，给了有机电池无限的可能。再加上制备温度低、可卷对卷印刷的特点，吸引了很多研究者的关注。在研究者的不断探索下，一些明星材料和组合被开发出来。过去几年，有机光伏的发展非常快，取得了很多突破性的进展。最近报道，单结有机电池的转化效率已经超过 19%[24]，多结电池器件的转化效率超过 20%[25]。

有机半导体材料具有带隙大、范围可调的优点，可根据不同的应用需求灵活选择相应带隙的有机材料。因此，有机电池在室内环境中的应用也备受关注。2019 年中国科学院大学侯建辉教授课题组设计了带隙为 1.8eV 的非富勒烯受体 IO-4Cl 和聚合物给体 PBDB-TF（图 10-6），材料的带隙非常接近室内光伏的最佳带隙。在 1000lux 的 LED 灯照射下，面积 1cm^2 和 4cm^2 的电池器件获得了 26.1% 和 23.9% 的转化效率[1]。开压更是高达 1.1V，这是目前室内光环境中，单结电池获得的最高开路电压。

10.2.5　钙钛矿光伏器件

杂化钙钛矿材料是一种人工合成的有机-无机杂化材料，在 2009 年首次被尝试应用于量子点敏化电池后被关注。经过全世界科学家们三年的努力，在 2012 年固态钙钛矿太阳电池被报道后，因为性能优异、成本低廉、商业化潜力巨大吸引了越来越多的科学家加入到钙钛矿光伏研究的队伍，使其转化效率快速提升[26,27]。到目前为止，钙钛矿小面积单结电池的认证转化效率达到 25.7%[20]，有效面积 20cm^2 的电池模块效率超过 21%[28]，面积 300cm^2 的电池模块效率超过了 18%[29]，面积为 1200cm^2 的钙钛矿组件效率为 13.5%[30]，展现了非常好的商

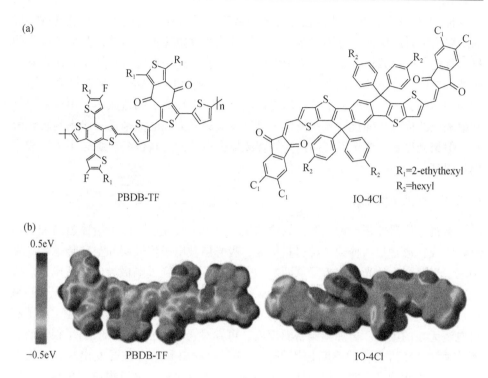

图 10-6 （a）PBDB-TF 和 IO-4Cl 的分子结构，（b）PBDB-TF 和 IO-4Cl 的 ESP 分布[1]

业化应用前景。性能的快速提升，源于钙钛矿优异的光电性质，如高的光吸收系数、长的载流子扩散距离、低的激子结合能、大范围可调的光学带隙等[31]。因而，在室内光环境中的应用也备受关注[2,32-36]。2018 年，廖良生教授团队制备了结构为 FTO/NiO$_x$/CH$_3$NH$_3$PbI$_3$/PCBM/Ag 的钙钛矿电池，利用离子液体 1- butyl- 3- methylimidazolium tetrafluoroborate 修饰 PCBM 层，有效抑制了载流子在 PCBM/Ag 界面处的复合，在 1000lux 的荧光灯下 PCE 高达 35.2%[2]。随后，香港大学的 Feng 课题组通过调节薄膜中 I 和 Br 的比例使得带隙至 1.8eV，再通过引入 Cl 提高了薄膜的结晶质量（图 10-7），最终使得钙钛矿室内光伏的光电转化效率有了新的突破，达到 36%，开压可达 1.03V[14]。

　　陕西师范大学刘生忠教授和任小东博士对前人在钙钛矿室内光伏的报道进行了梳理，发现室内钙钛矿光伏器件存在明显不足，高开路电压——低电流密度，高电流密度——低开路电压。他们分析造成这种现象的主要原因有三个：①一步旋涂法很难制备出微米厚的高质量钙钛矿薄膜，使得光吸收不完全；②大部分工作中的钙钛矿器件的吸光层是按照标准太阳光条件设计的，导致带隙和室内光源的光谱不匹配，开路电压损失严重；③薄膜的结晶质量不高，缺陷引起的非辐射

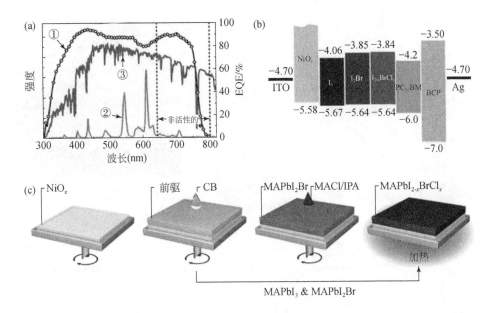

图 10-7　（a）MAPbI$_3$钙钛矿器件的 EQE 曲线（①）、2700K 荧光光谱（②）、太阳光谱（红外）（③）。荧光光谱与 IPCE 曲线之间的失配范围（650~800nm）是非活性的，在室内光照下不会对光电流产生贡献，通过扩大钙钛矿带隙进一步为增强室内 PCE 留出空间，（b）MAPbI$_3$、MAPbI$_2$Br 和 MAPbI$_{2-x}$BrCl$_x$三种钙钛矿材料的能级都与电荷传输层（NiO$_x$和 PC$_{61}$BM）很好地匹配，没有电荷提取障碍，（c）不同带隙钙钛矿薄膜的制备过程示意图[14]

复合损失严重。针对上述问题他们分别提出了相应的应对策略：①采用两步法制备钙钛矿薄膜，通过调节碘化铅的厚度很容易制备出微米厚的钙钛矿薄膜，以充分利用入射光，保证短路电流密度；②通过调节 PbI$_2$和 PbBr$_2$的比例来调节带隙，以匹配室内光源的光谱，减少开路电压的损失；③在本体和表面利用 GAI 和 CH$_3$O-PEABr 同时钝化本体和表面的缺陷态密度，使得本体和表面的载流子寿命分别提高了 10 倍和 5 倍。器件的转换效率达到了 40%，开路电压为 1V，填充因子为 79.52%，短路电流密度为 150μA/cm^2（图 10-8）[7]。微米厚薄膜在保证了入射光利用率的前提下，缺陷的整体钝化使得开路电压和填充因子都有了大幅的提升。这是目前室内光伏电池的最高效率，高效率意味着高的输出功率，同样的电池能够驱动的低功耗电子设备会更多，极大地推动了钙钛矿电池在室内环境中与低功耗电池设备的集成应用发展。相信未来钙钛矿室内光伏还能继续创造更好的成绩。

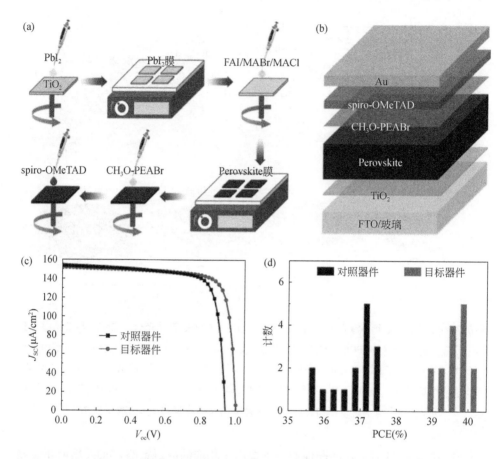

图 10-8　（a）钙钛矿薄膜的制备过程，（b）平面 PSCs 的器件结构，（c）电流密度-电压（J-V）曲线，（d）824.5lux（301.6μW/cm²）LED 照度下对照组和目标钙钛矿电池的 PCE 分布直方图[7]

10.2.6　钙钛矿室内光伏存在的问题

虽然钙钛矿光伏器件在室内光环境中的发展表现出巨大的应用潜力，但仍然存在一些亟待解决的问题。如安全性、稳定性等。

安全性是光伏器件首先要考量的问题。例如碲化镉电池早已获得了 19% 以上的模组效率，但其吸收层中含有重金属元素 Cd，因此人们对 CdTe 电池的大规模生产应用有所顾虑。对此，美国布鲁克文国家实验室的科学家们专门研究了这个问题。他们系统研究了晶体硅太阳电池、碲化镉太阳电池与煤、石油、天然气等常规能源和核能的单位发电量的重金属排放量。研究表明，石油的镉排放量是最高的，达到了 44.3g/GWh，煤为 3.7g/GWh，接着是硅太阳电池和天然气为 0.6g/GWh，碲化镉太阳电池的镉排放量最小为 0.3g/GWh。可见，在上述能源材料的制备过程，太阳电池制备过程中镉排放量是最小的。其次，碲是地球上的稀有元素，据有关报道，地球上有碲 14.9 万吨，可以供 100 个年生产能力为 100MW 的生产线用 100 年[37]。

钙钛矿材料中含有重金属铅，铅的在地球上的储量丰富，具备大规模产业化生产的需求。人们担心的是钙钛矿太阳电池将来安装在户外，如果遇到极端天气，或者剧烈碰撞，电池板的封装被破坏后，铅泄漏会造成水土污染，进而影响人们的身体健康。这就要求钙钛矿薄膜本身的抗水、氧性能要进一步提升[38]。此外，先进的封装技术除了隔绝水、氧外，如果能够把防止铅的泄漏问题也能融入封装技术中，那将是最完美的情况。此类研究也在同步进行[39]，相信未来会有更加先进、有效的方式被开发出来。

10.3　室内光伏测量存在的问题和解决方案

为了精确地测量太阳电池的转化效率，指导光伏研究和产业的可持续发展，相关机构制定了太阳光下光伏器件测量的多项标准，例如 ISO 15387，IEC 60904-3 等[15]。根据这些标准，世界各地的许多研究实验室都建立了测试设备和协议，以便研究者能够准确测量太阳辐射下光伏器件的 PCE，同时方便全世界的研究者横向比较。然而，在其他照明条件下，光伏电池的 PCE 的准确测量仍缺乏标准，例如，室内光条件。近年来，由于光伏电池为室内应用的微功率电子设备提供了一个有吸引力的机会，因此越来越多的人关注探索有效地将室内人造光转换为电能的光伏电池。随着这一领域的快速发展，制定一套可靠的测量方案至关重要，以便在室内照明下准确评估光伏器件的 PCE。

室内光与太阳光的不同不仅仅体现在光谱范围和光强，太阳光模拟器工作时发射出的光是垂直光，且在一定面积内为光强是均一的，而室内光是发散光，光强从正下方往外是呈逐渐衰减的趋势，换句话说在三维空间内离得越远强度越低（图 10-9）。要测量不同面积的电池，就要考虑光源尺寸的问题[15]。此外，室内光源的品牌众多，采用的制备技术和发光材料也不尽相同，导致同样照度单位下的光强度和光谱范围也存在较大差异，这对不同实验室结果的横向对比带来了很大的困难。除了光源的问题，测试设备的设计也至关重要。室内光经过玻璃表面的遮光板时，会发生折射现象，使得电池接收到光的面积会比遮光板的面积大，最终器件的 PCE 会偏高。因此，要尽量把电池的有效面积做大，才能降低这种边缘化效应造成的虚高现象。对于测试设备也要进行改进，例如把测试设备内部全部涂黑，减少光的反射。在电池上方，加上隔板，只允许和电池基底大小面积的光通过隔板，也是为了尽量减少反射光进入电池内部[15]。

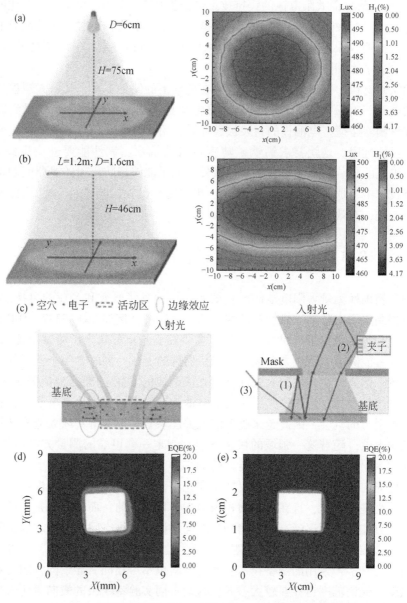

图 10-9 （a）6500K LED 灯泡的光功率分布。测量中心在光源中心的正下方。H 为光源到水平面（X、Y 方向）的距离。D 是 LED 灯泡的直径。在 $20×20cm^2$ 的水平面上，在 X、Y 方向手动移动 1cm 步长，（b）6500K FL 管的光功率分布。L 是 FL 管的长度，（c）器件截面示意图。透明衬底的厚度明显大于电池的厚度，（d）$9.80mm^2$ 器件在无掩膜板时的 EQE 面扫图像，白色范围内的 EQE 值约为 85%，（e）$1.07cm^2$ 器件在无掩膜板时的 EQE 面扫图像，白色范围内的 EQE 值约为 85%

10.4 展　望

综上所述，染料敏化电池、化合物电池已在室内环境中实际应用。还在研发过程中的光伏器件有有机电池和钙钛矿电池，这两种电池因其制备工艺简单、带隙可调、弱光效应佳、制备温度低等优点，在室内光伏领域表现出极大的应用潜力。室内光伏无疑是未来研究的热点领域，但其真正走向应用还有很多重要的问题需要解决。例如含有毒 Pb 的问题、器件的长期稳定性、高效柔性器件、大面积制备等。随着科学技术的不断发展、薄膜质量的提升、封装技术的提升都会进一步提升室内光伏器件的转换效率，不断趋近理论极限值。此外，随着室内光伏的发展，更多的标准会随之建立，相信未来室内光伏器件的性能评价会像标准太阳光下一样更加科学、准确。

参 考 文 献

[1] Cui Y, Wang Y, Bergqvist J, et al. Wide- gap non- fullerene acceptor enabling high-performance organic photovoltaic cells for indoor applications. Nat. Energy, 2019, 4 (9): 768-775.

[2] Li M, Zhao C, Wang Z K, et al. Interface modification by ionic liquid: a promising candidate for indoor light harvesting and stability improvement of planar perovskite solar cells. Adv. Energy Mater. , 2018, 8 (24): 1801509.

[3] Xiao K, Lin R, Han Q, et al. All-perovskite tandem solar cells with 24. 2% certified efficiency and area over 1cm^2 using surface- anchoring zwitterionic antioxidant. Nat. Energy, 2020, 5 (11): 870-880.

[4] Liu Z, Qiu L, Ono L K, et al. A holistic approach to interface stabilization for efficient perovskite solar modules with over 2000-hour operational stability. Nat. Energy, 2020, 5 (8): 596-604.

[5] Hou Y, Aydin E, DeBastiani, et al. Efficient tandem solar cells with solution- processed perovskite on textured crystalline silicon. Science, 2020, 367 (6482): 1135-1140.

[6] Chen Y, Tan S, Li N, Huang B, et al. Self- elimination of intrinsic defects improves the low-temperature performance of perovskite photovoltaics. Joule, 2020, 4 (9): 1961-1976.

[7] He X, Chen J, Ren X, et al. 40. 1% Record low-light solar-cell efficiency by holistic trap-passivation using micrometer- thick perovskite film. Adv. Mater. , 2021, 33 (27): 2100770.

[8] Kim G, Lim J W, Kim J, et al. Transparent thin- film silicon solar cells for indoor light harvesting with conversion efficiencies of 36% without photodegradation. ACS Appl. Mater. Interfaces, 2020, 12 (24): 27122-27130.

[9] Cao Y, Liu Y, Zakeeruddin S M, et al. Direct contact of selective charge extraction layers enables high-efficiency molecular photovoltaics. Joule, 2018, 2 (6): 1108-1117.

［10］ Wang K- L, Zhou Y H, Lou Y H, et al Perovskite indoor photovoltaics: opportunity and challenges. Chem. Sci. , 2021, 12 (36): 11936-11954.

［11］ Polyzoidis C, Rogdakis K, Kymakis E, et al. Indoor perovskite photovoltaics for the internet of things—challenges and opportunities toward market uptake. Adv. Energy Mater. , 2021, 11 (38): 2101854.

［12］ Chen C H, Su Z H, Lou Y H, et al. Full- dimensional grain boundary stress release for flexible perovskite indoor photovoltaics. Adv. Mater. , 2022, 34 (16): 2200320.

［13］ Mathews I, Kantareddy S N, Buonassisi T, et al. Technology and market perspective for indoor photovoltaic cells. Joule, 2019, 3 (6): 1415-1426.

［14］ Cheng R, Chung C C, Zhang H, et al. Tailoring triple- anion perovskite material for indoor light harvesting with restrained halide segregation and record high efficiency beyond 36%. Adv. Energy Mater. , 2019, 9 (38): 1901980.

［15］ Cui Y, Hong L, Zhang T, et al. Accurate photovoltaic measurement of organic cells for indoor applications. Joule, 2021, 5 (5): 1016-1023.

［16］ https://baijiahao. baidu. com/s? id=1730355460379824441&wfr=spider&for=pc, 2022.

［17］ Cutting C L, Bag M, Venkataraman D. Indoor light recycling: a new home for organic photovoltaics. J. Mater. Chem. C, 2016, 4 (43): 10367-10370.

［18］ Águas H, Mateus T, Vicente A, et al. Thin film silicon photovoltaic cells on paper for flexible indoor applications. Adv. Funct. Mater. , 2015, 25 (23): 3592-3598.

［19］ 杨文樊, 李萌, 王照奎. 室内光伏的应用前景与挑战. Prog. Phys. , 2020, 40 (6): 175-187.

［20］ Best Research-Cell Efficiencies. https://www. nrel. gov/pv/assets/pdfs/best-research-cell-efficiencies- rev220126. pdf.

［21］ Li M, Igbari F, Wang Z. K, et al. Indoor thin- film photovoltaics: progress and challenges. Adv. Energy Mater. , 2020, 10 (28): 2000641.

［22］ Chen C Y, Kuo T Y, Huang W, et al. Thermal and angular dependence of next- generation photovoltaics under indoor lighting. Prog. Photovolt. : Res. Appl. , 2020, 28 (2): 111-121.

［23］ Freitag M, Teuscher J, Saygili Y, et al. Dye- sensitized solar cells for efficient power generation under ambient lighting. Nat. Photonics, 2017, 11 (6): 372-378.

［24］ Zhu L, Zhang M, Xu J, et al. Single- junction organic solar cells with over 19% efficiency enabled by a refined double-fibril network morphology. Nat. Mater. , 2022, 21 (6): 656-663.

［25］ Zheng Z, Wang J, Bi P, et al. Tandem organic solar cell with 20. 2% efficiency. Joule, 2022, 6 (1), 171-184.

［26］ Kim H S, Lee C R, Im J H, et al. Lead iodide perovskite sensitized all-solid-state submicron thin film mesoscopic solar cell with efficiency exceeding 9%. Sci. Rep. , 2012, 2 (1): 1-7.

［27］ Lee M M, Teuscher J, Miyasaka T, et al. Efficient hybrid solar cells based on meso-superstructured organometal halide perovskites. Science, 2012, 338 (6107): 643-647.

［28］ Green M A, Dunlop E D, Hohl- Ebinger J, et al. Solar cell efficiency tables (version 59).

Prog. Photovolt. : Res. Appl. , 2022, 30 (1): 3-12.

[29] https://www. sohu. com/a/536592334_418320. 2022.

[30] https://www. xianjichina. com/special/detail_480023. html. 2021.

[31] Liu Y, Yang Z, Cui D, et al. Two-inch-sized perovskite $CH_3NH_3PbX_3$ (X = Cl, Br, I) crystals: growth and characterization. Adv. Mater. , 2015, 27 (35): 5176-5183.

[32] Chen C Y, Chang J H, Chiang K M, et al. Perovskite photovoltaics for dim-light applications. Adv. Funct. Mater. , 2015, 25 (45): 7064-7070.

[33] Lucarelli G, Di Giacomo F, Zardetto V, et al. Efficient light harvesting from flexible perovskite solar cells under indoor white light-emitting diode illumination. Nano Res. , 2017, 10 (6): 2130-2145.

[34] Dagar J, Castro-Hermosa S, Lucarelli G, et al. , Highly efficient perovskite solar cells for light harvesting under indoor illumination via solution processed SnO_2/MgO composite electron transport layers. Nano Energy, 2018, 49: 290-299.

[35] Mathews I, Kantareddy S N R, Sun S, Layurova M, et al. , Self-powered sensors enabled by wide-bandgap perovskite indoor photovoltaic cells. Adv. Funct. Mater. , 2019, 29 (42): 1904072.

[36] Wang M, Wang Q, Zhao J, et al. Low-trap-density $CsPbX_3$ film for high-efficiency indoor photovoltaics. ACS Appl. Mater. Interfaces. , 2022, 14 (9): 11528-11537.

[37] https://baike. baidu. com/item/% E7% A2% B2% E5% 8C% 96% E9% 95% 89% E8% 96% 84% E8% 86% 9C% E5% A4% AA% E9% 98% B3% E8% 83% BD% E7% 94% B5% E6% B1% A0/1551229? fr=aladdin.

[38] Wang Y, Wu T, Barbaud J, et al. Stabilizing heterostructures of soft perovskite semiconductors. Science, 2019, 365 (6454): 687-691.

[39] Shi L, Bucknall, M. P, Young T L, et al. Gas chromatography-mass spectrometry analyses of encapsulated stable perovskite solar cells. Science, 2020, 368 (6497): eaba2412.

第11章　钙钛矿太阳电池研究中的常用
尖端表征技术

钙钛矿太阳电池的性能在近年来快速提升，源于铅基钙钛矿材料本身出色的光电性能，以及研究者在控制薄膜晶体质量、设计器件结构和界面材料，揭示物理化学性质方面的巨大努力。特别是从载流子动力学角度理解光电转换背后的物理机制，从表面/界面微观性质角度关联器件性能，对钙钛矿太阳电池的效率及稳定性得到进一步的飞跃和提升，具有十分重要的意义。通过各种时间分辨光谱、空间分辨显微成像等尖端表征技术对钙钛矿材料中的载流子动力学性质和局部性质（如晶粒/晶界/原子结构）进行探测和研究，可以为提升电池器件的性能提供策略和理论指导。

11.1　时间分辨光谱技术

光伏器件的基本原理是利用半导体的光电效应将太阳能转换为电能。这一光电转换过程涉及光生电子和空穴的产生、分离、弛豫、迁移、电荷复合和界面转化等动力学过程，且此过程发生在很短的时间内，通常在纳秒（10^{-9} s）、皮秒（10^{-12} s）、甚至飞秒（10^{-15} s）尺度，常规的测试手段很难对如此短时间内的过程进行探测。因此，我们需要借助时间分辨光谱技术，从飞秒、皮秒直到稳态的时间尺度探测光生载流子的动力学过程，揭示出光电材料的性质和光电转换机理，并为光伏器件的设计和优化提供理论指导。本节中，我们将简要介绍时间分辨光谱技术——常用的瞬态吸收光谱和瞬态荧光光谱，并综述钙钛矿材料和电池器件的载流子动力学，以期阐明其光电转换的过程。

11.1.1　瞬态吸收光谱

瞬态吸收光谱技术通常是与超快激光光源相结合，通过泵浦-探测技术来实现样品在吸收光子被激发后，其激发态（电子/空穴/激子等）随时间变化的动态探测[1]。按照探测的光谱范围，瞬态吸收光谱可分为紫外-可见-近红外瞬态吸收光谱、瞬态太赫兹光谱和瞬态微波光谱等；按照探测的时间范围，可分为飞秒瞬态吸收光谱、纳秒瞬态吸收光谱和闪光光解谱等。

瞬态吸收光谱的测试基于泵浦-探测技术[2]，如图 11-1 所示，当没有泵浦光作用于待测样品时，基于稳态吸收的朗伯比尔（Lamber-Beer Law）定律，样品对探测光的吸收由处于基态的粒子数和样品的吸收系数决定；当一束泵浦光作用于待测样品时，处于基态的粒子会被激发到激发态，此时再用探测光探测待测样品的同一位置，样品对探测光的吸收通常会发生改变。而瞬态吸收光谱则是记录泵浦光激发前后样品的差分吸收光谱（ΔA）。样品被泵浦激发后，处于激发态能级上的粒子不稳定，会发生弛豫回到基态，导致差分吸收光谱（ΔA）随时间发生变化，通过调节探测光脉冲相对于泵浦光脉冲的延迟时间，就可得到不同时刻下的吸收光谱变化 $\Delta A(\lambda, t)$。

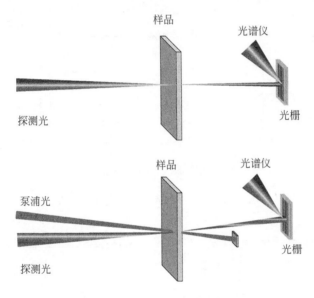

图 11-1　瞬态吸收原理示意图

　　瞬态吸收光谱测试系统主要由超快激光光源、光参量放大器和瞬态光谱仪组成，如图 11-2 所示。超快激光光源通常由飞秒钛宝石激光系统提供，输出中心波长在 700～1080nm 可调节；光参量放大器主要用来产生波长可调谐的泵浦光，泵浦光的波长调节范围为 240～2600nm；瞬态光谱仪包括电动光学延迟线平台、钛宝石窗口、斩波器和探测器组成。一束飞秒脉冲激光通过分束片分成两束，其中能量较强的一束作为泵浦光激发待测样品，使得待测样品的基态粒子跃迁到激发态；用另一束能量较弱的飞秒脉冲激光与特定晶体相互作用，产生超连续白光，作为探测光照射到待测样品的同一位置上，通过调控电动光学延迟线平台，使泵浦光和探测光存在一定的光程差，即在泵浦后一定的时间延时下进行探测，分别测量有泵浦光激发时和没有泵浦光激发时待测样品对探测光的吸收，就可以得到样品的差分吸收谱。随着泵浦光和探测光之间延时的连续变化，处于激发态上的粒子数发生了变化，则样品的差分吸收谱也随时间发生变化，从而获得一个

和 λ、t 有关的三维函数图像 $\Delta A(\lambda,t)$，如图 11-3（a）所示。从 $\Delta A(\lambda,t)$ 的三维图像中，既能读取在某一时刻差分吸收谱随波长的变化 $A(\lambda)$，也能够反映在某一波长下差分吸收谱随延迟时间的变化过程 $\Delta A(t)$，从而得到待测样品的激发态随时间衰减的动力学信息，如图 11-3（b）和（c）。

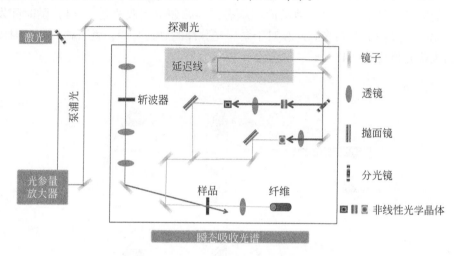

图 11-2　瞬态吸收光谱测试系统示意图

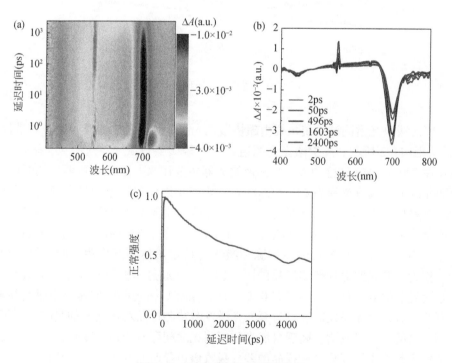

图 11-3　瞬态吸收光谱数据举例

泵浦光激发样品前后吸收光谱的变化 $\Delta A(\lambda, t)$ 可能由三种不同物理现象导致的信号贡献：基态漂白、激发态吸收和受激辐射，如 11-4（a）所示。

①基态漂白信号（GSB）：样品吸收泵浦光后跃迁至激发态，使得处于基态的粒子数减少。泵浦激发后样品的基态吸收比未泵浦激发样品的基态吸收少，探测到一个负的 ΔA 信号，即基态漂白信号。基态漂白光谱与稳态吸收光谱的吸收峰位置保持一致，但是有可能随时间发生光谱的蓝移或红移。

②激发态吸收信号（ESA）：样品吸收泵浦光后跃迁到激发态，处于激发态的粒子往往能够再次吸收某些能量的光子而跃迁至更高的激发态，使得探测器探测到的一个正的 ΔA 信号，且分布在较宽的能量范围内，即为激发态吸收信号。不同分子或半导体的激发态吸收信号在波长分布范围和吸收强度上通常会有较大的差别。

③受激辐射信号（SE）：激发态的样品处于非稳定状态，由于受激辐射或自发辐射作用会回到基态，在这一过程中，样品会产生荧光，导致进入探测器的光强增加，产生一个负的 ΔA 信号，即为受激辐射信号。由于在受激辐射的过程中，激发态的粒子在跃迁回基态之前，会与周围粒子相互作用损失掉一部分能量，因此其能量相对于吸收光谱向较低的方向偏移，即通常在基态漂白信号的长波长一侧，可与基态漂白信号发生部分重叠。

通常获得的瞬态吸收光谱是由基态漂白信号、激发态吸收信号和受激辐射信号在光谱上叠加的而来，如图 11-4（b）所示。除了以上几种信号以外，当用高于带隙能量的泵浦光激发样品时，还会出现热电子信号；在复合材料体系中，还可能发生光致电子（空穴）的转移、能量转移等过程，也可能出现由 stark 效应引起的光谱红移现象等。另外，对于某一波长处的瞬态动力学曲线 $\Delta A(t)$，其快速上升的信号反映了泵浦后激发态的产生过程，衰减到 0 的过程反映了激发态衰减的过程，一般用指数衰减函数加以拟合，在拟合曲线上有可能获得载流子的缺陷捕获、界面转移以及复合的动力学过程。

11.1.2　瞬态荧光光谱

图 11-5（a）中 S_0、S_1 分别表示分子中的电子基态和激发态。当分子吸收光子电子则可能从基态 S_0 跃迁到激发态 S_1，激发态电子不稳定，会从激发态 S_1 回到基态 S_0，同时释放出光子的过程，即为荧光，此过程通常发生在 $10^{-10} \sim 10^{-7}$ s 的时间尺度[3]。图 11-5（b）为钙钛矿纳米晶的荧光谱。

要描述一个物质发射荧光的性质，通常要用到两个重要的参数：荧光寿命和荧光量子产率。当某种物质被一束激光激发后，该物质的分子吸收能量后从基态跃迁到某一激发态上，再以辐射跃迁的形式发出荧光回到基态。当去掉激发光后，分子的荧光强度降到激发时的荧光最大强度 I_0 的 1/e 所需要的时间，常用 τ

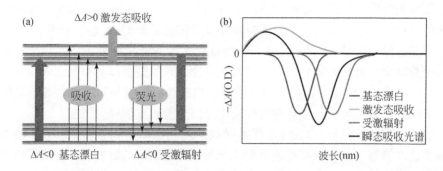

图 11-4 （a）基态漂白、激发态吸收和受激辐射示意图，（b）瞬态吸收光谱的信号分解

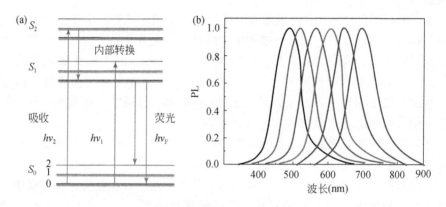

图 11-5 （a）荧光发射的能级谱图[3]，（b）钙钛矿纳米晶的荧光发射谱

表示，它表示粒子在激发态存在的平均时间，通常称为激发态的荧光寿命，如图 11-6 所示。

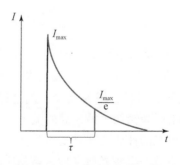

图 11-6 荧光寿命示意图

假定一个无限窄的脉冲光激发 n_0 个原子到其激发态，处于激发态的原子将通过辐射或非辐射跃迁返回基态。假定两种衰减跃迁速率分别为 k_r 和 k_{nr}，则激发态衰减速率可表示为：

$$\mathrm{d}n(t)/\mathrm{d}t = -(k_r + k_{nr})n(t) \tag{11-1}$$

其中，$n(t)$ 表示时间 t 时刻激发态原子的数目，由此可得到激发态物质的单指数衰减方程。

$$n(t) = n_0 \exp(-t/\tau) \tag{11-2}$$

其中，τ 为荧光寿命。

荧光强度正比于衰减的激发态分子数，则上式改写为：

$$I(t) = I_0 \exp(-t/\tau) \tag{11-3}$$

其中，I_0 是初始时刻的荧光强度。

于是，荧光寿命定义为衰减总速率的倒数：

$$\tau = (k_r + k_{nr})^{-1} \tag{11-4}$$

对于复杂体系，由于其中各荧光物质的性质或所处微观环境不同，整个体系的荧光衰减曲线为多个指数衰减函数的加和，称为多指数衰减：

$$I(t) = \sum \alpha_i \exp(-t/\tau_i) \tag{11-5}$$

通常采用非线性最小二乘曲线拟合出不同衰减过程中的 τ_i，对应不同的载流子衰减通道。例如，对双指数拟合，先由曲线尾部段进行单指数拟合得到长寿命参数，再由曲线前段进行双指数曲线拟合得到短寿命参数。

荧光寿命与物质所处微环境的极性、黏度等有关，因此可以通过荧光寿命的分析获得所研究体系的变化；另外，由于荧光现象多发生在纳秒级，这正好是分子运动所发生的时间尺度，因此可以研究在光激发下，体系的激发态分子内部的相互作用以及相互作用的时间；也可研究非辐射能量转移过程、发光猝灭、时间分辨荧光各向异性等光物理过程；此外，还可以获得材料的能级结构和激发态弛豫时间、载流子的扩散和迁移过程等。

11.1.3　时间分辨率光谱技术在太阳电池研究中的应用

图 11-7 是钙钛矿太阳电池中可能的载流子产生、复合、传输及在界面处的提取过程以及相应的时间尺度[4]。光子被钙钛矿吸光层吸收后，在飞秒到皮秒的时间尺度内产生激子或者自由载流子，自由载流子再通过扩散或者漂移过程在钙钛矿层中传输，这个过程通常需要几纳秒的时间；随后到达钙钛矿/电荷传输层界面，在界面上发生皮秒级别的电荷转移；最后在电极处以微秒的时间进行电荷收集。在这些过程中，一部分载流子在体和界面处通过非辐射复合损失，其余载流子则通过外部电路和负载进行传输以产生电能。

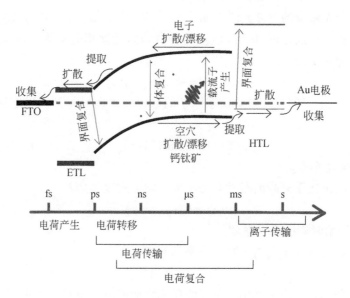

图 11-7　钙钛矿太阳电池中可能的载流子激发、复合、
传输和界面提取过程及其相应的时间尺度

　　光生载流子的产生、复合、传输及在界面处的转移等动力学过程决定着太阳电池的性能。目前钙钛矿太阳电池中的 J_{sc} 已经接近透光极限，电池的性能主要取决于高偏置电压下的光电流输出，其中长载流子寿命、高载流子提取速率和低的界面复合速率是获得高光电流的重要因素[4]。而这些载流子的产生、复合、传输及转移等动力学过程都发生在飞秒到微秒的时间尺度内，对这些过程的研究都依赖于时间分辨光谱技术。

　　由于带隙附近的光激发态会影响钙钛矿光电子器件的电荷传输和光发射等关键过程，因此，研究光学带隙附近的光激发态对卤化物钙钛矿材料是至关重要的。这些知识不仅对于理解其基本的光物理和器件性能之间的关系是必不可少的，而且也能为它们在器件性能上的进一步优化提供指导。一般来说，直接带隙半导体在带边附近有两种光激发态：自由载流子和激子。反映光激发电子和空穴之间库仑相互作用强度的激子结合能决定了自由载流子和激子两个种群之间的平衡。对于典型的 $MAPbI_3$ 钙钛矿，实验确定的激子结合能在 $2 \sim 50 meV$ 变化。大多数研究表明，卤化物钙钛矿材料在受到光激发时，激子如果在室温下形成，会在亚 ps 时间尺度上迅速解离成自由载流子，导致自由载流子在随后的过程中占主导地位[5-7]。研究表明钙钛矿中的自由载流子以 $10^{12}s^{-1}$ 的高速率产生，比载流子的传输和复合过程快得多。钙钛矿材料中超快的载流子产生与其具有低结合能的 Wannier 型激子的发现相一致[8]。虽然钙钛矿中的自由载流子特征已被广泛接受和证实，但在一些实验中也发现了激子特征。例如，通过激发强度依赖性的荧光（PL）和能量依赖的时间分辨荧光分析了激子发射和局域化特征[9]；在低温下也发现了激子的 Rydberg 共振[10]。也有人曾提出钙钛矿的低阈值激光行为可能来自其激子态发射[11]。因此，钙钛矿材料的激子特性不应被忽视，它们在发光/激光和非线性器件中有广阔的应用前景。

当光子（能量相当于或大于 E_g）与价带中的电子相互作用时，可激发价带的电子跃迁到导带，形成激子或自由载流子。其中一部分载流子可以被泵浦到高于导带最小值（CBM）和价带最大值（VBM）的能量位置而形成热载流子。这些热载流子通过电子-声子相互作用冷却弛豫到 CBM 或 VBM 中。在此过程中，热载流子的冷却导致能量损失，从而限制了太阳电池的开路电压上限。图 11-8 为热载流子冷却的瞬态吸收光谱，高能区的吸收的减少是由热载流子引起的，其衰减代表热载流子的冷却，发现随着光激发强度的增加，在钙钛矿中观察到了超长的热载流子寿命（~100ps）[12]；利用瞬态吸收显微成像技术，发现热载流子在皮秒内具有超高的热载流子扩散系数 [（~450±10）cm²/s]，其扩散距离可达几百纳米，使得钙钛矿太阳电池突破 Shockley-Queisser 效率极限成为可能[13]。

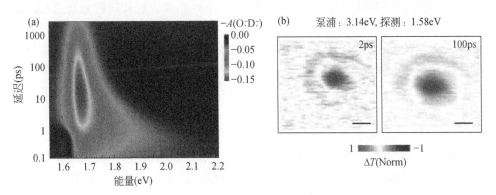

图 11-8　（a）钙钛矿的瞬态吸收 3D 图，（b）钙钛矿的瞬态吸收显微
成像图（比例尺：1 μm）

热载流子冷却后，将在钙钛矿吸光层中扩散或者迁移，并与包括辐射和非辐射复合在内的载流子复合过程相互竞争。整个复合过程可以通过下面的简化速率方程来描述[14,15]：

$$-\frac{\mathrm{d}n}{\mathrm{d}t} = k_1 n + k_2 n^2 + k_3 n^3 \tag{11-6}$$

为便于定性讨论，在上述方程（11-6）中假设光生电子密度与光生空穴密度相同。其中 n 是光生电荷载流子密度，k_1 是一阶肖克利-里德-霍尔（SRH）缺陷辅助的非辐射速率常数，k_2 是二阶双分子辐射复合速率常数，k_3 是三阶俄歇（非辐射）复合速率常数。这些复合速率常数可以通过激发功率依赖的时间分辨荧光（TRPL）和瞬态吸收技术来确定[16]。通常认为，在卤化物钙钛矿材料中，载流子的复合过程主要包括辐射复合过程和非辐射复合过程，其中非辐射复合主要包括本征的缺陷辅助复合、俄歇复合和带尾复合。其中的缺陷辅助复合取决于缺陷的能量深度和密度，而俄歇复合通常主要发生在高载流子浓度（$>10^{17}\,cm^{-3}$）下的钙钛矿吸光层中[16]。

载流子的寿命是半导体材料的一个重要物理性质，其通常定义为载流子密度指数衰减的特征时间常数，仅适用于单分子衰减过程，因此通常只能用来描述上述速率方程的极限情况。例如，当缺陷辅助的复合占主导地位时（其中 k_1 项占主导地位），或者当光激发载流子密度与多数载流子浓度相比较小时（其中 k_2 项成为伪一阶），分别使用非辐射寿命和少数载流子寿命来描述占主导地位的复合途径。对于高质量的本征半导体，复合动力学不再属于这些极限情况，而是成为依赖于辐射复合速率、光激发载流子密度、光激发载流子和缺陷之间的相互作用（如非辐射复合）、晶格以及彼此之间的相互作用（如库仑相互作用）的复杂函数[17]。因此，所测量的载流子衰减时间（寿命）是非辐射和辐射复合过程的组合，并且通常不遵循单分子衰减动力学。

光激发载流子密度的大小会影响卤化物钙钛矿材料中载流子复合的主导方式。以最典型的 $MAPbI_3$ 薄膜为例，当光激发载流子密度 $<10^{15}\,cm^{-3}$ 时，k_1 项占主导；当光激发载流子密度约在 $10^{15} \sim 10^{17}\,cm^{-3}$ 时，载流子复合由 k_2（双分子辐射复合）主导；当光激发载流子密度 $>10^{17}\,cm^{-3}$ 时，载流子的复合由 k_3 项（俄歇复合）主导[18,19]。在不同光强激发下的载流子复合机制可以通过能量依赖的荧光量子产率来解释[20]。在低激发强度下，陷阱态还未被完全填充，此时非辐射 SRH 复合会导致较低的荧光量子产率，而在较高的光激发强度下，陷阱态已被完全填充，此时辐射复合开始占主导地位，直到光激发强度达到较高的水平时，开始发生俄歇复合，使得荧光量子产率保持不变。实际上，当卤化物钙钛矿材料应用在太阳电池器件上时，在标准的光照环境（1.5AM 太阳光）下，单分子和双分子辐射复合占主导地位，而俄歇复合的影响是可以忽略不计的。此时，缺陷辅助的复合（SRH 复合）是卤化物钙钛矿材料中主要的非辐射复合损失机制，其复合速率在 $10^6\,s^{-1}$ 量级，载流子捕获系数在 $\sim 10^{-10}\,cm^3/s$ [21]。

在钙钛矿电池器件中，当外加电场被高偏压削弱时，载流子分布和复合损耗由载流子扩散系数 D 和载流子寿命 τ 决定。其中，载流子扩散系数可利用瞬态吸收成像和时间分辨荧光成像技术来表征。由于钙钛矿材料具有的高扩散系数和长载流子寿命，其载流子扩散长度可以达到几微米。通常认为扩散长度足够长，才能在电池短路条件下维持有效的电荷传输。对于实际的太阳电池来说，光生载流子除了在钙钛矿体相中发生复合和扩散以外，还会通过界面转移到电荷提取层。通过瞬态吸收表征发现[22]，在常用的 $TiO_2/MAPbI_3$ 电子传输层界面，电子的提取效率大约为 200cm/s，比 PCBM/钙钛矿界面低 1~2 个数量级[23]。较慢的载流子提取速率会使载流子在界面处积累并损失，从而降低电池的内量子效率和光电流，并显著增强电池的迟滞效应[22,24]。因此界面工程（如引入界面层/电荷传输层改性等）对于提高载流子传输速率，进一步改善电池性能是至关重要的[25,26]。

通过时间分辨光谱技术已初步了解钙钛矿电池的载流子动力学过程，对于提高太阳电池的性能给出了理论指导。但仍有一些问题需要更多的研究。例如，要更深入地理解钙钛矿材料超慢的热载流子冷却行为及其物理机制，还需对电子-晶格耦合和声子特性进行更深入地研究，并进一步调控延缓热载流子的弛豫过程；钙钛矿材料的长载流子寿命和较低的载流子复合背后的机制还需要更深入的研究；此外，在一定的电压和光照条件下，探测太阳电池在工作状态下的载流子动力学仍然是一个挑战。

11.2　空间分辨显微技术

钙钛矿太阳电池的效率要实现商业化大规模应用还需要解决一些问题，如长期工作稳定性、器件性能的可重现性等。通常，钙钛矿材料在微观尺度上的不均一性被认为是造成以上问题的主要原因之一。而传统钙钛矿薄膜表征技术，如 X 射线衍射谱（XRD）、X 射线光电子能谱（XPS）、量子效率测试以及 I-V 测试，都不能给出钙钛矿薄膜在微观尺度空间分布上的信息。空间分辨的显微技术是一种可以提供材料在微米、纳米甚至原子尺度空间下表面形貌、结构和光电性质等信息的表征手段。这种技术能够利用微观尺度下的表征结果给出影响材料光伏性能的电子、化学和光电特性信息，能够为深入研究钙钛矿材料特性、解决上述制约钙钛矿太阳电池商业化大规模应用的问题提供一种有效的研究手段。本节简要介绍具有多模成像能力的扫描探针显微镜（SPM）、透射电子显微镜和光电子显微镜等技术，以及钙钛矿薄膜的局部异质性（例如，晶粒、晶界、原子结构等）和太阳电池器件性能之间的关联性研究。

扫描探针显微镜（SPM）技术在将光电特性和光伏性能参数与纳米尺度的形态特征相关联方面提供了独特的优势。多种 SPM 技术已被用于探索钙钛矿薄膜的异质性，包括原子力显微镜（AFM）、开尔文探针力显微镜（KPFM）、扫描隧道显微镜（STM）、导电原子力显微镜（c-AFM）、光电导原子力显微镜（pc-AFM）和扫描近场光学显微镜（SNOM）等。KPFM 和 pc-AFM 等技术可以在纳米尺度上探测晶粒和晶界的光电压和光电流特性，而 STM 提供无与伦比的空间分辨率来确定原子尺度的结构和电子特性。pc-AFM 可在光激发条件下，获得局部光电流分布与微观结构特征的关联，常被用于研究晶界对光伏性能的影响。Huang 及其同事[27]将探针尖端定位在晶界位置或晶粒顶部，在黑暗环境中进行了空间分辨的光电流成像，发现多晶钙钛矿薄膜中光电流的瞬态行为主要是由内建电势引起的晶界内离子迁移造成，而电池的迟滞现象主要发生在晶界处，晶粒内部显示出可忽略不计的滞后。如图 11-9 所示，当用探针扫描不同晶粒内部时，还观察到光电导率的极大变化，甚至可以看到晶粒内部的异质性[28]。综上，光激发载流子受到晶界和晶粒内部结构和化学异质性的影响，从而影响整个太阳电池的光伏性能。

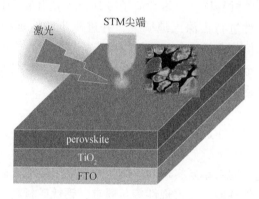

图 11-9　光调制扫描隧道显微镜下钙钛矿多晶薄膜光致电荷转移的空间分辨成像

　　开尔文探针力显微镜（KPFM），也称为表面电位显微镜，是原子力显微镜的非接触式变体。在 KPFM 实验中，尖端和样品之间的接触电位差（CPD）通过施加交流电压来测量，如图 11-10 所示。通过开尔文探针显微镜比较黑暗和光照下钙钛矿薄膜的接触电位差值（ΔV）来探测光电压效应，ΔV 值能够提供有关光电压强度的定性信息。此外，ΔV 的大小也与载流子的密度有关，而 ΔV 的极性与表面上的载流子（电子或空穴）的类型有关[29-32]。通过比较电子传输层（ETL）或空穴传输层（HTL）/钙钛矿中 ΔV 的平均差异，可以推断出载流子提取不平衡的现象。测试发现 $FTO/TiO_2/MAPbI_3$ 和 $FTO/PEDOT：PSS/MAPbI_3$ 的 ΔV 分别为 +39mV 和 −10mV[30]，推断在 TiO_2/钙钛矿界面处的电子转移能力优于在 PEDOT：PSS/钙钛矿界面处的空穴转移能力；KPFM 还被广泛用于研究完整太阳电池器件功能层堆叠的电位分布，提供与相邻层的能级对准、能带弯曲、电子陷阱状态和界面处的离子积累等关键信息[32-35]；也可通过 KPFM 研究钙钛矿与 ETL 和 HTL 界面的电荷载流子的动力学，在光照下，由于器件中不平衡的载流子传输，观察到空穴在 HTL 附近聚集，过量空穴在界面处累积所产生的电势降低了电池器件的 J_{sc}，表明选择合适的 ETL 和 HTL 对于控制太阳电池器件内的电位分布十分重要[35-38]。

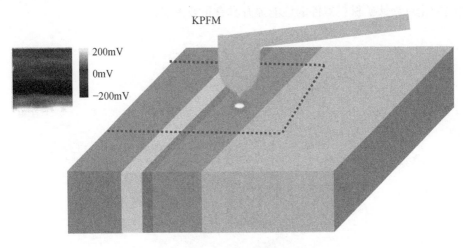

KPFM

200mV

0mV

−200mV

图 11-10　开尔文探针力显微镜测试示意图

　　钙钛矿太阳电池出色性能背后的机制很可能依赖于钙钛矿所特有的原子级特性，还可利用具有原子分辨率的透射电子显微镜作为认识其原子级特征的手段。Laura M. Herz 等使用低剂量扫描透射电子显微镜（STEM）成像获得了立方相 $FAPbI_3$ 薄膜的原子分辨率显微图，发现长时间的电子辐照导致 FA 离子的损失，最初钙钛矿结构转变为部分 FA^+ 耗尽但有序的钙钛矿晶格，而进一步的电子束曝光则会导致薄膜最终分解为 PbI_2。在电子辐照诱导下的 FA^+ 损失和重新排序解释了钙钛矿结构在偏离化学计量时仍能保持及具有再生性能的原因。此外，还发现薄膜中常见的 PbI_2 前体残片易与 $FAPbI_3$ 和 $MAPbI_3$ 晶格无缝地交织在一起，形成一个令人惊讶的相干过渡边界，表现出低晶格失配和应变，PbI_2 的结构几乎完全匹配钙钛矿的结构和取向，这表明 PbI_2 可能是钙钛矿晶体生长的种子，这些结果有助于解释过量 PbI_2 并不会损害太阳电池性能的原因[39]。

　　王树峰副教授和龚旗煌院士利用飞秒时间分辨光电子显微镜，实现了对单晶钙钛矿 $CsPbBr_3$ 体相浅能级缺陷态和表面深能级缺陷态的时空分辨动力学观测，如图 11-11 所示[40]。光电子成像系统可以探测超快时间、超小空间和能量分辨三个维度的信息。根据缺陷态对光电子波长的选择性，可明确识别出晶片内部局域的结构缺陷，以及晶体表面均匀分布的浅层缺陷；能量谱显示了体内结构缺陷属于浅能级缺陷，而广泛存在于表面的则属于深能级缺陷；时间分辨能量谱则进一步揭示了处于高激发态的电子以皮秒尺度转移至表面的缺陷态，缺陷态的动力学占据了表面电子弛豫的主要部分，导带自由电子的衰减在表面只占有很小的比例。这种动力学特性是钙钛矿表面动力学的主要特征，均匀地分布在整个钙钛矿表面。这表明了制约钙钛矿性能的主要因素是材料表面的深能级缺陷，因此表面缺陷钝化对钙钛矿材料器件的性能提升具有重要意义。

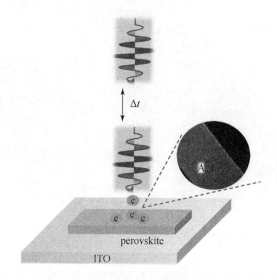

图 11-11　时间分辨光电子显微系统示意图

有机-无机钙钛矿材料及器件在局部电子性质、形貌和光电特性的相关性理解方面还处于早期阶段，仍有许多基础和工程方面的问题仍未得到很好的解决，因此，使用各种空间分辨显微技术，在纳米和原子尺度上进行更深入地研究，将有助于钙钛矿太阳电池性能的进一步提升。

参 考 文 献

[1] Schmitt M, Dietzek B, Hermann G, et al. Femtosecond time- resolved spectroscopy on biological photoreceptor chromophores. Laser Photonics Rev. , 2007, 1 (1): 57-78.

[2] Klimov V I, McBranch D W. Femtosecond high-sensitivity, chirp-free transient absorption spectroscopy using kilohertz lasers. Opt. lett. , 1998, 23 (4): 277-279.

[3] Lakowicz J R. Principles of fluorescence spectroscopy. Boston, MA: springer US, 2006.

[4] Shi J, Li Y, Li Y, et al. From ultrafast to ultraslow: charge-carrier dynamics of perovskite solar cells. Joule, 2018, 2 (5): 879-901.

[5] Ponseca Jr C S, Savenije T J, Abdellah M, et al. Organometal halide perovskite solar cell materials rationalized: ultrafast charge generation, high and microsecond- long balanced mobilities, and slow recombination. J. Am. Chem. Soc. , 2014, 136 (14): 5189-5192.

[6] Valverde- Chávez D A, Ponseca C S, Stoumpos C C, et al. Intrinsic femtosecond charge generation dynamics in single crystal $CH_3NH_3PbI_3$. Energy Environ. Sci. , 2015, 8 (12):

3700-3707.

[7] Piatkowski P, Cohen B, Ponseca Jr C S, et al. Unraveling charge carriers generation, diffusion, and recombination in formamidinium lead triiodide perovskite polycrystalline thin film. J. Phys. Chem. Lett. , 2016, 7 (1): 204-210.

[8] Miyata A, Mitioglu A, Plochocka P, et al. Direct measurement of the exciton binding energy and effective masses for charge carriers in organic-inorganic tri-halide perovskites. Nat. Phys. , 2015, 11 (7): 582-587.

[9] He H, Yu Q, Li H, et al. Exciton localization in solution- processedorganolead trihalide perovskites. Nat. Commun. , 2016, 7 (1): 1-7.

[10] Luo L, Men L, Liu Z, et al. Ultrafast terahertz snapshots of excitonic Rydberg states and electronic coherence in an organometal halide perovskite. Nat. Commun. , 2017, 8 (1): 1-8.

[11] Xing G, Mathews N, Lim S S, et al. Low-temperature solution-processed wavelength-tunable perovskites for lasing. Nat. Commun. , 2014, 13 (5): 476-480.

[12] Yang Y, Ostrowski D P, France R M, et al. Observation of a hot-phonon bottleneck in lead-iodide perovskites. Nat. Photonics. , 2016, 10 (1): 53-59.

[13] Guo Z, Wan Y, Yang M, et al. Long- range hot- carrier transport in hybrid perovskites visualized by ultrafast microscopy. Science, 2017, 356 (6333): 59-62.

[14] Johnston M B, Herz L M. Hybrid perovskites for photovoltaics: charge-carrier recombination, diffusion, and radiative efficiencies. Acc. Chem. Res. , 2016, 49 (1): 146-154.

[15] Manser J S, Kamat P V. Band filling with free charge carriers in organometal halide perovskites. Nat. Photonics. , 2014, 8 (9): 737-743.

[16] Huang J, Yuan Y, Shao Y, et al. Understanding the physical properties of hybrid perovskites for photovoltaic applications. Nat. Rev. Mater. , 2017, 2 (7): 1-19.

[17] Davies C L, Filip M R, Patel J B, et al. Bimolecular recombination in methylammonium lead triiodide perovskite is an inverse absorption process. Nat. Commun. , 2018, 9 (1): 1-9.

[18] Richter J M, Abdi-Jalebi M, Sadhanala A, et al. Enhancing photoluminescence yields in lead halide perovskites by photon recycling and light out-coupling. Nat. Commun. , 2016, 7 (1): 1-8.

[19] Stranks S D. Nonradiative losses in metal halide perovskites. ACS Energy Lett. , 2017, 2 (7): 1515-1525.

[20] Stranks S D, Burlakov V M, Leijtens T, et al. Recombination kinetics in organic-inorganic perovskites: excitons, free charge, and subgap states. Phys. Rev. Appl. , 2014, 2 (3): 034007.

[21] Henry C H, Lang D V. Nonradiative capture and recombination bymultiphonon emission in GaAs and GaP. Phys. Rev. B, 1977, 15 (2): 989.

[22] Zhu Z, Ma J, Wang Z, et al. Efficiency enhancement of perovskite solar cells through fast electron extraction: the role of graphene quantum dots. J. Am. Chem. Soc. , 2014, 136 (10): 3760-3763.

[23] Tao C, Neutzner S, Colella L, et al. 17.6% stabilized efficiency in low-temperature processed planar perovskite solar cells. energy Environ. Sci. , 2015, 8 (8): 2365-2370.

[24] Shi J, Xu X, Zhang H, et al. Intrinsic slow charge response in the perovskite solar cells: electron and ion transport. Appl. Phys. Lett. , 2015, 107 (16): 163901.

[25] Xu Q, Lu Z, Zhu L, et al. Elimination of the J-V hysteresis of planar perovskite solar cells by interfacial modification with a thermo-cleavable fullerene derivative. J. Mater. Chem. A, 2016, 4 (45): 17649-17654.

[26] Zhou H, Chen Q, Li G, et al. Interface engineering of highly efficient perovskite solar cells. Science, 2014, 345 (6196): 542-546.

[27] Shao Y, Fang Y, Li T, et al. Grain boundary dominated ion migration in polycrystalline organic-inorganic halide perovskite films. Energy Environ. Sci. , 2016, 9 (5): 1752-1759.

[28] Shih M C, Li SS, Hsieh C H, et al. Spatially resolved imaging on photocarrier generations and band alignments at perovskite/PbI$_2$ heterointerfaces of perovskite solar cells by light-modulated scanning tunneling microscopy. Nano Lett. , 2017, 17 (2): 1154-1160.

[29] Zhao Z, Chen X, Wu H, et al. Probing the photovoltage and photocurrent in perovskite solar cells with nanoscale resolution. Adv. Funct. Mater. , 2016, 26 (18): 3048-3058.

[30] Lu C, Hu Z, Wang Y, et al. Carrier transfer behaviors at perovskite/contact layer heterojunctions in perovskite solar cells. Adv. Mater. , 2019, 6 (2): 1801253.

[31] Pingree L S C, Reid O G, Ginger D S. Electrical scanning probe microscopy on active organic electronic devices. Adv. Mater. , 2009, 21 (1): 19-28.

[32] Weber S A L, Hermes I M, Turren-Cruz S H, et al. How the formation of interfacial charge causes hysteresis in perovskite solar cells. Energy Environ. Sci. , 2018, 11 (9): 2404-2413.

[33] Bergmann V W, Weber S A L, Javier Ramos F, et al. Real-space observation of unbalanced charge distribution inside a perovskite-sensitized solar cell. Nat. Commun. , 2014, 5 (1): 1-9.

[34] Cai M, Ishida N, Li X, et al. Control of electrical potential distribution for high-performance perovskite solar cells. Joule, 2018, 2 (2): 296-306.

[35] Cui P, Wei D, Ji J, et al. Planar p-n homojunction perovskite solar cells with efficiency exceeding 21.3%. Nat. Energy, 2019, 4 (2): 150-159.

[36] Panigrahi S, Jana S, Calmeiro T, et al. Imaging the anomalous charge distribution inside CsPbBr$_3$ perovskite quantum dots sensitized solar cells. ACS nano, 2017, 11 (10): 10214-10221.

[37] Jiang C S, Yang M, Zhou Y, et al. Carrier separation and transport in perovskite solar cells studied bynanometre-scale profiling of electrical potential. Nat. Commun. , 2015, 6 (1): 1-10.

[38] Will J, Hou Y, Scheiner S, et al. Evidence of tailoring the interfacial chemical composition in normal structure hybrid organohalide perovskites by a self-assembled monolayer. ACS Appl. Mater. Inter. , 2018, 10 (6): 5511-5518.

［39］Rothmann M U, Kim J S, Borchert J, et al. Atomic-scale microstructure of metal halide perovskite. Science, 2020, 370 (6516): eabb5940.

［40］Liu W, Yu H, Li Y, et al. Mapping trap dynamics in a CsPbBr$_3$ single-crystal microplate by ultrafast photoemission electron microscopy. Nano Lett. , 2021, 21 (7): 2932-2938.